"十二五"全国高校动漫游戏专业骨干课程权威教材

子午影视课堂系列丛书

中文版 3ds Max

影视动画制作 渲染卷

子午视觉文化传播　主编

彭　超　王永强　编著

U0195523

DVD 高清晰视频
教学光盘

- 三维渲染基础
- 三维渲染工具
- 道具渲染技术
- 角色渲染技术
- 场景渲染技术

专家编写

本书由多位资深三维动画制作专家结合多年工作经验和设计技巧精心编写而成

灵活实用

范例经典、步骤清晰并配备制作流程图，内容丰富、循序渐进，实用性和指导性强

光盘教学

16个经典范例的视频教学文件＋效果文件＋素材文件和范例源文件

海洋出版社

内 容 简 介

本书是"中文版 3ds Max 影视动画制作"系列丛书中的渲染卷，通过丰富实用的基础讲解与范例制作，详细介绍了三维动画软件 3ds Max 渲染技术的基础知识和技巧。

本书共分为 7 章，主要介绍了三维动画渲染技术、三维贴图材质、灯光与摄影机以及渲染器，并以范例"国际象棋"、"打火机"、"弯月刀"、"休闲餐桌"、"沙盘小景"和"白色卡车"介绍了道具渲染技术，以范例"飞翔企鹅"、"月光童年"和"低边角色"介绍了角色渲染技术，以范例"破旧工厂"、"简约别墅"、"幽静小巷"、"海景别墅"、"现代别墅"、"昏黄郊区"和"欧式大厅"介绍了场景渲染技术。

本书特点：1. **激发学习兴趣**：内容丰富、全面、循序渐进、图文并茂，边讲边练，适用性强（**本书适用于 3ds Max2013 和 3ds Max 2014 版本**）。2. **实践和教学经验的总结**：范例经典、步骤清晰并配备制作流程图，实用性和指导性强。3. **多媒体光盘教学**：光盘中包括 16 个范例的视频教学文件，方便学习。

适用范围：全国高校影视动画专业三维动画制作专业课教材；用 3ds Max 从事三维动画制作等从业人员实用的自学指导书。

图书在版编目（CIP）数据

中文版 3ds Max 影视动画制作·渲染卷/彭超，王永强编著. —北京：海洋出版社，2013.12
ISBN 978-7-5027-8690-8

Ⅰ.①中… Ⅱ.①彭…②王… Ⅲ.①三维动画软件 Ⅳ.①TP391.41

中国版本图书馆 CIP 数据核字（2013）第 248071 号

总 策 划：刘 斌	发 行 部：（010）62174379（传真）（010）62132549
责任编辑：刘 斌	（010）68038093（邮购）（010）62100077
责任校对：肖新民	网 址：www.oceanpress.com.cn
责任印制：赵麟苏	承 印：北京画中画印刷有限公司
排 版：海洋计算机图书输出中心 申彪	版 次：2013 年 12 月第 1 版
	2013 年 12 月第 1 次印刷
出版发行：海洋出版社	开 本：787mm×1092mm 1/16
地 址：北京市海淀区大慧寺路 8 号（716 房间）	印 张：23 彩色印刷
邮 编：100081	字 数：552 千字
经 销：新华书店	印 数：1～4000 册
技术支持：（010）62100055 hyjccb@sina.com	定 价：68.00 元（含 1DVD）

本书如有印、装质量问题可与发行部调换

前言

近几年来，全国高等院校新设置的数码影视动画专业和新成立的动画院校超过了 800 所，数码影视动画设计将作为知识经济的核心产业之一，迎来它的"黄金期"。

3ds Max 是由 Autodesk 公司出品的世界上应用最广泛的三维建模、动画制作与渲染软件之一，它提供了强大的基于 Windows 平台的实时三维建模、渲染和动画设计等功能，被广泛应用于广告、影视、建筑、工业、多媒体等领域，可以完全满足制作高质量三维制作领域的需要，受到全世界上百万设计师的喜爱。

本书是"中文版 3ds Max 影视动画制作"系列图书中的一本，主要针对三维动画渲染技术进行全面讲解。

本书内容分为 7 章。第 1 章为三维动画渲染技术，主要介绍三维动画材质、三维动画灯光、三维角色渲染、三维道具渲染、三维场景渲染、三维动画电影学知识、三维动画数字化产品；第 2 章为三维贴图材质，介绍了材质编辑器、标准材质、其他材质类型、mental ray 材质、VRay 材质、贴图类型、着色与材质资源管理器、贴图坐标；第 3 章为灯光与摄影机，介绍了灯光系统、聚光灯、mental ray、天光与目标物理灯光、系统太阳光和日光、摄影机、VRay 系统；第 4 章为渲染器，介绍了扫描线渲染器、mental ray 渲染器、iray 渲染器、VRay 渲染器；第 5 章为道具渲染范例制作，详细讲解了"国际象棋"、"打火机"、"弯月刀"、"休闲餐桌"、"沙盘小景"和"白色跑车"的制作过程；第 6 章为角色渲染范例制作，详细介绍了范例"飞翔企鹅"、"月光童年"和"低边角色"的制作过程；第 7 章为场景渲染范例制作，详细介绍了范例"破旧工厂"、"简约别墅"、"幽静小巷"、"海景别墅"、"现代别墅"、"昏黄郊区"和"欧式大厅"的制作过程。

本书通过对不同风格和样式的三维动画模型进行渲染制作，使整个学习流程联系紧密，范例环环相扣，一气呵成。配合本书配套光盘的多媒体视频教学课件，让您在掌握各种创作技巧的同时，享受了无比的学习乐趣。

为了能使更多喜爱三维动画制作、效果图设计、影视动漫设计等领域的读者快速、有效、全面地掌握 3ds Max 2013 的使用方法和技巧，"哈尔滨子午视觉文化传播有限公司"、"哈尔滨子午影视动画培训基地"、"哈尔滨学院艺术与设计学院"、"黑龙江动漫产业（平房）发展基地"的多位专家联袂出手，精心编写了本书。本书主要由彭超与王永强老师执笔编写，马小龙、鞋迪杰、张桂良、唐传洋、漆常吉、齐羽、黄永哲、景洪荣也参与了部分编写工作。另外，也感谢孙鸿翔、李浩、谭玉鑫、张国华、解嘉祥、周旭、张超、周方媛等老师在本书编写过程中提供的技术支持和专业建议。

如果在学习本书的过程中有需要技术咨询的问题，可访问子午网站 www.ziwu3d.com 或发送电子邮件至 ziwu3d@163.com 了解相关信息并进行技术交流。同时，也欢迎广大读者就本书提出宝贵意见与建议，我们将竭诚为您提供服务，并努力改进今后的工作，为读者奉献品质更高的图书。

5.2 范例—国际象棋

5.3 范例—打火机

5.4 范例—弯月刀

5.5 范例—休闲餐桌

5.6 范例—沙盘小景

5.7　范例—白色跑车

5.9　课后训练—农业机器

6.2　范例—飞翔企鹅

6.3　范例—月光童年

6.4　范例—低边角色

6.6　课后训练—漂泊者

7.2　范例—破旧工厂

7.3　范例—简约别墅

7.4　范例—幽静小巷

7.5　范例—海景别墅

7.6 范例—现代别墅

7.7 范例—昏黄郊区

7.8 范例—欧式大厅

7.10 课后训练—科幻城市

目录

第 1 章
三维动画渲染技术

本章主要介绍三维动画中的材质、灯光、角色渲染、道具渲染、场景渲染以及三维动画电影学基础知识。

渲染是指将制作完成的三维模型进行材质、灯光和渲染设置的集合，其中的渲染器部分则是三维软件中最具有诱惑力的内容。渲染器不仅影响三维动画电影产品效果的好坏，而且也是降低成本的重要环节。

1.1　三维动画材质

渲染中的第一部分内容就是材质。Material 指的就是材质，它是给模型的表面覆盖颜色或者图片的过程，而给模型数据赋予制作好的材质的过程叫做贴图，也就是 Mapping。材质可以看成是材料和质感的结合，在渲染程式中，它是表面各种可视属性的结合，这些可视属性是指表面的色彩、纹理、光滑度、透明度、反射率、折射率、发光度等。有了这些属性，才能识别三维中的模型是以什么做成的，也正是有了这些属性，电脑三维的虚拟世界才会和真实世界一样缤纷多彩。

世界上一切事物都利用表面的颜色、光线强度、纹理、反射率、折射率等来表现各自的性质。如图 1-1 所示，几个相同的球体，通过不同的光线、颜色、透明度等因素使它们成为不同的事物，具有不同的质感。

在影片《超人总动员》中有一组鲍勃超人特工一家人就餐的镜头，它通过建立三维模型，然后为其设置材质的方式，将灰色的三维模型赋予了生命，丰富了影片所表现的效果，如图 1-2 所示。

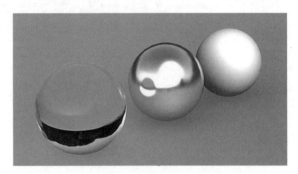

图1-1　不同物体质感

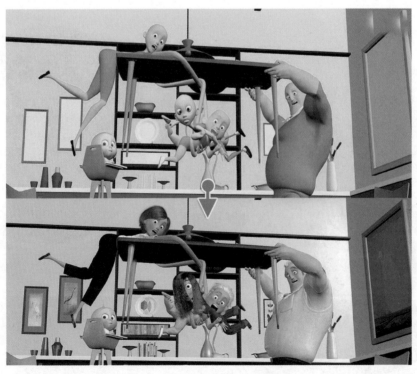

图1-2　《超人总动员》中的材质

影片《机器人总动员》中瓦力的形象是一个捡垃圾的机器人，经过一定时期的日晒雨淋后容易褪色，所以通过材质中的贴图可以使三维模型看起来更旧，更加贴近主人公的性格和背景，突出了三维动画电影中材质的重要性，如图 1-3 所示。

图1-3 《机器人总动员》中的材质

要想制作出理想的材质效果就必须学会判断，比如，影片《变形金刚》中的擎天柱机器人，可以先判断着色层是附着力强的油漆，由于采用油漆喷涂技术，喷涂着色显得鲜艳，一般喷涂干膜厚度约在 1mm 以上，然后再大量地使用材质中的贴图、反射和凹凸使三维模型更加刚硬，机械感十足，如图 1-4 所示。

图1-4 《变形金刚》中的材质

1.2　三维动画灯光

灯光是模拟实际灯光（例如，家庭或办公室的灯、舞台和电影工作中的照明设备以及太阳本身）的对象。可以使用不同种类的灯光对象，通过不同的方法投影灯光，模拟真实世界中不同种类的光源。

在设置对光时，确定主光光位，一般在主光的反向和侧向要用辅光进行补光，强度和照射面积不超过主光，需要柔和一点。在主体的后面一般要打上背景光，主要是避免主体和背景混在一起，此光不需太亮，能区分背景和主体即可。当然，也可以在一些需要补光的地方加上反光板，这要根据具体情况而定。至于效果，则完全是由主光所决定的，主光怎么打就是什么效果，辅光稍微调整即可，如顺光、逆光、侧光、顶光等。

在《飞屋环游记》中的场景就大量地使用了前侧光照明效果，其特点是被摄影者（尤其是面部）大部分面积直接受光形成明亮的影调，小部分面积不直接受光产生阴影，因此，既能表现出场景的立体感，总的影调又显得明快，是一种相对比较成功的布光方法，如图1-5所示。

还可以将主光从照相机方向投向被摄影者，形成顺光照明效果，其特点是被摄影者整体受光比较均匀，影调明亮，没有明显的阴影和投影。在顺光照明下，被摄影者面部的立体感不是由受光多少形成的，而是由面部自身的曲线所决定的，其凸起部位明亮，侧后部位稍暗，因此，脸部曝光不宜过度，否则将影响整个形象的刻画。在影片《马达加斯加》中有些动物合影镜头就使用了顺光照明效果，如图1-6所示。

图1-5　《飞屋环游记》中前侧光照明效果

图1-6　《马达加斯加》中顺光照明效果

在主光从被摄影者一侧与照相机镜头大约成90度的方向投射时，将形成侧光照明效果。在这种情况下，画面的立体感较强，因为被摄影者一半直接受光产生明亮的影调，另一半不直接受光产生阴影。在侧光照明下，由于被摄影者阴影面积较大，所以往往需要进行辅助照明。在影片《飞屋环游记》中有些角色特写镜头就使用了侧光照明效果，如图1-7所示。

图1-7　《飞屋环游记》中侧光照明效果

上面介绍了常用的3种布光方法，但绝不意味着仅有这3种布光方法，还可以根据被摄影者的具体特征和三维灯光师的创作意图采取其他布光方法，如侧光逆光照明或效果轮廓光照明。

1.3 三维角色渲染

除了正常的材质和主照明灯光以外，对角色的渲染还包括头发光和眼神光。头发光也可以叫做轮廓光，可以表现细节和突出主体，而眼神光在主体眼睛前下方或者侧前方，主要使眼睛更有神，能使主体有更好的精神面貌。

能否合理利用角色渲染的材质和用光知识，直接影响到被摄影者的形象塑造及个性表达。对于角色渲染创作来说，光线处理的首要任务主要在于着力刻画与表现被摄影者的外貌，同时要尽量避免显露其不足之处。

如果仅仅使用一盏灯照明，被摄影者阴影面的调子就会显得太深、太重，不仅会影响必要的细节，而且阴影的色彩也不好，所以还需要第二盏灯或反光板进行辅助照明，提高阴影部分的亮度，与亮面保持适当的亮度比，这种辅助照明光线称作辅助光，如《超人总动员》中在渲染角色效果时就使用了辅助光，如图 1-8 所示。

在影片《冰河世纪》中有一组剑齿虎和树懒对话的镜头，在构图上采用左右的偏斜构图，在灯光的设置上则采用左暖右冷的对比方式，这样可以将剑齿虎的凶猛收敛起来，使树懒的滑稽味道更浓，产生更富戏剧性的组合，使角色产生强烈的对比，牢牢地吸引观众的目光，提高了可看性，如图 1-9 所示。

图1-8 《超人总动员》中的角色渲染

图1-9 《冰河世纪》中的角色渲染

对角色的灯光和材质设置可以直接影响观看者的内心感触，比如影片《机器人历险记》中有一段开门的镜头，它通过昏暗的场景设置，高亮的角色面部，表现出神秘的角色个性，如图 1-10 所示。

刻画神秘角色更为突出的就是《怪物公司》了，其中的苏利文和麦克都是让人过目难忘的形象，如图 1-11 所示。

图1-10 《机器人历险记》中的角色渲染

图1-11 《怪物公司》中的角色渲染

在三维动画电影中反面角色一直是推动剧情的重要元素，在影片《怪物史瑞克》中那位一心想当国君的法夸，通过顶部打光和拉长的脸部特征，将愤怒、嫉妒、贪婪、自私、虚伪、邪恶、欲望等都充分渲染出来了，如图1-12所示。

另外，影片《怪物大战外星人》中的女巨人苏珊、猴鱼、果冻怪、蟑螂博士、幼虫宝宝、疯狂将军、总统和神秘外星人等，都抓住了角色各自的性格特点。在影片中确定主角的目标非常重要，只有角色抱有一个明确的目标，才能使主角在影片中有意识地展开故事，还可以很好地突出主角的性格，反映出美好的一面，如图1-13所示。

图1-12 《怪物史瑞克》中的角色渲染

图1-13 《怪物大战外星人》中的角色渲染

1.4 三维道具渲染

在动画电影中，道具泛指场景中任何装饰、布置用的可移动物件。道具往往能对整个影片的气氛和人物性格起到很重要的刻画和烘托作用，所以道具在整部影片中有着非同寻常的地位。

在影片《战鸽快飞》中，那些神情各异的鸽子，如果身上没有佩戴头盔、弹夹、背带、背包等道具，观众基本无法联想到与战争有关。在该影片中，还可以通过服装道具表现角色的等级关系，比如，威廉特是勇气和身材成反比的二等兵，维多利亚是美丽而善良的随军护士、方泰伦是凶猛的将军等，服装可以非常容易地区分出人物性格，在这其中，道具就起到了非常重要的作用，如图1-14所示。

在影片《鲨鱼黑帮》中有一段新闻报道的头，其中主持鱼手中拿着的麦克风，摄像鱼肩上扛着的摄影机，这些道具都可以肯定是镜头中想突出表现的内容。对推动整个影片的结构道具是非常有用的，但是，在设计道具时不能抢掉角色的位置，毕竟道具只是推动角色关系和剧情的辅助部分，如图1-15所示。

图1-14 《战鸽快飞》中的服装道具

图1-15 《鲨鱼黑帮》中的新闻道具

影片《倒霉熊》的角色健身镜头中也大量使用了健身道具。其中，对道具模型进行了优化处理，可以运动的部分正常设置即可，不需要运动或次要表现的可以去掉看不见和多余的面，避免增加渲染的工作量，如图 1-16 所示。

道具也不是一直充当辅助元素的，在影片《极地特快》中，火车就是一直贯穿影片主题的一个道具。在制作火车道具时，充分考虑了渲染可以辅助提高影片的质量因素，使用凹凸材质和置换材质控制相对不重要的部分，既得到了细节效果又没有增加设计师的工作量和渲染速度，从而保障了大规模生产制作的顺利进行，如图 1-17 所示。

图1-16 《倒霉熊》中的健身道具　　　　　　图1-17 《极地特快》中的火车道具

1.5 三维场景渲染

场景的渲染可以说是动画电影中不可缺少的重要组成部分，主要起到营造影片气氛和烘托视觉主题的作用，还可以主导整个影片的艺术风格。

影片《汽车总动员》中的场景主要设置在三维渲染之前，就明确设定了在 66 号公路旁一个貌不惊人的陌生小镇，莫哈韦沙漠的风格和色调，避免了影片风格含糊不清，营造出了理想的气氛，如图 1-18 所示。

在实际进行三维渲染工作时，本片抓住了美国乡村建筑的特点。美式乡村风格起源于美国的殖民文化背景，受美式牛仔情结影响颇深，同时对美国精神倍加推崇，而这些也正是美式乡村风格的设计思想和文化内涵，而土黄色的色调和灯光设定也是其中不可缺少的重要一环，如图 1-19 所示。

图1-18 《汽车总动员》中的场景设定　　　　图1-19 《汽车总动员》中的场景渲染

山清水秀的和平谷有点类似武当山，因为同样都住着一群武林高手。然而不同的是，和平谷中的武林高手，全都是动物，这就是三维动画电影《功夫熊猫》。其故事主题发生在中国本土，和平谷所处的位置崇山峻岭并绵延不断，犹如世界闻名的中国传统山水画一般，透着一股朦胧的迷

人气息，这些特点都需要在三维渲染前设定好，如图 1-20 所示。

色彩吸引着观众的视线并可调动情绪，不管是室内场景渲染还是室外场景渲染，都应该合理地设置场景中的色彩，注意色彩表达出来的情感和心理象征，还要抓住色彩在地域及时代的特征。试想一下，如果将影片中的色彩全部抹掉，即使场景的画面再优美、再精细，剧情结构再完美，角色动作与音乐节奏再吻合，恐怕也很难调动观众的情绪，也更谈不上影片旋律与画面的结合。色彩不仅仅带给观众颜色本色的魅力，而且直接参与了剧情与情绪的渲染和深化，强化了音乐的主题，丰富了视觉的效果表现，如图 1-21 所示。

图1-20 《功夫熊猫》中的场景设定　　　　图1-21 《功夫熊猫》中的场景色彩渲染

对于场景渲染，分层输出再进行合成是最常用的一种方法。例如，影片《功夫熊猫》中有一组熊猫阿宝和鸭子爸爸对话的镜头，它使用分层输出技术先将角色内容显示，再将其他场景隐藏，然后单独将角色部分进行渲染，并存储为 32 位的 TGA、TIF、RPF 等通道格式。完成角色层后，再使用相同的方式单独渲染地面层、山层和云层，便于在后期合成时可以更理想地控制影片效果，如图 1-22 所示。

在后期合成时，已经有了前面环节提供的分层渲染素材，这时可以通过影片要求，结合三维灯光、特效、色彩、景深等进行处理，还可以辅助完成一些动画效果。虽然后期合成是镜头制作的最后环节，但后期合成环节跟前面的环节同样密切相关，配合默契才能获得理想的影片效果，如图 1-23 所示。

图1-22 《功夫熊猫》中的场景分层渲染　　　　图1-23 《功夫熊猫》中的场景合成

1.6　三维动画电影学知识

在创作三维动画电影时，在制作以外还需掌握许多电影学的知识，如景别镜头、景深镜头和透视镜头。

↗ 1.6.1 景别镜头

景别是指由于摄影机与被摄体的距离不同，而造成被摄体在电影画面中所呈现出的范围大小的区别。景别一般可分为 5 种，由近至远分别为特写（人体肩部以上）、近景（人体胸部以上）、中景（人体膝部以上）、全景（人体的全部和周围背景）、远景（被摄体所处环境）。在电影中利用复杂多变的场面和镜头调度，交替地使用各种不同的景别，可以使影片剧情的叙述、人物思想感情的表达、人物关系的处理更具有表现力，从而增强影片的艺术感染力。

1. 特写

特写是指主要拍摄肩部以上的头像或物件特写，可以把拍摄内容完全从环境中推出来，使观众更集中并强烈地去感受其面部表情和情绪，突出了特定角色的情绪，细腻地刻画角色的性格，如图 1-24 所示。

2. 近景

近景主要是纪实构图，通过随意并不规则叙事的方式，主要拍摄角色腰部以上的部分。拍摄中主要处理画面关系，人物和背景的关系是人为主、景次之，拍摄的主要是人物构成关系。这种镜头既能让观众看清角色的面部表情，又可以看到身体动势和手势，使观众对角色产生一种交流感，如图 1-25 所示。

图1-24 《超人总动员》中的特写镜头

图1-25 《超人总动员》中的近景镜头

3. 中景

中景主要表现人体膝盖以上的画面构图，常常用于叙述性的描写，有利于交代角色主体的关系，它最接近人眼距离和视野的范围，在动画电影中所占的比重较大，如图 1-26 所示。

4. 全景

全景是绘画性的构图表现，主要突出写意的、抒情的画面，是点线面的关系，最直观的就是景为主、人为辅。在拍摄时借助地平线关系，并注意选择光线的时机，没有位置就

图1-26 《飞屋环游记》中的中景镜头

没有光线，没有位置就没有构图。要注意色彩关系，是大的关系而不是小的，同时要注意画面的唯美和简单，线条、虚实、明暗、冷暖对比、层次丰富，充分体现意境、味道和韵律，如图 1-27 所示。

5. 远景

远景比全景的拍摄范围更大，角色主体在画面中占据位置极小，机位极远，环境为主要表现的内容。一般用来表现广阔的空间，给人气势磅礴、严峻、宏伟的感受，可以产生强烈的艺术感染力，如图 1-28 所示。

图1-27 《飞屋环游记》中的全景镜头

图1-28 《飞屋环游记》中的远景镜头

↗ 1.6.2 景深镜头

景深是指在摄影机镜头或其他成像器前，能够取得清晰图像的成像器轴线所测定的物体距离范围。在镜头前方（调焦点的前、后）有一段一定长度的空间，当被摄物体位于这段空间内时，其在底片上的成像恰好位于焦点前后这两个弥散圆之间，被摄体所在的这段空间的长度，就叫景深，如图 1-29 所示。

景深计算主要与镜头使用光圈、镜头焦距、拍摄距离以及对图像质量的要求有关。对于镜头

图1-29 《汽车总动员》中的景深镜头

光圈来说，光圈越大、景深越小，光圈越小、景深越大；对于镜头焦距来说，镜头焦距越长、景深越小，焦距越短、景深越大；而对于拍摄距离来说，距离越远、景深越大，距离越近、景深越小。换言之，在这段空间内的被摄体，其呈现在底片面的影像模糊度，都在容许弥散圆的限定范围内。

↗ 1.6.3 透视镜头

透视其实是绘画法理论术语。最初研究透视是采取一块透明的平面去看景物的方法，将所见景物准确描画在这块平面上，即成该景物的透视图。后来将在平面画幅上根据一定原理，用线条来显示物体的空间位置、轮廓和投影的科学称为透视学。

可以将透视分为三种，分别是色彩透视、消逝透视和线透视，其中常用到的是线透视。透视学在动画电影中有重要作用，它的基本原理是增强表现空间的深度，也就是常说的近大远小，最容易突出透视效果的就是广角镜头，如图 1-30 所示。

图1-30 《汽车总动员》中的透视镜头

1.7 三维动画数字化出品

数字化出品是三维动画电影制作的最后阶段，在实际操作过程中，要注意渲染输出的分辨率、压缩率和格式设置，即在保持高品质作品的前提下，尽可能减少文件占用的空间。

1.7.1 影片的制式

计算机的分辨率与电视的分辨率计算相同，但需要注意制式。为了实现黑白和彩色信号的兼容，色度编码对副载波的调制有三种不同方法，形成了三种彩色电视制式，即 NTSC、SECAM 和 PAL 制式。

1. NTSC制式

NTSC 是 National Television Standards Committee 的缩写，意思是"美国国家电视标准委员会"。NTSC 制式的电视全屏图像的每一帧有 525 条水平线，这些线是从左到右从上到下排列的，每隔一条线是跳跃的。所以每一个完整的帧需要扫描两次屏幕，第一次扫描是奇数线，另一次扫描是偶数线。美国、日本、韩国等采用 NTSC 制式。

2. SECAM制式

SECAM 制式又称塞康制式，SECAM 是法文 Sequentiel Couleur A Memoire 的缩写，意为"按顺序传送彩色与存储"，是一个首先在法国使用的模拟彩色电视系统，1966 年由法国研制成功，它属于同时顺序制，主要用在法国、中东、德国、希腊、俄罗斯和西欧等。

3. PAL制式

PAL 制式又称为帕尔制式，是为了克服 NTSC 制式对相位失真的敏感性，中国、印度、巴基斯坦等国家采用 PAL 制式。PAL 是英文 Phase Alteration Line 的缩写，意思是逐行倒相，也属于同时制。它对同时传送的两个色差信号中的一个色差信号采用逐行倒相，另一个色差信号进行正交调制式方式。这样，如果在信号传输过程中发生相位失真，则会由于相邻两行信号的相位相反起到互相补偿作用，从而有效地克服了因相位失真而引起的色彩变化。因此，PAL 制式对相位失真不敏感，图像彩色误差较小，与黑白电视的兼容也好。

1.7.2 影片的分辨率

渲染输出是制作中一个很重要的步骤，要设置作品的最佳分辨率，需要掌握常用媒体分辨率和像素比的规格，如图 1-31 所示。

在中国最常用到的是 PAL 制式，除了常用的媒体规格外，还可以根据民用设备按照 DVD、VCD 和 SVCS 进行设置，DVD 的分辨率为 720×576、VCD 的分辨率为 352×288、SVCD 的分辨率为 480×576。常见的电视格式标准的为 4：3，如图 1-32 所示；常见的电影格式宽屏的为 16：9，如图 1-33 所示；而一些影片则具有更宽比例的图像分辨率。

类型	像素比	分辨率	每秒帧
电视 PAL	1.07	720×486	25
电视 NTSC	0.90	720×576	30
HDTV	1.00	1920×1080	24
35mm	1.00	2048×1494	24
35mm 1.85：1	1.00	2048×1107	24
35mm 2.35：1	1.00	2048×871	24
70mm 宽银幕	1.00	2048×931	24

图1-31　常用媒体规格

图1-32　标准4：3

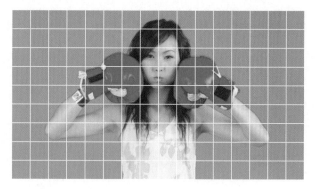

图1-33　宽屏16：9

↗ 1.7.3　影片的帧与场

　　帧速率也称为FPS（Frames Per Second的缩写），是指每秒刷新的图片的帧数，也可以理解为图形处理器每秒能够刷新几次。具体到视频上就是指每秒能够播放（或者录制）多少格画面。越高的帧速率越可以得到更流畅、更逼真的动画；每秒帧数（FPS）越多，所显示的动作就会越流畅。

　　像电影一样，视频是由一系列的单独图像（称之为帧）组成，并放映到观众面前的屏幕上。通过每秒放映若干张图像，产生动态的画面效果，这是因为人脑可以暂时保留单独的图像。典型的帧速率范围是24～30帧／秒，这样才会产生平滑和连续的效果。在正常情况下，一个或者多个音频轨迹与视频同步，并为影片提供声音。

　　帧速率也是描述视频信号的一个重要概念，它对每秒扫描多少帧有一定的要求。传统电影的帧速率为24帧／秒，PAL制式电视系统为625线垂直扫描，帧速率为25帧／秒，而NTSC制式电视系统为525线垂直扫描，帧速率为30帧／秒。虽然这些帧速率足以提供平滑的运动，但它们还没有高到足以使视频显示避免闪烁的程度。根据实验，人的眼睛可觉察到以低于1/50秒速度刷新的图像中的闪烁。然而，这要求帧速率必须提高到这种程度，并显著增加系统的频带宽度，这是相当困难的。为了避免这样的情况，电视系统全部都采用了隔行扫描方法。

　　大部分的广播视频采用两个交换显示的垂直扫描场构成每一帧画面，这叫做交错扫描场。交错视频的帧由两个场构成，其中一个扫描帧的全部奇数场，称为奇场或上场；另一个扫描帧的全部偶数场，称为偶场或下场。场以水平分隔线的方式隔行保存帧的内容，在显示时首先显示第一个场的交错间隔内容，然后再显示第二个场来填充第一个场留下的缝隙。每一帧包含两个场，场速率是帧速率的二倍。这种扫描的方式称为隔行扫描，与之相对应的是逐行扫描，即每一帧画面由一个非交错的垂直扫描场完成，如图1-34所示。

　　电影胶片类似于非交错视频，每次显示一帧，如图1-35所示。通过设备和软件，可以使用3-2或2-3下拉法在24帧／秒的电影和约为30帧／秒（29.97帧／秒）的NTSC制式视频之间进行转换。其原理是将电影的第一帧复制到视频的场1和场2

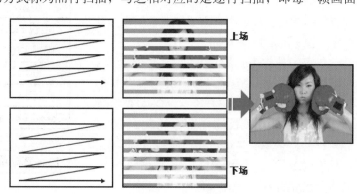

图1-34　交错扫描场

以及第二帧的场 1，将电影的第二帧复制到视频第二帧的场 2 和第三帧的场 1。这种方法可以将 4 个电影帧转换为 5 个视频帧，并重复这一过程，完成 24 帧 / 秒到 30 帧 / 秒的转换。使用这种方法还可以将 24p 的视频转换成 30p 或 60i 的格式。

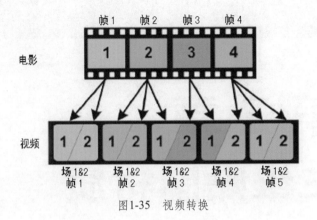

图1-35　视频转换

1.8　习题

1. 简述景别镜头的划分类型。
2. 简述影片制式的类别以及它们各自的特点。

第 2 章
三维贴图材质

本章主要介绍 3ds Max 中的材质编辑器、标准材质、其他材质类型、mental ray 材质、VRay 材质、贴图类型、着色与材质资源管理器和贴图坐标的知识。

三维渲染的前期工作就是进行贴图绘制与材质设置，通过这些操作，可以对三维模型添加颜色或为场景营造气氛，从而达到理想的渲染效果。

3ds Max 中的材质可以理解为模型物体的质地，是给模型表面覆盖颜色或者图片的过程。世界上一切事物都可以利用其表面的颜色、光线强度、纹理、反射率、折射率等来表现出各自的性质。从如图 2-1 所示中可以看出，虽然是相同的物体，但通过不同的光线、颜色、透明度等因素使它们成为不同的事物，具有不同的质感。

图2-1　不同质感效果

在创建新材质并将其应用于对象时，应该遵循以下的流程和步骤：

（1）使示例窗处于活动状态，并输入所要设计材质的名称。

（2）选择材质类型。

（3）对于标准或光线跟踪材质，选择着色类型。

（4）输入各种材质组件的设置，如漫反射颜色、光泽度、不透明度等。

（5）将贴图指定给要设置贴图的组件，并调整其参数。

（6）将材质应用于对象。

（7）如有必要，应调整 UV 贴图坐标，以便正确定位带有对象的贴图。

2.1　材质编辑器

在确定了模型之后，就可以打开材质编辑器来编辑材质，可以使用键盘上的"M"键或者单

击主工具栏中的 ![btn] 按钮来打开材质编辑器，如图2-2所示。

3ds Max 新的基于节点式编辑方式的材质系统是一套可视化的材质编辑器，通过节点的方式，使用者能以图形接口产生材质原型，可以更直观地编辑复杂材质，而且这样的材质是可以跨平台的。

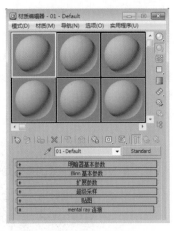

↗ 2.1.1　菜单栏

"材质编辑器"菜单栏出现在"材质编辑器"窗口的顶部，提供了另一种调用各种材质编辑器工具的方式。

其中的"模式"菜单中提供了精简材质编辑器和 Slate 材质编辑器两种类型的切换，"材质"菜单提供了最常用的"材质编辑器"工具，"导航"菜单中提供了导航材质的层次工具，"选项"菜单中提供了一些附加的工具和显示选项，"实用程序"菜单提供贴图渲染和按材质选择对象。

图2-2　材质编辑器

↗ 2.1.2　材质示例窗

示例窗显示材质的预览效果，默认情况下，一次可显示 6 个示例窗，在任意一个示例窗中单击鼠标右键可以设置显示更多的示例窗，如图 2-3 所示。

材质编辑器实际上可以一次存储 24 种材质。可以使用滚动条在示例窗之间移动，或者将一次可显示示例窗数量更改为 15～24 个。如果处理的是复杂场景，一次查看多个示例窗非常有帮助。使用示例窗可以预览材质和贴图，每个窗口可以预览一个材质或贴图。使用材质编辑器可以更改材质，还可以把材质应用于场景中的对象。其中最简单的方法是将材质从示例窗拖动到视图中的对象上。

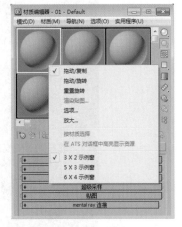

图2-3　示例窗

↗ 2.1.3　材质工具按钮

位于材质编辑器示例窗下面和右侧的，是用于管理和更改贴图及材质的按钮和其他控制工具，如图 2-4 所示。

- ![icon]获取材质：可以显示材质 / 贴图浏览器，利用它可以选择材质或贴图。
- ![icon]将材质放入场景：在编辑材质之后更新场景中的材质，在活动示例窗中的材质与场景中的材质具有相同的名称，活动示例窗中的材质不是热材质。
- ![icon]将材质指定给选定对象：可以将活动示例窗中的材质应用于场景中当前选定的对象。同时，示例窗将成为热材质。
- ![icon]重置贴图 / 材质为默认设置：单击此按钮，将会弹出如图 2-5 所示的"重置材质 / 贴图参数"对话框，用于清除当前层级下的材质或贴图参数，使其还原为默认设置。
- ![icon]复制材质：通过复制自身的材质生成材质副本，冷却当前热示例窗。示例窗不再是热示例窗，但材质仍然保持其属性和名称。可以调整材质而不影响场景中的该材质。
- ![icon]使唯一：可以使贴图实例成为唯一的副本，还可以使一个实例化的子材质成为唯一的独立子材质。

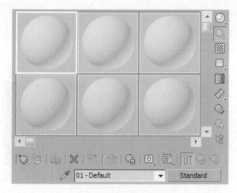

图2-4 工具按钮

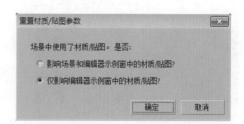

图2-5 重置材质/贴图参数对话框

- 放入库：可以将选定的材质添加到当前库中，单击将弹出入库对话框，使用该对话框可以输入材质的名称，该材质区别于材质编辑器中使用的材质。在材质/贴图浏览器显示的材质库中，该材质可见。该材质保存在磁盘的库文件中。通过使用材质/贴图浏览器中的"保存"按钮也可以保存库。

- 材质效果通道：在其弹出的面板中将材质标记为 Video Post 效果或渲染效果，或存储以 RLA 或 RPF 文件格式保存的渲染图像的目标（以便通道值可以在后期处理应用程序中使用），材质效果值等同于对象的 G 缓冲区值，如图 2-6 所示。

- 在视图中显示贴图：使用交互式渲染器来显示视图对象表面的贴图材质，如图 2-7 所示。

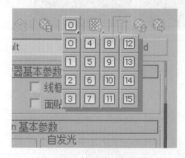

图2-6 材质效果通道

图2-7 在视图中显示贴图

- 显示最终结果：可以查看所处级别的材质，而不查看所有其他贴图和设置的最终结果，如图 2-8 所示。

- 转到父级：可以在当前材质中向上移动一个层级。

- 转到下一个同级项：将移动到当前材质中相同层级的下一个贴图或材质。

- 采样类型：在弹出的面板中可以选择要显示在活动示例窗中的几何体，如图 2-9 所示。

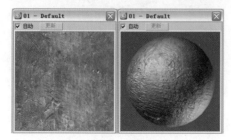

图2-8 显示最终结果

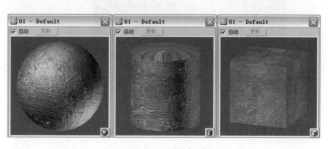

图2-9 采样类型

- ◎背光：将背光添加到活动示例窗中，如图 2-10 所示。
- ▩示例窗背景：将多颜色的方格背景添加到活动示例窗中，如图 2-11 所示。

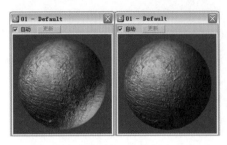

图2-10　背光

图2-11　示例窗背景

- ▢采样 UV 平铺：可以在活动示例窗中调整采样对象上的贴图图案重复，如图 2-12 所示。
- ▣视频颜色检查：用于检查示例对象上的材质颜色是否超过安全 NTSC 或 PAL 阈值，如图 2-13 所示。

图2-12　采样UV平铺

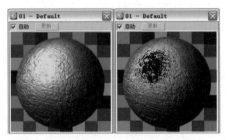

图2-13　视频颜色检查

- ◈生成预览、播放预览、保存预览：可以使用动画贴图向场景添加运动，如图 2-14 所示。
- ▩选项：单击弹出材质编辑器选项对话框，可以控制材质和贴图在示例窗中的显示方式，主要有更新方式、DirectX 明暗器、自定义采样对象和示例窗数目，如图 2-15 所示。

图2-14　预览播放动画贴图

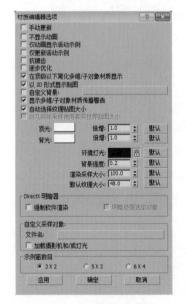

图2-15　材质编辑器选项

- ▦按材质选择：可以基于材质编辑器中的活动材质选择场景中的对象。
- ▦材质／贴图导航器：它是一个无模式对话框，可以通过材质中贴图的层次或复合材质中子材质的层次快速导航，如图2-16所示。
- ✐从对象拾取材质：可以从场景中的一个对象吸取材质。

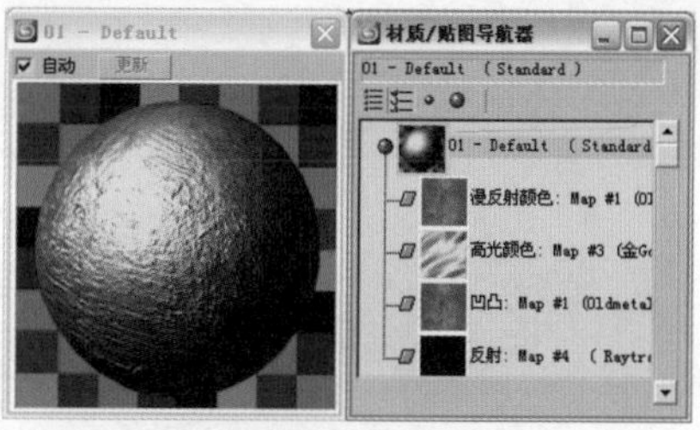

图2-16　材质/贴图导航器

- ▭✓ 名称：字段显示材质或贴图的名称，默认材质名是"01　Default"，以此类推，数字变化反映材质的示例窗，贴图命名为"Map #1"等。
- Standard 类型：可以打开材质／贴图浏览器对话框，在其中选择要使用的材质类型或贴图类型。

2.2 标准材质

标准材质是材质编辑器示例窗中的默认材质，在示例窗中还有一些其他材质类型。标准材质类型为对象表面建模提供了非常直观的方式。在现实世界中，对象表面的外观取决于它如何反射光线。在 3ds Max 中，标准材质模拟对象表面的反射属性，如果不使用贴图，标准材质会为对象提供单一的颜色。

↗ 2.2.1 明暗器基本参数卷展栏

在"明暗器基本参数"卷展栏中可以选择要用于标准材质的明暗器类型，某些附加的控制会影响材质的显示方式，卷展栏如图 2-17 所示。

- 明暗器：3ds Max 有 8 种不同类型的明暗器，其中一部分根据其作用命名，另一部分以它们的创建者命名。基本的材质明暗器有各向异性、Blinn、金属、多层、Oren-Nayar-Blinn、Phong、Strauss 和半透明明暗器，如图 2-18 所示。

图2-17　明暗器基本参数卷展栏

图2-18　8种不同的明暗器

- 线框：线框是一种视图显示设置，用于以线框网格形式查看给定视图中的对象。开启此项目后，将以线框模式渲染材质，还可以在扩展参数上设置线框的大小，如图 2-19 所示。
- 双面：将材质应用到选定面的双面显示。在 3ds Max 中，各个面都是以单面进行显示的，前端是带有曲面法线的面，该面的后端对于渲染器不可见；这意味着从后面进行观察时，显示会缺少该面。通常使用外向曲面法线创建对象，但是也可以使用翻转的面来创建对象或导入面法线不统一的复杂几何体。双面显示效果如图 2-20 所示。

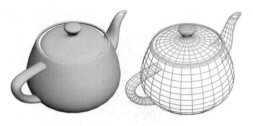

图2-19 线框

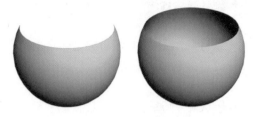

图2-20 双面

- 面贴图：可以将材质应用到几何体的各面，如果材质是贴图材质，则不需要贴图坐标。贴图会自动应用到对象的每一面，如图 2-21 所示。
- 面状：就像表面是平面一样，渲染表面的每一面，如图 2-22 所示。

图2-21 面贴图

图2-22 面状

↗ 2.2.2 Blinn基本参数卷展栏

标准材质的"Blinn 基本参数"卷展栏中的一些控制可以用来设置材质的颜色、反光度、透明度等，并可以指定用于材质各种组件的贴图，如图 2-23 所示。

- 环境光 / 漫反射 / 高光反射：分别用于设置材质阴影、表面和高光区域的颜色和使用的贴图。单击某选项右侧的颜色色块，将会弹出如图 2-24 所示的颜色选择器对话框，用于设置材质的环境光、漫反射或高光反射颜色；单击右侧的■按钮，将会弹出材质 / 贴图浏览器对话框，用于为漫反射或高光反射指定相应的贴图类型。

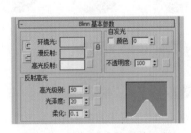

图2-23 Blinn基本参数卷展栏

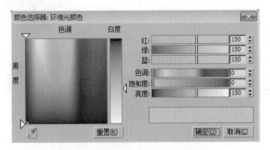

图2-24 颜色选择器对话框

- 自发光：该区域中的选项用于设置材质的自发光强度或颜色，如图 2-25 所示。在设置自发光时，可以在参数输入框中设置自发光强度，也可以选择颜色选项设置自发光颜色。
- 不透明度：此选项用于设置材质的透明属性，常用于调制玻璃等透明或半透明材质。其取值范围为 0 ~ 100，当数值为 0 时材质完全透明，当数值为 100 时材质完全不透明，效果如图 2-26 所示。

图2-25　自发光

图2-26　不透明度

- 反射高光：该区域中的选项用于设置
材质的高光强度和反光度等参数。其
中"高光级别"选项用于控制材质高
光区域的亮度，"光泽度"选项用于控
制高光区域影响的范围，"柔化"选项
用于对高光区域的反光进行模糊处理，
效果如图 2-27 所示。

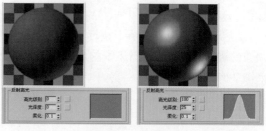

图2-27　反射高光

2.2.3　扩展参数卷展栏

　　"扩展参数"卷展栏对于标准材质的所有着色类型来
说都是相同的。它具有与透明度和反射相关的控制，还
有线框模式的选项，扩展参数卷展栏如图 2-28 所示。

- 衰减：可以选择在内部还是在外部进行衰减，以
及衰减的程度。其中包含向内或向外两种方式，
通过数量可以指定最外或最内的不透明度的大小，
如图 2-29 所示。

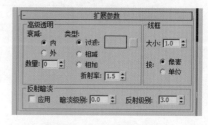

图2-28　扩展参数卷展栏

- 类型：该组主要控制选择如何应用不透明度。其中"过滤"可以计算与透明曲面后面的颜
色相乘的过滤色，如图 2-30 所示。"相减"是从透明曲面后面的颜色中减除，"相加"是增
加到透明曲面后面的颜色中，"折射率"设置折射贴图和光线跟踪所使用的折射率。

图2-29　衰减

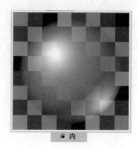

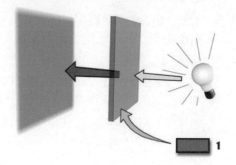

图2-30　类型过滤器

- 线框：该组主要控制线框大小和测量线框的方式，可以像素为单位进行测量，还可以 3ds
Max 单位进行测量。

● 反射暗淡：该组主要控制使阴影中的反射贴图显得暗淡。启用"应用"项目以使用反射暗淡，其中"暗淡级别"主要设置阴影中的暗淡量，"反射级别"影响不在阴影中的反射的强度，如图 2-31 所示。

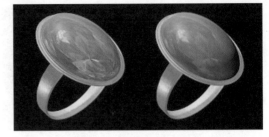

图2-31　反射暗淡效果对比

↗ 2.2.4　超级采样卷展栏

建筑、光线跟踪和标准都使用"超级采样"卷展栏，在其中可以选择超级采样方法，卷展栏如图 2-32 所示。

超级采样可以在材质上执行一个附加的抗锯齿过滤。此操作虽然花费更多时间，却可以提高图像的质量。在渲染非常平滑的反射高光、精细的凹凸贴图以及高分辨率时，超级采样特别实用，如图 2-33 所示。

图2-32　超级采样卷展栏

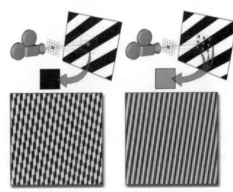

图2-33　采样效果对比

↗ 2.2.5　贴图卷展栏

材质的"贴图"卷展栏用于访问材质并为材质的各个组件指定贴图，卷展栏如图 2-34 所示。

● 数量：可以在相应的数值输入窗口中输入一个百分比数值，用于控制各贴图方式在材质表面的作用强度。

● 贴图类型：每种贴图方式右侧都有一个 None（无）按钮，单击此按钮将会弹出材质 / 贴图浏览器对话框，用于为贴图方式选择相应的贴图类型。

● 环境光颜色：默认情况下，漫反射贴图也映射环境光组件，因此很少对漫反射和环境光组件使用不同的贴图，如图 2-35 所示。

图2-34　贴图卷展栏

● 漫反射颜色：可以选择位图文件或程序贴图，以将图案或纹理指定给材质的漫反射颜色。贴图的颜色将替换材质的漫反射颜色组件，设置漫反射颜色的贴图与在对象的曲面上绘制图像类似，如图 2-36 所示。

● 高光颜色：可以选择位图文件或程序贴图，以将图像指定给材质的高光颜色组件，贴图的图像只出现在反射高光区域中，如图 2-37 所示。

图2-35 环境光颜色

图2-36 漫反射颜色

图2-37 高光颜色

- 光泽度：可以选择影响反射高光显示位置的位图文件或程序贴图。贴图中的黑色像素将产生全面的光泽，白色像素将完全消除光泽，中间值会减少高光的大小，如图 2-38 所示。
- 自发光：可以选择位图文件或程序贴图来设置自发光值的贴图，使对象的部分出现发光。贴图的白色区域渲染为完全自发光，不使用自发光渲染黑色区域，如图 2-39 所示。
- Opacity（不透明度）：可以选择位图文件或程序贴图来生成部分透明的对象。贴图的浅色区域渲染为不透明，深色区域渲染为透明，中间的区域渲染为半透明，如图 2-40 所示。

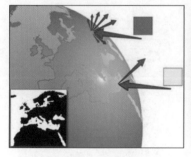
图2-38 光泽度

图2-39 自发光

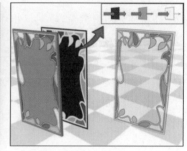
图2-40 不透明度

- 过滤色：过滤或传送的颜色是通过透明或半透明材质（如玻璃）透射的颜色，如图 2-41 所示。
- 凹凸：该贴图方式可以根据贴图的明暗强度使材质表面产生凹凸效果。当数量值大于 0 时，贴图中的黑色区域产生凹陷效果，白色区域产生凸起效果，如图 2-42 所示。
- 反射：该贴图方式可以用贴图来模拟物体反射环境的效果，从而使材质表面产生各种复杂的光影效果，通常用于表现镜面、大理石地面或各种金属质感，其效果如图 2-43 所示。

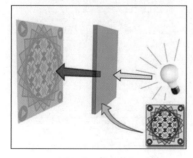
图2-41 过滤色

图2-42 凹凸

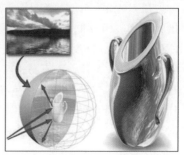
图2-43 反射

- 折射：该贴图方式可以用贴图来模拟空气或玻璃等透明介质的折射效果。其贴图原理与反射贴图方式类似，只是它表现的是一种穿透效果，如图 2-44 所示。

- 置换：可以使曲面的几何体产生位移，效果与使用位移修改器相类似。与凹凸贴图不同，位移贴图实际上更改了曲面的几何体或面片细分，从而产生了几何体的 3D 位移，如图 2-45 所示。

图2-44　折射

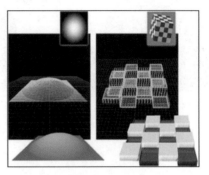

图2-45　置换

2.3　其他材质类型

"材质/贴图浏览器"对话框中的材质类型默认为标准类型，这是最常用的材质类型，而其他材质类型有其特殊用途，如 Ink'nPaint 卡通、Lightscape 材质、变形器、标准、虫漆、顶/底、多维/子对象、高级照明覆盖、光线跟踪、合成、混合、建筑、壳材质、双面、无光/投影、mental ray 材质等，如图 2-46 所示。

2.3.1　DirectX Shader材质

DirectX Shader（明暗器）材质主要对视图中的对象进行明暗处理。通过使用 DirectX 明暗处理，视图中的材质可以更精确地显现材质如何显示在其他应用程序中或其他硬件上，如游戏引擎。只有使用 Direct3D 显示驱动程序并将 DirectX 选作 Direct3D 版本时，才能使用此材质。

在 DirectX Shader（明暗器）材质的"DirectX 明暗器"卷展栏中单击"明暗器"按钮可以显示文件对话框，从而选择 DX9 FX 效果（FX）文件；其中"重新加载"按钮可以重新加载活动的 FX 文件，而不必重新启动 3ds Max 就可以查看对明暗器的更改所产生的效果。在"软件渲染方式"卷展栏中可以指定控制软件明暗处理和应用"DirectX 明暗器"材质对象的渲染的材质，除非软件或 OpenGL 驱动程序处于活动状态，否则视图使用 DirectX 明暗处理。"DirectX 明暗器"材质卷展栏如图 2-47 所示。

图2-46　材质类型

图2-47　DirectX明暗器材质卷展栏

2.3.2　卡通材质

Ink'n Paint（卡通）材质用于创建卡通效果，与其他大多数材质提供的三维真实效果不同，卡通提供带有墨水边界的平面着色，如图 2-48 所示。

Ink'n Paint（卡通）材质使用光线跟踪器设置，因此调整光线跟踪加速可能对卡通的速度有影响。另外，在使用卡通时禁用抗锯齿可以加速材质，直到准备好创建最终渲染。"卡通"材质卷展栏如图 2-49 所示。

图2-48　卡通效果

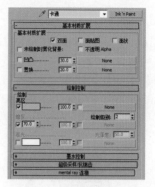

图2-49　卡通材质卷展栏

2.3.3　变形器材质

"变形器"材质与变形修改器相辅相成，可以用来创建角色脸颊变红的效果，或者使角色在抬起眼眉时前额褶皱。

在"变形器"材质中有 100 个材质通道，可以在变形修改器中的 100 个通道中直接绘图，变形器基本参数卷展栏如图 2-50 所示。

2.3.4　虫漆材质

"虫漆"材质通过叠加将两种材质混合，叠加材质中的颜色称为虫漆材质，可以将其添加到基础材质的颜色中，如图 2-51 所示。

图2-50　变形器基本参数卷展栏

图2-51　虫漆材质效果

通过"虫漆基本参数"卷展栏能够控制基础材质和虫
漆材质。其中"基础材质"项目可以转到基础子材质的层级，
默认情况下基础材质是带有 Blinn 明暗的标准材质；"虫漆
材质"项目可以转到虫漆材质的层级，默认情况下虫漆材质
是带有 Blinn 明暗的标准材质；"虫漆颜色混合"项目可
以控制颜色混合的量，卷展栏如图 2-52 所示。

图2-52　虫漆基本参数卷展栏

↗ 2.3.5　顶/底材质

使用"顶/底"材质可以向对象的顶部和底部指定两个不同的材质，顶/底材质效果如图 2-53
所示。

可以将两种材质混合在一起，对象的顶面是法线向上的面，底面是法线向下的面，主要通过
混合与位置项目控制比例，"顶/底基本参数"卷展栏如图 2-54 所示。

图2-53　顶/底材质效果

图2-54　顶/底基本参数卷展栏

↗ 2.3.6　多维/子对象材质

使用"多维/子对象材质"可以采用几何体的子对象级别分配不同的材质，多维/子对象材质
效果如图 2-55 所示。

在创建多维材质后，可以将其指定给对象并使用网格选择修改器选中面，然后选择多维材质
中的子材质指定给选中的面。如果该对象是可编辑网格，可以拖放材质到面上不同的选中部分，
并随时构建一个多维/子对象材质，多维/子对象基本参数卷展栏如图 2-56 所示。

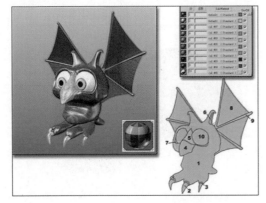

图2-55　多维/子对象材质效果

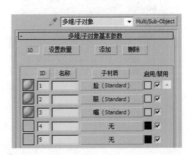

图2-56　多维/子对象基本参数卷展栏

↗ 2.3.7　高级照明覆盖材质

"高级照明覆盖"材质可以直接控制材质的光能传递属性，高级照明覆盖通常是基础材质的补充，基础材质可以是任意可渲染的材质，效果如图 2-57 所示。

在"高级照明覆盖材质"卷展栏中可以通过反射比调节材质反射的能量，其中"颜色渗出"用来控制反射颜色的饱和度，"透射比比例"用来控制材质透射的能力，如图 2-58 所示。

图2-57　高级照明覆盖材质效果

图2-58　高级照明覆盖材质卷展栏

↗ 2.3.8　光线跟踪材质

"光线跟踪"材质是高级表面着色材质，它与标准材质一样，能支持漫反射表面着色，它还可以创建完全光线跟踪的反射和折射，支持雾、颜色密度、半透明、荧光以及其他特殊效果，效果如图 2-59 所示。

使用"光线跟踪"材质生成的反射和折射比使用反射 / 折射贴图更精确，但会比使用反射 / 折射贴图更慢。另一方面，光线跟踪对于渲染 3ds Max 场景是优化的，通过将特定的对象排除在光线跟踪之外，可以在场景中进一步优化。"光线跟踪"材质的卷展栏如图 2-60 所示。

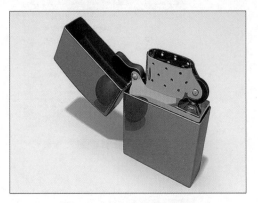

图2-59　光线跟踪材质效果

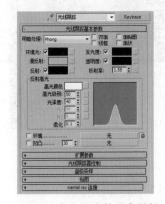

图2-60　光线跟踪材质卷展栏

↗ 2.3.9　合成材质

"合成"材质最多可以合成 10 种材质。按照在卷展栏中列出的顺序，从上到下叠加材质。可以使用增加不透明度、相减不透明度来组合材质或使用数量值来混合材质，效果如图 2-61 所示。

在"合成基本参数"卷展栏中,"基础材质"可以指定材质。默认情况下,基础材质就是标准材质,其他材质是按照从上到下的顺序,通过叠加在此材质上合成的,"合成基本参数"卷展栏如图 2-62 所示。

图2-61 合成材质效果

图2-62 合成基本参数卷展栏

🡵 2.3.10 混合材质

"混合"材质可以在曲面的单个面上将两种材质进行混合。混合具有可设置动画的混合量参数,该参数可以用来绘制材质变形功能曲线,以控制随时间混合两个材质的方式,材质效果如图 2-63 所示。

在"混合基本参数"卷展栏中,"材质 1"和"材质 2"用于选择或创建两个用以混合的材质,可以使用复选框来启用或禁用该材质,如图 2-64 所示。

图2-63 混合材质效果

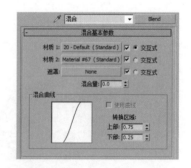

图2-64 混合基本参数卷展栏

🡵 2.3.11 建筑材质

"建筑"材质的设置是物理属性,因此当与光度学灯光和光能传递一起使用时,它能够提供最逼真的效果,如图 2-65 所示。

不建议在场景中将建筑材质与标准 3ds Max 灯光或光线跟踪器一起使用。"建筑"材质的点可以提供精确的建模,还可以将其与光度学灯光和光能传递一起使用。另一方面,mental ray 渲染器可以渲染建筑材质,但是存在一些限制。"建筑"材质卷展栏如图 2-66 所示。

图2-65　建筑材质效果

图2-66　建筑材质卷展栏

2.3.12　壳材质

"壳"材质在渲染中使用的是原始材质和烘焙材质。使用渲染到纹理烘焙材质时，将创建包含两种材质的壳材质，在渲染中使用的原始材质和烘焙材质，如图 2-67 所示。

在"壳材质参数"卷展栏中，原始材质和烘焙材质能够显示原始材质的名称，单击按钮可查看该材质，如图 2-68 所示。

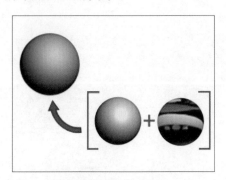

图2-67　壳材质效果

图2-68　壳材质参数卷展栏

2.3.13　双面材质

使用"双面"材质可以向对象的内面和外面指定两个不同的材质，如图 2-69 所示。

在"双面基本参数"卷展栏中，"半透明"能够设置一个材质通过其他材质显示的数量，如图 2-70 所示。

图2-69　双面材质效果

图2-70　双面基本参数卷展栏

↗ 2.3.14　无光/投影材质

"无光 / 投影"材质允许将整个对象（或面的任何一个子集）构建为显示当前环境贴图的隐藏对象。无光 / 投影效果如图 2-71 所示。

在"无光 / 投影基本参数"卷展栏中，"不透明 Alpha"用于确定无光材质是否显示在 Alpha 通道中，如图 2-72 所示。

图2-71　无光/投影材质效果

图2-72　无光/投影基本参数卷展栏

2.4　mental ray材质

mental ray 材质是指专门应用于 mental ray 渲染器的材质。当 mental ray 渲染器是活动渲染器时，并且当 mental ray 首选项面板已启用 mental ray 扩展名时，这些材质显示在材质 / 贴图浏览器中，如图 2-73 所示。

↗ 2.4.1　Autodesk材质

Autodesk 材质是 mental ray 材质，用于对构造、设计和环境中常用的材质建模。它们与 Autodesk Revit 材质以及 AutoCAD 和 Autodesk Inventor 中的材质对应，因此可以以提供共享曲面和材质信息的方式，前提是同时使用上述应用程序，如图 2-74 所示。

Autodesk 材质以"Arch & Design"材质为基础。与该材质类似，当将它们用于物理精确（光度学）灯光和以现实世界单位建模的几何体时，会产生最佳效果。另一方面，每个 Autodesk 材质的界面远比"建筑与设计"材质界面简单。这样，通过相对较少的努力就可以获得真实的、完全正确的结果。

图2-73　mental ray材质

- "Autodesk 陶瓷"材质：具有光滑的陶瓷（包括瓷器）外观。
- "Autodesk 混凝土"材质：具有混凝土的外观。
- "Autodesk 通用"材质：是创建自定义外观通用的界面。
- "Autodesk 玻璃"材质：用于薄而透明的表面。
- "Autodesk 硬木"材质：具有木材的外观。

图2-74　Autodesk材质

- "Autodesk 砖石 /CMU" 材质：具有砖瓦外观或混凝土空心砖（CMU）外观。
- "Autodesk 金属" 材质：具有金属的外观。
- "Autodesk 金属漆" 材质：其金属漆外观与汽车上的相同。
- "Autodesk 镜像" 材质：具有镜像的作用。
- "Autodesk 塑料 / 乙烯基" 材质：具有塑料或乙烯基的合成外观。
- "Autodesk 实体玻璃" 材质：具有实心玻璃的外观。
- "Autodesk 石头" 材质：具有石头的外观。
- "Autodesk 壁画" 材质：具有绘画曲面的外观。
- "Autodesk 水" 材质：具有水的外观。

↗ 2.4.2　Arch & Design材质

mental ray 渲染器的 "Arch & Design" 材质可以提高建筑渲染的图像质量，能够在总体上改进工作流并提高性能，尤其能够提高光滑曲面（如地面）的性能，如图 2-75 所示。

图2-75　Arch & Design材质

"Arch & Design" 材质的特殊功能包括自发光、反射率和透明度的高级选项、Ambient Occlusion 设置，以及将作为渲染效果的锐角和锐边修圆的功能，如图 2-76 所示。

- 模板：提供了访问 "Arch & Design" 材质预设，以便快速创建不同类型的材质，如木头、玻璃和金属的功能。
- 主要材质参数：包含用于 "Arch & Design" 材质外观的主要控件。
- BRDF：BRDF 是 bidirectional reflectance distribution function（双向反射比分布函数）的缩写。使用 "BRDF" 卷展栏中的这些控件，可以实现由查看对象曲面的角度引导材质的基本反射率。
- 自发光（发光）：使用 "自发光（发光）" 卷展栏中的参数可以在 "Arch & Design" 材质中指定发光曲面，如半透明灯明暗处理。
- 特殊效果：提供用于 Ambient Occlusion（AO）以及圆角和边的设置。
- 高级渲染选项：用于定义性能加速选项。
- 快速光滑插值：可以插补光泽反射和折射，这样会提高渲染速度并使折射和反射看起来更平滑。
- 特殊用途贴图：可以应用凹凸、位移和其他贴图。
- 通用贴图：其支持对任何 "Arch & Design" 材质参数应用贴图或明暗器。

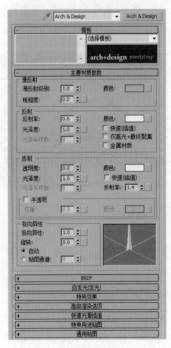

图2-76　Arch & Design材质

↗ 2.4.3　专用mental ray材质

"mental ray 材质" 与 "Autodesk 材质" 或 "Arch & Design 材质" 相比，在用途方面更加明确具体。

- 汽车颜料材质：Car Paint（汽车颜料）材质包含以下组成部分，嵌有金属碎片的一层漆、一层清漆和一层朗伯杂质。"汽车颜料"材质既可用作 mental ray 材质，也可用作明暗器，二者有相同的参数，并支持真实汽车颜料的特性，如图 2-77 所示。

- 无光 / 投影 / 反射材质：Matte/Shadow/Reflection（无光 / 投影 / 反射）材质是产品级明暗器库的一部分，可以用于创建"无光对象"，即在用作场景背景（也称为图版）的照片中表示真实世界对象的对象。该材质提供了诸多的选项，以使照片背景与 3D 场景紧密结合，这些选项还包括对凹凸贴图、Ambient Occlusion 以及间接照明的支持，如图 2-78 所示。

图2-77 汽车颜料材质效果

图2-78 无光/投影/反射材质效果

- mental ray 材质：使用 mental ray 材质可以创建专供 mental ray 渲染器使用的材质。mental ray 材质拥有用于曲面明暗器及用于另外 9 个可选明暗器（构成 mental ray 中的材质）的组件，如图 2-79 所示。
- 曲面散色材质："曲面散色材质（SSS）"材质常用于对蒙皮和其他有机材质进行建模，这些材质的外观依赖于多层中的灯光散布，如图 2-80 所示。

图2-79 mental ray材质效果

图2-80 曲面散色材质效果

3ds Max 提供的这 4 种材质，每种都是明暗器的一个顶级包裹器（现象），SSS 快速材质的明暗器为 misss fast simple phen，快速蒙皮材质明暗器为 misss fast skin phen，快速蒙皮材质和置换明暗器为 misss fast skin phen d，物理材质明暗器为 misss physical，如图 2-81 所示。

	Subsurface Scattering Fast Material
	Subsurface Scattering Fast Skin
	Subsurface Scattering Fast Skin+Displacement
	Subsurface Scattering Physical

图2-81 曲面散色材质

2.5 VRay材质

VRay 渲染器是第三方开发的插件系统，需要独立安装并开启后才会有 VRay 的相应材质、灯光、附件和渲染设置。VRay 渲染器的材质类型中提供了多种材质，可以完成真实世界中几乎所有的效果。在主工具栏中单击材质编辑按钮，在弹出的对话框中单击"Standard（标准）"按钮就可增加材质类型，如图2-82所示。

在弹出的"材质/贴图浏览器"对话框中可以增加VRay的材质类型，其中提供了VRay矢量置换烘焙、VRayMtl（VR材质）、VR双面材质、VR快速SSS、VR快速SSS2、VR材质包裹器、VR模拟有机材质、VR毛发材质、VR混合材质、VR灯光材质、VR覆盖材质、VR车漆材质、VR雪花材质等，这些材质类型可以直观地设定模型表面效果。

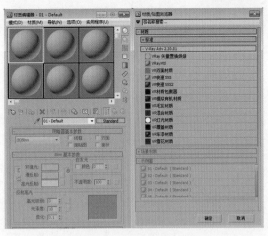

图2-82　添加VRay材质

↗ 2.5.1　VRayMtl材质

在材质设置卷展栏中单击 Standard（标准）按钮，在弹出的"材质/贴图浏览器"对话框中可以添加 VRayMtl 材质类型，如图2-83所示。

1. 基础参数卷展栏

"基础参数"卷展栏是最常使用的卷展栏，在其中可以完成漫反射参数调节和指定，还可以完成反射材质、折射材质和SSS材质等设置。

- 漫反射：用来决定物体的表面颜色。
- 反射：调节反射色块的灰度颜色，即可得到当前材质的反射效果，如图2-84所示。
- 高光光泽度：主要控制材质高光的效果。默认状态为不可用，单击旁边的"L"按钮解除锁定，可以调节高光的光泽度效果，如图2-85所示。

图2-83　VRayMtl材质类型

图2-84　反射效果

图2-85　高光光泽度效果

- 反射光泽：用于控制反射的光泽程度，数值越小，光泽效果越强烈。
- 细化：控制模糊反射的品质，较高的取值范围可以得到较平滑的效果。
- 使用插补：当勾选使用插补选项时，VRay渲染器能够使用类似于发光贴图的缓存方式来加速模糊反射的计算。

- 菲涅耳反射：反射强度会考虑物体表面的入射角度，而反射的颜色会使用漫反射，如图 2-86 所示。
- 菲涅耳折射率：控制使用菲涅耳折射后的折射强度。
- 最大深度：定义反射的最多次数，通常保持默认参数即可。
- 退出颜色：当物体在反射材质中达到指定的最大深度后，将停止反射的计算，这时颜色将以退出定义的颜色进行返回。
- 折射：调节折射色块的灰度颜色，即可得到当前材质的折射效果，如图 2-87 所示。
- 光泽度：控制折射光泽的程度。
- 影响阴影：控制物体产生透明的阴影效果，透明阴影的颜色取决于折射颜色和雾倍增器。
- 影响通道：勾选该选项会影响 Alpha 的通道效果。
- 烟雾颜色：控制产生次表面散射效果和物体内部物质的颜色，如图 2-88 所示。

图2-86　菲涅耳反射效果

图2-87　折射效果

图2-88　烟雾颜色效果

- 烟雾倍增：控制雾颜色的倍增，得到雾的密度效果。
- 烟雾偏移：控制雾的倾斜方向。
- 半透明物质：设置次表面散射的效果。
- 类型：其中提供了"硬"、"软"和"叠加"的效果处理方式。
- 背部颜色：控制光线在物体后部分的颜色效果。
- 厚度：控制光线在物体内部被追踪的深度，也就是光线穿透的最大厚度。
- 散布系数：控制光线在物体内部靠近弯曲表面的散射方向。
- 正背系数：控制光线在物体内部的散射方向。
- 灯光倍增：控制光线在次表面散射物体内部的衰减程度。较低的取值范围会使光线在物体内部急剧衰减，较高的取值范围会使物体产生类似自然发光的效果。

2. 双向反射分布函数卷展栏

BRDF 是双向反射分布函数的缩写，主要控制物体表面的反射特性。

- Blinn：创建带有一些发光度的平滑曲面，是一种通用的明暗器，如图 2-89 所示。
- Phong：与 Blinn 类似，也不处理高光（特别是掠射高光），最明显的区别是高光显示弧形，如图 2-90 所示。
- Ward：用于控制对金属表面的细腻过渡，如图 2-91 所示。
- 各向异性：各向异性高光效果可以使用椭圆形或竖条状，主要对于建立头发、玻璃或磨砂金属等模型很有效，如图 2-92 所示。
- 旋转：用于控制高光的旋转角度，如图 2-93 所示。
- UV 矢量源：主要控制物体高光点的轴向，还可以通过贴图通道来设置，如图 2-94 所示。

图2-89　Blinn方式

图2-90　Phong方式

图2-91　Ward方式

图2-92　各向异性

图2-93　旋转方式

图2-94　旋转方式

3. 选项卷展栏

"选项"卷展栏主要控制材质的一般属性，主要有跟踪反射和跟踪折射两种控制，另外还包括终止、双面、背面反射、使用发光图、雾系统单位比例、覆盖材质效果 ID、全局照明光线和能量保存模式。

4. 贴图卷展栏

"贴图"卷展栏中的每一种贴图类型都能够帮助用户完成特殊的效果，而且其中一部分贴图类型对应基础参数中的一些贴图类型。贴图卷展栏中主要包括漫反射贴图、粗糙度贴图、反射贴图、高光光泽度贴图、反射光泽度贴图、菲涅耳折射率贴图、各向异性贴图、各向异性旋转贴图、折射贴图、光泽度贴图、折射率贴图、半透明贴图、凹凸贴图、置换贴图、不透明贴图和环境贴图等。

5. 反射插值和折射插值卷展栏

"反射插值"卷展栏主要用来优化计算反射材质，"折射插值"卷展栏主要用来优化计算折射材质，只有在基础参数中勾选使用插值后，插值选项中的参数才会被激活使用。"反射插值"和"折射插值"卷展栏中主要有最小比率、最大比率、颜色阈值、插值采样和法线阈值控制项。

2.5.2　其他材质类型

VRay 渲染器的材质类型中除了 VRayMtl 以外，还提供了其他种类的材质类型，可以非常直观地设定模型表面效果。

1. VRay矢量置换烘焙材质

"VRay 矢量置换烘焙材质"可以置换贴图并进行转换凹凸，矢量置换贴图可以对置换的模型方向做出控制，再把光照信息渲染成贴图的方式，然后将这个烘焙后的贴图再贴回到场景中去。这样的话光照信息变成了贴图，不需要 CPU 再去费时地计算了，只要算普通的贴图就可以了，所以速度较快，如图 2-95 所示。

2. VR双面材质

使用"VR双面材质"可以向对象的前面和后面指定两个不同的材质，主要有正面材质、背面材质和半透明设置，如图 2-96 所示。

3. VR快速SSS材质

"VR 快速 SSS"材质类型主要用于模拟多个灯光散色层的皮肤或其他荧光材质，也就是曲面散色效果的材质，如图 2-97 所示。

图2-95　VRay矢量置换烘焙

图2-96　VR双面材质

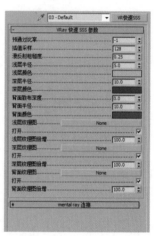

图2-97　VR快速SSS材质类型

4. VR快速SSS2材质

"VR 快速 SSS2"材质较 VR 快速 SSS 材质而言，最大的区别即是提供了便捷的"预置"项目，可以更加简单地设置曲面散色效果材质，如图 2-98 所示。

5. VR材质包裹器

"VR 材质包裹器"材质类型主要控制材质的全局光照、焦散和不可见等特殊内容。包裹材质实际上是系统卷展栏中物体属性的演变材质，不同的是物体属性中是单独对某物体的全局光照、焦散和不可见的控制，而包裹材质是对使用这种材质的所有物体进行全局光照、焦散和不可见控制，如图 2-99 所示。

6. VR模拟有机材质

"VR 模拟有机材质"主要可以添加 Dark Tree 明暗器，它是一个应用非常丰富的程序材质贴图生成器，也是一个极其强大的程序纹理贴图的制作工具，如图 2-100 所示。

7. VR毛发材质

"VR 毛发材质"中主要提供了多种颜色类型的毛发材质预置，再通过漫反射、高光、传输、阴影和贴图选项控制材质，可以更加简便地完成毛发材质效果，如图 2-101 所示。

8. VR混合材质

"VR 混合材质"可以在单个面上将两种以上材质进行混合显示处理，按照在卷展栏中列出的顺序，从上到下叠加材质。可以使用增加和相减透明度来组合材质，或使用数量值来混合材质，如图 2-102 所示。

图2-98　VR快速SSS2

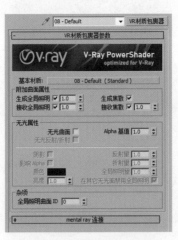

图2-99　VR材质包裹器

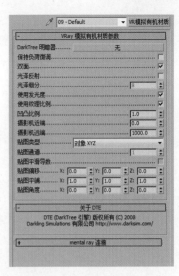

图2-100　VR模拟有机材质

9. VR灯光材质

"VR 灯光材质"类型是一种特殊的自发光材质，其中拥有倍增功能，可以通过调节自发光的明暗来产生强弱不同的光效，如图 2-103 所示。

图2-101　VR毛发材质

图2-102　VR混合材质

图2-103　VR灯光材质

10. VR覆盖材质

"VR 覆盖材质"是指在现有材质的基础上用覆盖材质来控制原有材质的各种属性，也就是用 VR 覆盖材质替换原有材质的全局光照颜色，如图 2-104 所示。

11. VR车漆材质

"VR 车漆材质"是可以用来模拟金属漆面效果的材质，主要由多个材质层混合而成，其中包括基础层、雪花层和镀膜层，允许对每一层的效果进行单独调节，然后自行将多层效果进行组合，从而简便地完成车漆材质效果，如图 2-105 所示。

12. VR雪花材质

"VR 雪花材质"类型可以快速制作雪花或噪点的材质效果，如图 2-106 所示。

图2-104 VR覆盖材质

图2-105 VR车漆材质

图2-106 VR雪花材质

2.6 贴图类型

　　使用贴图可以改善材质的外观和真实感，也可以使用贴图创建环境或者创建灯光投射。贴图可以模拟纹理、应用的设计、反射、折射以及其他一些效果。通过与材质一起使用，贴图将为对象几何体添加一些细节而不会增加它的复杂度，而不同的贴图类型将产生不同的效果并且有其特定的行为方式，如图 2-107 所示。

1. 位图坐标卷展栏

　　位图是由彩色像素的固定矩阵生成的图像。位图可以用来创建多种材质，从木纹和墙面到蒙皮和羽毛，也可以使用动画或视频文件替代位图来创建动画材质，如图 2-108 所示。

　　位图的"坐标"卷展栏主要调节位图的比例和角度等设置，如图 2-109 所示。

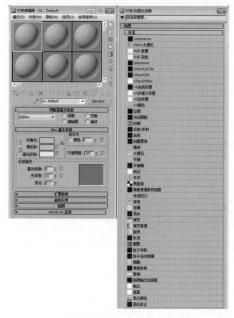

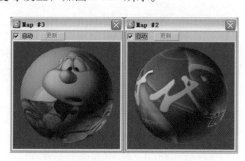

图2-108 位图贴图效果

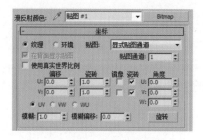

图2-107 贴图类型

图2-109 坐标卷展栏

- 纹理：将该贴图作为纹理贴图对表面应用。
- 环境：使用贴图作为环境贴图。
- 贴图列表：其中包含的选项因选择的纹理贴图或环境贴图而异。
- 在背面显示贴图：如启用该控制，平面贴图将穿透投影，以渲染在对象背面上。
- 偏移：分别用于设置贴图在横向和纵向的偏移距离，其中 "U" 代表横向，"V" 代表纵向。如图 2-110 所示为贴图在不同方向上产生的偏移效果。
- 瓷砖：分别用于设置贴图在横向和纵向的平铺次数，其数值越大，平铺次数越多，贴图尺寸就越小，如图 2-111 所示。

图2-110　偏移

图2-111　平铺

- 镜像：镜像从左至右（U 轴）或从上至下（V 轴）。
- 角度：分别用于控制贴图在横向、纵向和景深（W）方向上相对于物体的旋转角度，设置不同旋转角度时的贴图效果如图 2-112 所示。
- 模糊：根据贴图与视图的距离影响其清晰度和模糊度，如图 2-113 所示。

图2-112　角度

图2-113　模糊

- 模糊偏移：影响贴图的清晰度和模糊度，与视图的距离无关。

2. 位图参数卷展栏

"位图参数"卷展栏主要调节位图的路径和裁剪等设置，如图 2-114 所示。

- 位图：使用标准文件浏览器选择位图。
- 重新加载：对使用相同名称和路径的位图文件进行重新加载。
- 过滤：允许选择抗锯齿位图中平均使用的像素方法。
- 单通道输出：此组中的控件根据输入的位图确定输出单色通道的源。

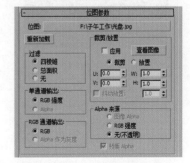

图2-114　位图参数卷展栏

- RGB 通道输出：确定输出 RGB 部分的来源，此组中的控制仅影响显示颜色的材质组件的贴图，包括环境光、漫反射、高光、过滤色、反射和折射。

- 裁剪／放置：此组中的控件可以裁剪位图或减小其尺寸用于自定义放置，如图2-115所示。裁剪位图意味着将其减小为比原来的长方形区域更小，放置位图可以缩放贴图并将其平铺放置于任意位置。
- Alpha Source（Alpha 来源）：此组中的控件根据输入的位图确定输出Alpha 通道的来源。

3. combustion贴图

使用"combustion 贴图"可以同时使用 Discreet combustion 产品和 3ds Max 交互式创建贴图，如图2-116所示。

可以使用 combustion 贴图作为 3ds Max 中的材质贴图，材质将在材质编辑器和着色视图中自动更新。在使用combustion 贴图时，可以使用绘图或合成

图2-115　裁剪/放置

操作符创建材质，并依次对 3ds Max 场景中的对象应用该材质。另外，使用 combustion 贴图可导入已渲染到 rich pixel 文件（RPF 或 RLA 文件）中的 3ds Max 场景。可以调整其相对于合成视频元素的 3D 位置，并可以对其中的对象应用 combustion 3D Post 效果。

4. Perlin大理石贴图

"Perlin 大理石"贴图使用湍流算法生成大理石图案，此贴图是大理石（同样是 3D 材质）的替代方法，效果如图2-117所示，"Perlin 大理石"参数卷展栏如图2-118所示。

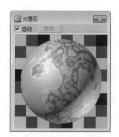

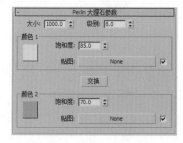

图2-116　combustion启动界面　　图2-117　Perlin大理石贴图效果　　图2-118　参数卷展栏

5. RGB倍增贴图

"RGB 倍增"贴图通常用作凹凸贴图，该贴图可以通过将两张贴图进行组合以获得更好的凹凸效果，如图2-119所示。

"RGB 倍增"贴图可以通过将 RGB 值相乘组合两个贴图。对于每个像素，一个贴图的红色相乘将第二个贴图的红色加倍，同样相乘蓝色使蓝色加倍，相乘绿色使绿色加倍。当使用的贴图拥有 Alpha 通道时则可以输出贴图的 Alpha 通道，也可以输出通过将两个贴图的 Alpha 通道值相乘生成新的 Alpha 通道，"RGB 倍增参数"卷展栏如图2-120所示。

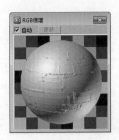
图2-119　RGB倍增贴图效果

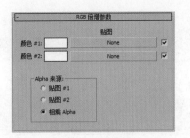
图2-120　参数卷展栏

6. RGB染色贴图

"RGB 染色"贴图可以调整图像中 3 种颜色的值，3 种颜色分别代表图像中的 3 种通道，更改 RGB 颜色即可调整相关颜色通道的值，效果如图 2-121 所示。"RGB 染色参数"卷展栏如图 2-122 所示。

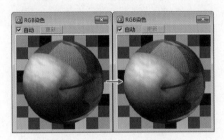
图2-121　RGB染色贴图效果

图2-122　参数卷展栏

7. Substance贴图

"Substance"是参数化纹理的库，可以获得各种范围的材质，这些与分辨率无关的动态 2D 纹理占用的内存和磁盘空间很小，可以导入到游戏的引擎中，其参数卷展栏如图 2-123 所示。

8. 光线跟踪贴图

使用"光线跟踪"贴图可以提供全部光线跟踪反射和折射，生成的反射和折射比反射 / 折射贴图更精确，但速度比使用反射 / 折射贴图的速度低，效果如图 2-124 所示，"光线跟踪器参数"卷展栏如图 2-125 所示。

图2-123　参数卷展栏

图2-124　光线跟踪贴图效果

图2-125　参数卷展栏

9. 凹痕贴图

"凹痕"是 3D 程序贴图，在扫描线渲染过程中凹痕将根据分形噪波产生随机图案，图案的效果取决于贴图类型，效果如图 2-126 所示，"凹痕参数"卷展栏如图 2-127 所示。

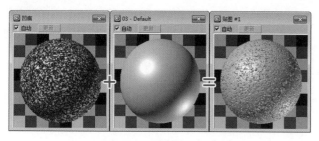

图2-126　凹痕贴图效果

图2-127　凹痕参数卷展栏

10. 反射/折射贴图

"反射 / 折射"贴图可以生成反射或折射表面，如果要创建反射，可以指定此贴图类型作为材质的反射或折射贴图，效果如图 2-128 所示，"反射 / 折射参数"卷展栏如图 2-129 所示。

图2-128　反射/折射贴图效果

图2-129　参数卷展栏

11. 合成贴图

"合成"贴图由其他贴图组成，并可以 Alpha 通道和其他方法将某层置于其他层之上。对于此类贴图，可以使用已含 Alpha 通道的叠加图像，或使用内置遮罩工具仅叠加贴图中的某些部分，效果如图 2-130 所示，"合成参数"卷展栏如图 2-131 所示。

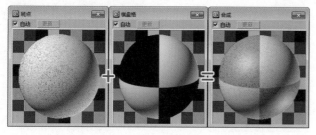

图2-130　合成贴图效果

图2-131　参数卷展栏

12. 向量置换贴图

"向量置换"贴图允许在三个维度上置换网格，这与之前仅允许沿曲面法线进行置换的方法形成鲜明对比。与法线贴图类似，向量置换贴图使用整个色谱来获得其效果，这与灰度图像不同。

虽然向量置换贴图始终在"材质/贴图浏览器"中可用，但仅受 mental ray 渲染器支持，在使用向量置换贴图时，必须设置 mental ray 为活动渲染器，参数卷展栏如图 2-132 所示。

13. 噪波贴图

"噪波贴图"是基于两种颜色或材质交互创建曲面的随机扰动，效果如图 2-133 所示，"噪波参数"卷展栏如图 2-134 所示。

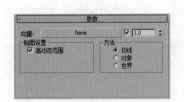

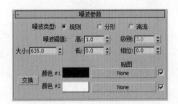

图2-132　参数卷展栏　　　图2-133　噪波贴图效果　　　图2-134　参数卷展栏

14. 大理石贴图

"大理石"贴图针对彩色背景生成带有彩色纹理的大理石曲面，将自动生成第三种颜色。创建大理石的另一个方式是使用"Perlin 大理石"贴图，效果如图 2-135 所示，"大理石参数"卷展栏如图 2-136 所示。

15. 平铺贴图

使用"平铺"贴图可以创建砖、彩色瓷砖或材质贴图，在其中有很多定义的建筑砖块图案可以使用，"平铺"贴图效果如图 2-137 所示，"平铺"贴图的"标准控制"卷展栏如图 2-138 所示。

图2-135　大理石贴图效果　　图2-136　参数卷展栏　　图2-137　平铺贴图效果　　图2-138　参数卷展栏

16. 平面镜贴图

将"平面镜"贴图应用到共面集合时可以生成反射环境对象的材质，可以将它指定为材质的反射贴图。反射/折射贴图不适合平面曲面，因为每个面基于其面法线所指的地方反射部分环境，而一个大平面只能反射环境的一小部分。"平面镜"自动生成包含大部分环境的反射，以更好地模拟类似镜子的曲面。"平面镜参数"卷展栏如图 2-139 所示。

17. 斑点贴图

"斑点"是一个 3D 贴图，它生成斑点的表面图案，该图案用于漫反射贴图和凹凸贴图，以创建类似花岗岩的表面和其他图案的表面，

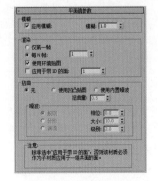

图2-139　参数卷展栏

效果如图 2-140 所示，"斑点参数"卷展栏如图 2-141 所示。

18. 木材贴图

木材是 3D 程序贴图，此贴图将整体对象体积渲染成波浪纹图案，可以控制纹理的方向、粗细和复杂度，效果如图 2-142 所示，"木材参数"卷展栏如图 2-143 所示。

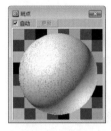   

图2-140　斑点贴图效果　　图2-141　参数卷展栏　　图2-142　木材贴图效果　　图2-143　参数卷展栏

19. 棋盘格贴图

"棋盘格"贴图将两色的棋盘图案应用于材质，默认方格贴图是黑白方块图案。方格贴图是 2D 程序贴图，组件方格既可以是颜色也可以是贴图，效果如图 2-144 所示，"棋盘格参数"卷展栏如图 2-145 所示。

20. 每像素的摄影机贴图

"每像素的摄影机"贴图可以从特定的摄影机方向投射贴图。可以用作 2D 无光绘图的辅助，也可以渲染场景，使用图像编辑应用程序调整渲染，然后将这个调整过的图像用作投射回 3D 几何体的虚拟对象，"摄影机贴图参数"卷展栏如图 2-146 所示。

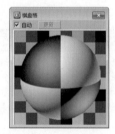  

图2-144　棋盘格贴图效果　　　图2-145　参数卷展栏　　　图2-146　参数卷展栏

21. 法线凹凸贴图

"法线凹凸"贴图使用纹理烘焙法线贴图，可以将其指定给材质的凹凸组件、位移组件或两者都可。使用位移的贴图可以更正平滑失真的边缘，如图 2-147 所示，卷展栏如图 2-148 所示。

22. 波浪贴图

"波浪"是一种生成水花或波纹效果的 3D 贴图，可以生成一定数量的球形波浪中心并将随机分布在球体上。可以控制波浪组数量、振幅和波浪速度，效果如图 2-149 所示，"波浪参数"卷展栏如图 2-150 所示。

 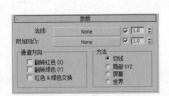  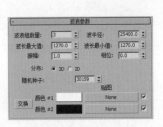

图2-147 法线凹凸　　　　图2-148 参数卷展栏　　　　图2-149 波浪贴图效果　　　图2-150 参数卷展栏

23. 泼溅贴图

　　"泼溅"是一个 3D 贴图，它生成分形表面图案，对用漫反射贴图创建类似于泼溅的图案非常实用，效果如图 2-151 所示，"泼溅参数"卷展栏如图 2-152 所示。

24. 混合贴图

　　通过"混合"贴图可以将两种颜色或材质合成在曲面的一侧，也可以将"混

图2-151 泼溅贴图效果　　　　图2-152 参数卷展栏

合数量"参数设为动画然后画出使用变形功能曲线的贴图，控制两个贴图随时间混合的方式。"混合"贴图效果如图 2-153 所示，"混合参数"卷展栏如图 2-154 所示。

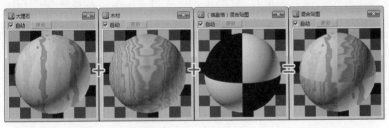

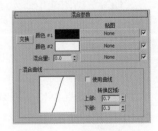

图2-153 混合贴图效果　　　　　　　　　　　图2-154 参数卷展栏

25. 渐变贴图

　　"渐变"贴图可以从一种颜色到另一种颜色进行着色，为渐变指定两种或三种颜色，效果如图 2-155 所示，"渐变参数"卷展栏如图 2-156 所示。

26. 渐变坡度贴图

　　"渐变坡度"是与渐变贴图相似的 2D 贴图，是从一种颜色到另一种颜色进行着色，效果如图 2-157 所示，"渐变坡度参数"卷展栏如图 2-158 所示。

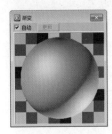   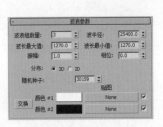

图2-155 渐变贴图效果　　图2-156 参数卷展栏　　图2-157 渐变坡度贴图效果　　图2-158 参数卷展栏

27. 旋涡贴图

"旋涡"贴图是一种 2D 程序的贴图，它生成的图案类似螺旋的效果，如同其他双色贴图一样，任何一种颜色都可用其他贴图替换，效果如图 2-159 所示，"旋涡参数"卷展栏如图 2-160 所示。

28. 灰泥贴图

"灰泥"是一个 3D 贴图，它生成一个曲面图案，以作为凹凸贴图来创建灰泥曲面，效果如图 2-161 所示，"灰泥参数"卷展栏如图 2-162 所示。

图2-159　旋涡贴图效果　　图2-160　参数卷展栏　　图2-161　灰泥贴图效果　　图2-162　参数卷展栏

29. 烟雾贴图

"烟雾"贴图是生成无序、基于分形的湍流图案的 3D 贴图，主要用于设置动画的不透明贴图，以模拟一束光线中的烟雾效果或其他云状流动贴图效果，效果如图 2-163 所示，"烟雾参数"卷展栏如图 2-164 所示。

30. 粒子年龄贴图

"粒子年龄"贴图用于粒子系统。通常，可以将粒子年龄贴图指定为漫反射颜色贴图，或在粒子流中使用材质动态操作符指定，是基于粒子寿命或更改粒子颜色的贴图。系统中的粒子以一种颜色开始，在指定的年龄，它们开始通过插补更改为第二种颜色，然后在消亡之前再次更改为第三种颜色。效果如图 2-165 所示，"粒子年龄参数"卷展栏如图 2-166 所示。

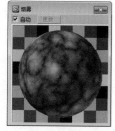

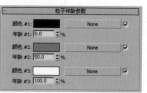

图2-163　烟雾贴图效果　　图2-164　参数卷展栏　　图2-165　粒子年龄效果　　图2-166　参数卷展栏

31. 粒子运动模糊贴图

"粒子运动模糊"贴图用于粒子系统，主要基于粒子的运动速率更改其前端和尾部的不透明度，通常作为不透明贴图，但是为了获得特殊效果，可以将其作为漫反射贴图。效果如图 2-167 所示，"粒子运动模糊参数"卷展栏如图 2-168 所示。

32. 细胞贴图

"细胞"贴图是一种程序贴图，可以生成用于各种视觉效果的细胞图案，包括马赛克瓷砖、鹅卵石表面甚至海洋表面，效果如图 2-169 所示，"细胞参数"卷展栏如图 2-170 所示。

图2-167　粒子运动　　　图2-168　参数卷展栏　　　图2-169　细胞贴图效果　　　图2-170　参数卷展栏
　　　　　模糊效果

33. 薄壁折射贴图

"薄壁折射"贴图可以模拟缓进或偏移效果，如果查看通过一块玻璃的图像就会看到这种效果。对于为玻璃建模的对象，这种贴图的速度更快，所用内存更少，并且提供的视觉效果要优于反射 / 折射贴图，效果如图 2-171 所示，"薄壁折射参数"卷展栏如图 2-172 所示。

34. 衰减贴图

"衰减"贴图基于几何体曲面法线的角度衰减，从而生成由白至黑的值，用于指定角度衰减的方向会随着所选的方法改变，效果如图 2-173 所示，"衰减参数"卷展栏如图 2-174 所示。

图2-171　薄壁折射贴　　　图2-172　参数卷展栏　　　图2-173　衰减贴图效果　　　图2-174　参数卷展栏
　　　　　图效果

35. 贴图输出选择器

"贴图输出选择器"贴图是多输出贴图（如 Substance）和它连接到的材质之间的必需中介，主要功能是提示材质将使用哪个贴图输出，参数卷展栏如图 2-175 所示。

36. 输出贴图

图2-175　参数卷展栏

使用"输出"贴图可以将输出设置应用于没有此项设置的程序贴图，如"棋盘格"或"大理石"，参数卷展栏如图2-176所示。

37. 遮罩贴图

使用"遮罩"贴图可以在曲面上通过一种材质查看另一种材质，控制应用到曲面的第二个贴图的位置。默认情况下，浅色（白色）的遮罩区域显示已应用的贴图，而较深（较黑）的遮罩区域显示基本材质颜色，可以使用"反转遮罩"来反转遮罩的效果，效果如图2-177所示，"遮罩参数"卷展栏如图2-178所示。

38. 顶点颜色贴图

"顶点颜色"贴图设置应用于可渲染对象的顶点颜色。可以使用顶点绘制修改器、指定顶点颜色工具指定顶点颜色，也可以使用可编辑网格顶点控件、可编辑多边形顶点控件或者可编辑多边形顶点控件指定顶点颜色，效果如图2-179所示，"顶点颜色参数"卷展栏如图2-180所示。

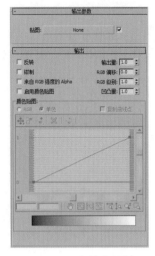

图2-176　参数卷展栏

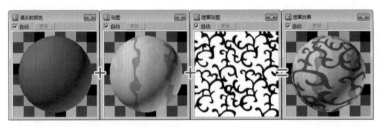

图2-177　遮罩贴图效果

图2-178　参数卷展栏

39. 颜色修正贴图

"颜色修正"贴图为使用基于堆栈的方法修改并入基本贴图的颜色提供了一类工具。校正颜色的工具包括单色、倒置、颜色通道的自定义重新关联、色调切换以及饱和度和亮度的调整。多数情况下，颜色调整控件会对在 Autodesk Toxik 和 Autodesk Combustion 中发现的颜色进行镜像，参数卷展栏如图2-181所示。

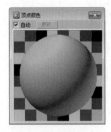

图2-179　顶点颜色贴图效果

图2-180　参数卷展栏

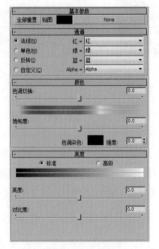

图2-181　参数卷展栏

40. mental ray明暗器贴图

"mental ray 明暗器"是一种用于计算灯光效果的函数，明暗器包括灯光明暗器、摄影机明暗器（镜头明暗器）、材质明暗器和阴影明暗器等。在材质 / 贴图浏览器中，mental ray 明暗器显示为一个黄色图标，而不是贴图中的绿色图标，名称后面是"lume"后缀，如图 2-182 所示。

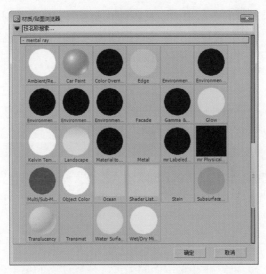

图2-182   mental ray明暗器

2.7　着色与材质资源管理器

"标准"材质和"光线跟踪"材质都可用于指定着色类型，而着色类型由明暗器进行处理，可以提供曲面响应灯光的各种方式，效果如图 2-183 所示。

在更改材质的着色类型后，将丢失新明暗器不支持的所有参数设置（包括贴图指定）。如果要使用相同的常规参数对材质的不同明暗器进行试验，则需要在更改材质的着色类型之前，将其复制到不同的示例窗，着色类型的位置如图 2-184 所示。

图2-183　着色类型效果

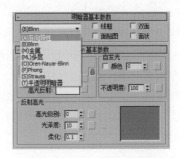

图2-184　着色类型的位置

1. 各向异性着色类型

"各向异性"明暗器使用椭圆形各向异性高光创建表面，这些高光对于建立头发、玻璃或磨砂金属的模型很有效。这些基本参数与 Blinn 或 Phong 着色的基本参数相似，但反射高光参数和漫反射强度控制除外，如 Oren-Nayar-Blinn 着色的反射高光参数和漫反射强度控制。

2. Blinn着色类型

"Blinn着色"是Phong着色的细微变化，最明显的区别是高光显示弧形。通常，当使用Phong着色时没有必要使用柔化参数。

3. 金属着色类型

"金属着色"提供效果逼真的金属表面以及各种看上去像有机体的材质，对于反射高光具有不同的曲线，还拥有掠射高光。金属材质计算其自己的高光颜色，该颜色可以在材质的漫反射颜色和灯光颜色之间变化，但不可以设置金属材质的高光颜色。

4. 多层着色类型

"多层"明暗器与各向异性明暗器相似，但该明暗器具有一套两个反射高光控制。使用分层的高光可以创建复杂高光，该高光适用于高度抛光等曲面特殊效果。

5. Oren-Nayar-Blinn着色类型

"Oren-Nayar-Blinn"明暗器是对Blinn明暗器的改变。该明暗器包含附加的高级漫反射控制、漫反射强度和粗糙度，使用它可以生成无光效果。此明暗器适合无光曲面，如布料、陶瓦等。

6. Phong着色类型

"Phong"着色可以平滑面之间的边缘，也可以真实地渲染有光泽、规则曲面的高光。此明暗器基于相邻面的平均面法线，可以插补整体面的强度，计算该面的每个像素的法线。

7. Strauss着色类型

"Strauss"明暗器用于对金属表面建模，与金属明暗器相比，该明暗器使用更简单的模型，并具有更简单的界面。

8. 半透明着色类型

"半透明"明暗器方式与"Blinn"明暗方式类似，但它还可用于指定半透明，而半透明对象允许光线穿过，并在对象内部使光线散射，可以使用半透明来模拟被霜覆盖和被侵蚀的玻璃。

半透明本身就是双面效果，在使用"半透明"明暗器时，其背面照明可以显示在前面。如果要生成半透明效果，材质的两面将接受漫反射灯光，虽然在渲染和着色视图中只能看到一面，但是启用双面就可以看到。

9. 材质资源管理器

使用"材质资源管理器"可以浏览和管理场景中的所有材质。虽然材质编辑器允许设置各个材质的属性，但它在任何时间可以同时显示的材质数量有限。使用材质资源管理器还可以查看材质应用到的对象，更改材质分配，以及以其他方式管理材质。

可以在菜单中选择【渲染】→【材质资源管理器】命令开启"材质资源管理器"。使用材质资源管理器上部的场景面板可以浏览和管理场景中的所有材质，通过下部的材质面板可以浏览和管理单一材质，如图2-185所示。

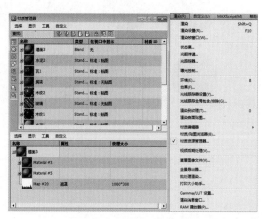

图2-185　材质资源管理器

2.8 贴图坐标

已指定 2D 贴图材质（或包含 2D 贴图材质）的对象必须具有"贴图坐标"，这些坐标指定如何将贴图投射到材质，以及是将其投射为图案还是平铺或镜像，如图 2-186 所示。

"贴图坐标"也称为 UV 或 UVW 坐标。这些字母是指对象自己空间中的坐标，相对于将场景作为整体描述的 XYZ 坐标，大多数可渲染的对象都拥有生成贴图坐标参数。

一些对象（如可编辑网格）并没有自动贴图坐标，对于这些类型的对象，可以通过应用"UVW 贴图"修改器来指定坐标。

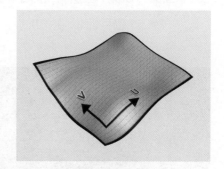

图2-186　贴图坐标

1. 默认贴图坐标

贴图在空间上是有方向的，当为对象指定一个 2D 贴图材质时，对象必须使用贴图坐标。贴图坐标指明了贴图投射到材质上的方向，以及是否被重复平铺或镜像等，它使用 UVW 坐标轴的方式来指明对象的方向。

大部分对象有一个生成"贴图坐标"的开关，可以打开这个开关生成一个默认的"贴图坐标"，如图 2-187 所示。

2. 设定贴图坐标通道

对于使用 NURBS 方式制作模型的次表面对象，能够在不应用"UVW 贴图编辑"修改器的情况下指定贴图通道，NURBS 的次表面对象会使用一个不同设置贴图坐标通道方法，可以在 NURBS 次表面对象的材质参数卷展栏中设定"贴图坐标通道"，如图 2-188 所示。

3. UVW贴图修改器

如果对象有生成"贴图坐标"开关，一些对象如编辑多边形等操作时，不会自动应用一个"UVW 贴图坐标"，这时可以通过应用一个"UVW 贴图编辑"修改器来指定一个"贴图坐标"。

"UVW 贴图编辑"修改器可以用来控制对象的"UVW 贴图坐标"，其中提供了调整贴图坐标类型、贴图大小、贴图的重复次数、贴图通道设置和贴图的对齐设置等功能，如图 2-189 所示。

图2-187　默认的贴图坐标

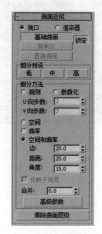

图2-188　设定贴图坐标通道

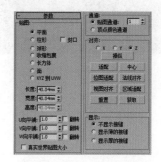

图2-189　UVW贴图修改器

- 平面：该贴图类型以平面投影方式向对象上贴图，它适合于平面的表面，如纸、墙、薄物体等，如图 2-190 所示。
- 柱形：此贴图类型是用圆柱投影方式向对象上贴图，像螺丝钉、钢笔、电话筒和药瓶都适于圆柱贴图，如图 2-191 所示。选中 Cap 复选框，圆柱的顶面和底面放置的是平面贴图投影，如图 2-192 所示。

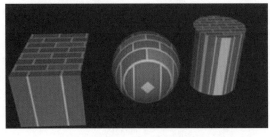

图2-190　平面方式

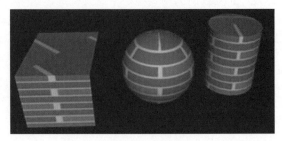

图2-191　柱形方式

- 球形：该类型围绕对象以球形投影方式贴图，而且会产生接缝。在接缝处，贴图的边汇合在一起，顶底也有两个接点，如图 2-193 所示。

图2-192　Cap复选框

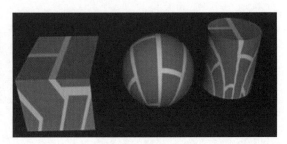

图2-193　球形方式

- 收缩包裹：像球形贴图一样，它是用球形方式向对象投影贴图。但是收缩包裹将贴图所有的角拉到一个点，消除了接缝，只产生一个奇异点，如图 2-194 所示。
- 长方体：长方体贴图以 6 个面的方式向对象投影。每个面是一个面贴图，面法线决定不规则表面上贴图的偏移，如图 2-195 所示。

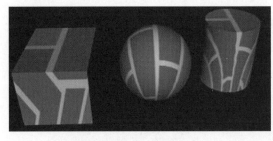

图2-194　收缩包裹方式

图2-195　长方体方式

- 面：该类型对象的每一个面应用一个平面贴图，其贴图效果与几何体面的多少有很大关系，如图 2-196 所示。
- XYZ 到 UVW：此类贴图设计用于 3D 贴图，使三维贴图粘贴在对象的表面上，如图 2-197 所示。

图2-196　面贴图方式

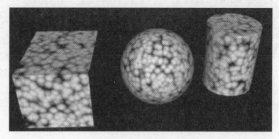

图2-197　XYZ到UVW

2.9　习题

1. 简述各种材质类型及其特点。
2. 简述 RGB 位增贴图的特点。

第 3 章
灯光与摄影机

本章主要介绍 3ds Max 中的灯光和摄影机，包括灯光系统、聚光灯、mental ray、天光与目标物理灯光、系统太阳光和日光、摄影机、VRay 系统等。

3.1 灯光系统

3ds Max 提供了标准灯光和光度学灯光两种类型的灯光。它们在视图中显示为灯光对象，并共享相同的参数，包括阴影生成器。

1. 标准灯光

"标准灯光"是基于计算机的模拟灯光对象，如家庭或办公室灯具，舞台和电影工作时使用的灯光设备或太阳光本身。不同种类的灯光对象可用不同的方法投射灯光,模拟不同种类的光源。与"光度学灯光"不同,"标准灯光"不具有基于物理的强度值。

"标准灯光"对象有 8 种类型,包括目标聚光灯、Free Spot(自由聚光灯)、目标平行光、自由平行光、泛光、天光、mr Area Omni（mental ray 区域泛光灯）和 mr Area Spot（mental ray 区域聚光灯），如图 3-1 所示。

图3-1　标准灯光

2. 光度学灯光

"光度学灯光"可以使用光度学更精确地定义灯光，就像在真实世界中一样。可以设置它们分布、强度、色温和其他真实世界灯光的特性，也可以导入照明制造商的特定光度学文件以便设计基于商用灯光的照明。将"光度学灯光"与"光能传递"解决方案结合起来后，可以生成物理精确的渲染或执行照明分析。

"光度学灯光"对象有 3 种类型，包括目标灯光、自由灯光和 mr 天空门户，如图 3-2 所示。

图3-2　光度学灯光

3.2 聚光灯

"聚光灯"是指像闪光灯一样投射聚焦的光束，比如在剧院中或路灯下的聚光区。当添加"目标聚光灯"时，软件将为该灯光自动指定注视控制器，灯光目标对象指定为注视目标。自由聚光灯与目标聚光灯不同，自由聚光灯没有目标对象，可以移动和旋转自由聚光灯以使其指向任何方向。

1. 常规参数卷展栏

"常规参数"卷展栏用于对灯光启用或禁用投射阴影，并且选择灯光使用的阴影类型，如图 3-3 所示。

● 灯光类型：提供了启用和禁用灯光的选项，还有灯光类型列表，可以更改灯光的类型。
● 阴影：提供了当前灯光是否投射阴影的选项，在阴影方法下拉列表中决定渲染器是否使用阴影贴图、光线跟踪阴影、高级光线跟踪阴影或区域阴影生成该灯光的阴影，如图 3-4 所示。

图3-3　常规参数卷展栏

图3-4　阴影效果

2. 强度/颜色/衰减卷展栏

在"强度 / 颜色 / 衰减"卷展栏中可以设置灯光的颜色和强度，也可以定义灯光的衰减，如图 3-5 所示。

- 倍增：将灯光的功率放大一个正或负的量。如果将倍增设置为 2，灯光将亮两倍。可以用于在场景中减除灯光和有选择地放置暗区域。
- 衰退：使远处灯光强度减小的一种方法。在"类型"中提供了 3 种衰退类型，分别是无衰退、反向衰退和平方反比衰退。
- 近距衰减：提供设置灯光开始淡入的距离和达到其全值的距离。
- 远距衰减：提供设置灯光开始淡出的距离和灯光减为 0 的距离。

图3-5　强度/颜色/衰减卷展栏

3. 聚光灯参数卷展栏

在"聚光灯参数"卷展栏中，可以在视图中查看聚光灯圆锥体，当选定灯光时该圆锥体始终可见，当未选定灯光时该设置使圆锥体可见，如图 3-6 所示。

- 显示光锥：启用或禁用圆锥体的显示。当选中一个灯光时，该圆锥体始终可见，因此当取消选择该灯光后清除该复选框才有明显效果。
- 泛光化：当设置泛光化时，灯光将在各个方向投射灯光。但是，投影和阴影只发生在其衰减圆锥体内。

图3-6　聚光灯参数卷展栏

- 聚光区 / 光束：调整灯光圆锥体的角度。聚光区值以度为单位进行测量，对于光度学灯光来说，光束角度为灯光强度减为全部强度的 50% 时的角度，而对于聚光区来说，光束角度仍为灯光强度 100% 时的角度，如图 3-7 所示。
- 衰减区 / 区域：调整灯光衰减区的角度。衰减区值以度为单位进行测量，对于光度学灯光来说，区域角度相当于衰减区角度。也可以在灯光视图中调整聚光区和衰减区的角度，从聚光灯的视野在场景中观看，如图 3-8 所示。
- 圆 / 矩形：确定聚光区和衰减区的形状，如图 3-9 所示。

图3-7　聚光区/光束　　　　图3-8　衰减区/区域　　　　图3-9　圆/矩形

4. 高级效果卷展栏

在"高级效果"卷展栏中提供了灯光影响曲面方式的控制，也包括很多微调和投影灯的设置，如图 3-10 所示。

- 影响曲面：可以设置对比度、柔化漫反射边、漫反射和高光反射，还可以设置在视图中的效果不可见，仅当渲染场景时才显示。
- 投影贴图：启用该复选框可以通过贴图按钮投射选定的贴图。可以从材质编辑器中指定的任何贴图拖动，或从任何其他贴图按钮（如环境面板）拖动，并将贴图放置在灯光的贴图按钮上，如图 3-11 所示。

图3-10 高级效果卷展栏

图3-11 投影的贴图

5. 阴影参数卷展栏

在"阴影参数"卷展栏中可以设置阴影颜色和其他常规阴影属性,如图 3-12 所示。

● 颜色:显示颜色选择器以便选择此灯光投射的阴影的颜色,默认设置为黑色。还可以设置阴影颜色的动画,如图 3-13 所示。

图3-12 阴影参数卷展栏

图3-13 阴影的颜色

● 密度:增加密度值可以增加阴影的密度,减少密度值会减少阴影密度。强度可以有负值,使用该值可以帮助模拟反射灯光的效果。白色阴影颜色的负密度渲染阴影质量没有黑色阴影颜色的正密度渲染质量好,如图 3-14 所示。

● 贴图:将贴图指定给阴影,贴图的颜色会与阴影颜色混合起来,默认设置为否,如图 3-15 所示。

图3-14 阴影的密度

图3-15 贴图阴影

● 灯光影响阴影颜色:启用此选项后,将灯光颜色与阴影颜色(如果阴影已设置贴图)混合起来。

● 大气阴影：可以控制大气效果投射阴影。

6. 阴影贴图参数卷展栏

"阴影贴图参数"卷展栏中包括作为灯光阴影生成的技术，如图 3-16 所示。

● 偏移：位图偏移面向或背离阴影投射对象移动阴影。如果偏移值太低，阴影可能在无法到达的地方泄露，从而生成叠纹图案或在网格上生成不合适的黑色区域；如果偏移值太高，阴影可能从对象中分离。在任何一个方向上如果偏移值是极值，则阴影就根本不可能被渲染。

● 大小：设置用于计算灯光的阴影贴图的大小（以像素平方为单位）。阴影贴图尺寸为贴图指定细分量，值越大对贴图的描述就越细致。

● 采样范围：采样范围决定阴影内平均有多少区域，将影响柔和阴影边缘的程度，如图 3-17 所示。

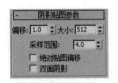

图3-16　阴影贴图参数卷展栏

图3-17　采样范围

● 绝对贴图偏移：启用此选项后，阴影贴图的偏移未标准化，但是该偏移在固定比例的基础上以 3ds Max 为单位表示。

● 双面阴影：启用此选项后，计算阴影时背面将不被忽略，从内部看到的对象不由外部的灯光照亮。禁用此选项后将忽略背面，这样可使外部灯光照明室内对象。

7. 大气和效果卷展栏

使用"大气和效果"卷展栏可以指定、删除、设置大气的参数和与灯光相关的渲染效果。此卷展栏仅出现在修改面板上，它不在创建时间内出现，如图 3-18 所示。

● 添加：显示添加大气或效果对话框，使用该对话框可以将大气或渲染效果添加到灯光中。该列表只显示与灯光对象相关联的大气和效果，或将灯光对象作为它的装置，如图 3-19 所示。

图3-18　大气和效果卷展栏

图3-19　添加效果

● 删除：删除在列表中选定的大气或效果。

● 大气和效果列表：显示所有指定给此灯光的大气或效果的名称。

- 设置：使用此选项可以设置在列表中选定的大气或渲染效果。如果该选项是大气，单击设置将显示环境面板，如果该选项是效果，单击设置将显示效果面板。

3.3 mental ray

除非通过使用 mental ray 选项面板启用 mental ray 扩展名，否则此卷展栏不会出现。另外，mental ray 渲染器必须是当前活动的渲染器。

1. mental ray 间接照明卷展栏

"mental ray 间接照明"卷展栏提供了使用 mental ray 渲染器照明行为的控制，卷展栏中的设置对使用默认扫描线渲染器或高级照明进行的渲染没有影响。这些设置控制生成间接照明时的灯光行为，即焦散和全局照明，如果需要调整指定的灯光，可以使用能量和光子的倍增控制。通常，很少需要禁止使用全局设置和指定间接照明用的局部灯光设置，如图 3-20 所示。

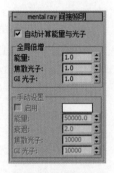

图 3-20   mental ray 间接照明卷展栏

- 自动计算能量与光子：启用此选项后，灯光使用间接照明的全局灯光设置，而不使用局部设置。当此切换处于启用状态时，只有全局倍增组的控制可用。
- 能量：增强全局能量值以增加或减少此特定灯光的能量。
- 焦散光子：增强全局焦散光子值以增加或减少用此特定灯光生成焦散的光子数量。
- GI 光子：增强全局 GI 光子值以增加或减少用此特定灯光生成全局照明的光子数量。
- 手动设置：当自动计算处于禁用状态时全局倍增组将不可用，而用于间接照明的手动设置可用。

2. mental ray 灯光明暗器卷展栏

使用"mental ray 灯光明暗器"卷展栏可以将 mental ray 明暗器添加到灯光中。当使用 mental ray 渲染器进行渲染时，灯光明暗器可以改变或调整灯光的效果。如果要调整一个灯光明暗器设置，可以将明暗器按钮拖动到一个未使用的材质编辑器示例窗中。如果要编辑明暗器的一个副本，需要将示例窗拖回灯光明暗器卷展栏上的明暗器按钮，这样才能看到任何生效的更改，如图 3-21 所示。

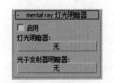

图 3-21   mental ray 灯光明暗器卷展栏

- 启用：启用此选项后，渲染使用指定给此灯光的灯光明暗器，禁用此选项后，明暗器对渲染没有任何影响。
- 灯光明暗器：单击该按钮可以显示材质／贴图浏览器，并选择一个灯光明暗器，在选定了一个明暗器后，其名称将出现在按钮上。
- 光子发射器明暗器：单击该按钮可以显示材质／贴图浏览器，并选择一个明暗器。在选定了一个明暗器后，其名称将出现在按钮上。

3.4 天光与目标物理灯光

"天光"与"目标物理灯光"都是通过计算来得到照明的效果，需要通过渲染设置将其开启。

↗ 3.4.1 天光系统

"天光"主要用来建立模拟日光的模型效果,意味着与光跟踪器一起使用,对天空建模作为场景上方的圆屋顶。可以设置天空的颜色或将其指定为贴图。当使用默认扫描线渲染器渲染时,天光使用高级照明最佳。"天光"的参数卷展栏如图 3-22 所示。

- 启用:启用和禁用灯光。
- 倍增:将灯光的功率放大一个正或负的量,如图 3-23 所示。
- 使用场景环境:使用环境面板上的环境设置的灯光颜色,除非光跟踪处于活动状态,否则该设置无效。
- 天空颜色:单击色样可显示颜色选择器,并选择为天光染色。
- 贴图:可以使用贴图影响天光颜色。该按钮指定可以贴图,切换设置贴图是否处于激活状态,可以使用微调器设置贴图的百分比,当值小于 100% 时,贴图颜色与天空颜色混合。如果要获得最佳效果,可以使用 HDR 文件照明,如图 3-24 所示。
- 投射阴影:使天光产生投射阴影。当使用光能传递或光跟踪时,投射阴影切换无效。
- 每采样光线数:用于计算落在场景中指定点上天光的光线数。对于动画来说,可以通过将该选项设置为较高的值消除闪烁,当值为 30 左右时就可以消除闪烁,如图 3-25 所示。

图3-22 天光参数卷展栏

图3-23 倍增效果

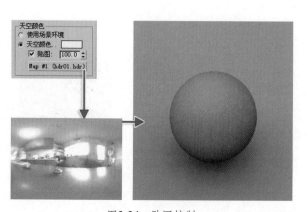

图3-24 贴图控制

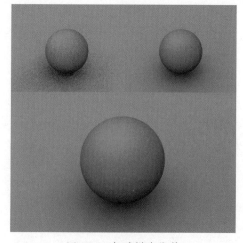

图3-25 每采样光线数

- 光线偏移:对象可以在场景中指定点上投射阴影的最短距离。将该值设置为 0 时,可以使该点在自身上投射阴影,如果将该值设置较高,则可以防止点附近的对象在该点上投射阴影。

↗ 3.4.2 目标物理灯光

物理灯光中的"目标灯光"像标准的泛光灯一样从几何体点发射光线。可以设置灯光分布,此灯光有 3 种类型的分布并对应相应的图标。当添加目标点灯光时,3ds Max 将自动为该灯光指定注视控制器,灯光目标对象指定为注视目标。

当使用 Web 分布创建或选择光度学灯光时，"分布（光度学Web）"卷展栏将显示在修改面板上。可以使用这些参数选择光域网文件并调整 Web 的方向，3ds Max 可以使用 IES、CIBSE 或 LTLI 光域网格式，如图 3-26 所示。

图3-26　发布光域网卷展栏

"光域网"是一个光源灯光强度分布的三维表示。平行光分布信息以 IES 格式存储在光度学数据文件中，而对于光度学数据采用 LTLI 或 CIBSE 格式。可以将各个制造商提供的光度学数据文件加载为 Web 参数，灯光图标会表示所选的光域网。

如果要描述一个光源发射的灯光方向分布，可以通过在光度学中心放置一个点光源近似该光源。根据此相似性，分布只以传出方向的函数为特征，提供用于水平或垂直角度预设的光源的发光强度，而且该系统可以按插值沿着任意方向计算发光强度，如图 3-27 所示。

- Web 文件：选择用作光域网的 IES 文件，默认的 web 是从一个边缘照射的漫反射分布，如图 3-28 所示。

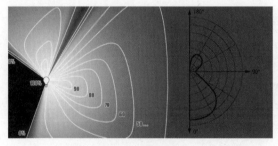

图3-27　Web分布

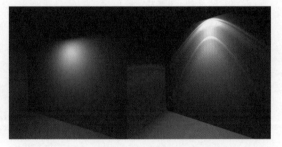

图3-28　漫反射分布

- X 轴旋转：沿着 X 轴旋转光域网，旋转中心是光域网的中心，范围为正负 180 度。
- Y 轴旋转：沿着 Y 轴旋转光域网，旋转中心是光域网的中心，范围为正负 180 度。
- Z 轴旋转：沿着 Z 轴旋转光域网，旋转中心是光域网的中心，范围为正负 180 度。

3.5 系统太阳光和日光

"太阳光"和"日光"系统可以使用系统中的灯光，该系统按照太阳在地球上某一指定位置的地理自然规律投射灯光，如图 3-29 所示。

既可以选择位置、日期、时间和指南针方向，也可以设置日期和时间的动画。该系统适用于计划中的和现有结构的阴影研究，也可以对纬度、经度、北向和轨道缩放进行动画设置。

太阳光和日光具有类似的用户界面。太阳光使用平行光，而日光将太阳光和天光相结合，太阳光组件可以是 IES 太阳光。如果要通过曝光控制来创建使用光能传递的渲染效果，则最

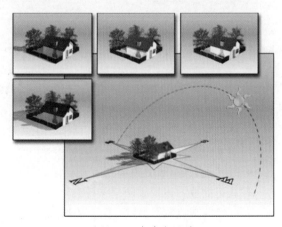

图3-29　角度和运动

好使用上述灯光。如果场景使用标准照明（具有平行光的太阳光也适用于这种情况），或者要使用光跟踪器，则最好使用上述灯光。

1. 日光参数卷展栏

通过"日光参数"卷展栏可以定义日光系统的太阳对象，在其中可以设置太阳光和天光行为，如图 3-30 所示。

- 太阳光：为场景中的太阳光选择一个选项，其中"IES 太阳"是使用 IES 太阳对象来模拟太阳，"标准"是使用目标直接光来模拟太阳，"无太阳光"是不模拟太阳光。
- 活动：在视图中启用和禁用太阳光。
- 手动：启用时可以手动调整日光集合对象在场景中的位置，以及太阳光的强度值。
- 日期、时间和位置：启用时，使用太阳在地球上某一给定位置的符合地理学的角度和运动。选择日期、时间和位置后，调整灯光的强度将不生效。
- 设置：打开运动面板，以便调整日光系统的时间、位置和地点。
- 天光：为场景中的太阳光选择一个选项。

2. 控制参数卷展栏

"控制参数"卷展栏显示可以在创建面板上设置，并在选择日光或太阳光系统的灯光组件时也可以显示在运动面板上，以便调整日光系统的时间、位置和地点，如图 3-31 所示。

图3-30　日光参数卷展栏

图3-31　调整日光系统

- 手动：启用时，可以手动调整太阳对象在场景中的位置，以及太阳对象的强度值。
- 方位 / 海拔高度：显示太阳的方位和海拔高度。方位是太阳的罗盘方向，以度为单位（北=0、东 =90）。海拔高度是太阳距离地平线的高度，以度为单位（日出或日落 =0）。
- 时间：在时间控制区中提供了指定时间、指定日期、时区和夏令时的设置。
- 获取位置：显示地理位置对话框，在该对话框中可以通过从地图或城市列表中选择一个位置来设置经度和纬度值。
- 纬度 / 经度：指定基于纬度和经度的位置。
- 轨道缩放：设置太阳（平行光）与罗盘之间的距离。由于平行光可以投射出平行光束，因此这一距离不会影响太阳光的精确度。
- 北向：设置罗盘在场景中的旋转方向。

3.6 摄影机

可以使用"摄影机"从特定的观察点表现场景，使对象模拟现实世界中的静态图像、运动图片或视频摄影机。使用"摄影机视图"可以调整"摄影机"，就好像正在通过其镜头进行观看，如图 3-32 所示。

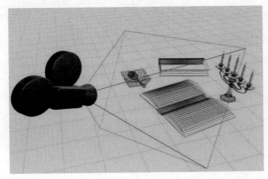

图3-32　摄影机

"摄影机视图"对于编辑几何体和设置渲染的场景非常实用，配合多个"摄影机"可以提供相同场景的不同视图。使用"摄影机校正"修改器可以校正两点视角的"摄影机视图"，其中垂线仍然垂直。如果要设置观察点的动画，可以创建一个摄影机并设置其位置的动画。显示面板的"按类别隐藏"卷展栏可以进行切换，以启用或禁用摄影机对象的显示。

控制摄影机对象显示的简便方法是在单独的层上创建这些对象，通过禁用层还可以快速地将其隐藏。

3.6.1　目标摄影机

当创建摄影机时，"目标"摄影机沿着放置的目标图标查看区域，如图 3-33 所示。

"目标"摄影机比"自由"摄影机更容易定向，因为只需将"目标"对象定位在所需位置的中心。可以通过设置"目标"摄影机及其"目标"的动画来创建有趣的效果。如果要沿着路径设置"目标"和"摄影机"的动画，最好将它们链接到虚拟对象上，然后设置虚拟对象的动画。

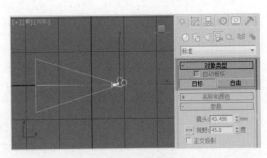

图3-33　目标摄影机

3.6.2　自由摄影机

"自由"摄影机在摄影机指向的方向查看区域，与"目标"摄影机不同，它有两个用于"目标"和"摄影机"的独立图标，"自由"摄影机由单个图标表示，可以更轻松地设置动画，如图 3-34 所示。

当摄影机位置沿着轨迹设置动画时可以使用"自由"摄影机，其效果与穿行建筑物或将摄影机

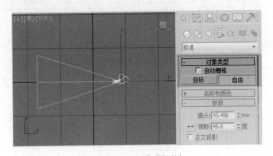

图3-34　自由摄影机

连接到行驶中的汽车时一样。当"自由"摄影机沿着路径移动时，可以将其倾斜，如果将摄影机直接置于场景顶部，则使用"自由"摄影机可以避免旋转。

↗ 3.6.3 参数卷展栏

"参数"卷展栏可以对两种摄影机进行常用控制，如图 3-35 所示。

- 镜头：以毫米为单位设置摄影机的焦距。使用镜头微调器来指定焦距值，而不是指定在备用镜头组框中按钮上的预设备用值。在渲染场景对话框中更改光圈宽度值后，也可以更改镜头微调器字段中的值。
- 视野：决定摄影机查看区域的宽度，当视野方向为水平时，视野参数直接设置摄影机的地平线的弧形，以度为单位进行测量。

图3-35　参数卷展栏

- 正交投影：启用此选项后，"摄影机视图"看起来就像"用户视图"；禁用此选项后，"摄影机视图"就像标准的"透视图"。当正交投影有效时，视图导航按钮的行为如同平常操作一样，而"透视图"除外，透视功能仍然移动摄影机并且更改 FOV 视野，但正交投影取消执行这两个操作，以便禁用正交投影后可以看到所做的更改。
- 备用镜头：其中有 15mm、20mm、24mm、28mm、35mm、50mm、85mm、135mm、200mm，这些预设值可以设置摄影机的焦距（以毫米为单位）。
- 类型：将摄影机类型从目标摄影机更改为自由摄影机，反之亦然。
- 显示圆锥体：显示摄影机视野定义的锥形光线（实际上是一个四棱锥）。
- 显示地平线：在"摄影机视图"中的地平线层级显示一条深灰色的线条，如图 3-36 所示。
- 近距范围 / 远距范围：确定在环境面板上设置大气效果的近距范围和远距范围限制，在两个限制之间的对象不显示。
- 显示：显示在摄影机锥形光线内的矩形以显示近距范围和远距范围的设置。
- 手动剪切：启用该选项可定义剪切平面。禁用手动剪切后，不显示距离摄影机小于 3 个单位的几何体。如果要覆盖该几何体，可以使用手动剪切，如图 3-37 所示。

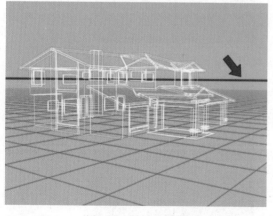

图3-36　显示地平线

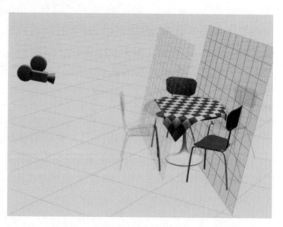

图3-37　手动剪切

- 预览：单击该选项可在活动"摄影机视图"中预览效果。如果活动视图不是"摄影机视图"，则该按钮无效。
- 多过程效果：使用该选项可以选择生成多重过滤效果，景深或运动模糊，而这些效果相互排斥。使用该列表可以选择景深，其中可以使用 mental ray 渲染器的景深效果。
- 渲染每过程效果：启用此选项后，如果指定任何一个，则将渲染效果应用于多重过滤效果的每个过程（景深或运动模糊）。
- 目标距离：使用自由摄影机，将点设置为用作不可见的目标，以便可以围绕该点旋转摄影机。使用目标摄影机，表示摄影机和其目标之间的距离。

3.6.4 景深参数卷展栏

"景深参数"卷展栏可以设置生成景深效果。景深是多重过滤效果，可以为摄影机在"参数"卷展栏中将其启用。可以通过模糊到摄影机焦点（也就是说，其目标或目标距离）某种距离处的帧的区域，模拟出摄影机的景深效果，也可以在视图中预览景深，如图 3-38 所示。

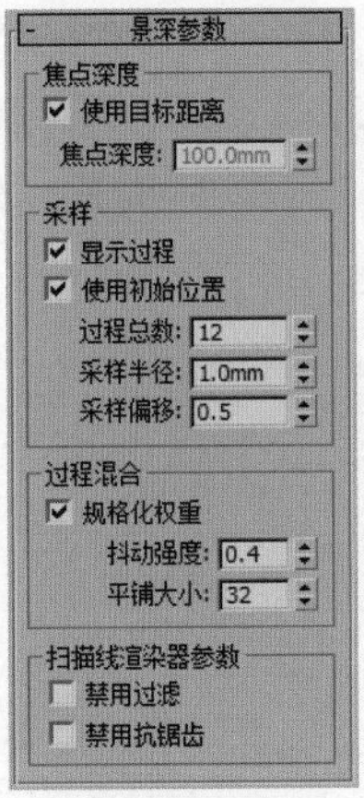

图 3-38　景深参数
卷展栏

- 使用目标距离：启用该选项后，将摄影机的目标距离用作每过程偏移摄影机的点。禁用该选项后，使用焦点深度值偏移摄影机。
- 焦点深度：当使用目标距离处于禁用状态时，设置距离偏移摄影机的深度，范围为 0 ~ 100。通常，使用焦点深度而不使用摄影机的目标距离模糊整个场景。
- 显示过程：启用此选项后，渲染帧窗口显示多个渲染通道。禁用此选项后，该帧窗口只显示最终结果，此控制对于在"摄影机视图"中预览景深无效。
- 使用初始位置：启用此选项后，第一个渲染过程位于摄影机的初始位置。禁用此选项后，与所有随后的过程一样偏移第一个渲染过程。
- 过程总数：用于生成效果的过程数。增加此值可以增加效果的精确性，但会以渲染时间为代价。
- 采样半径：通过移动场景生成模糊的半径。增加该值将增加整体模糊效果，减小该值将减少模糊效果。
- 采样偏移：模糊靠近或远离采样半径的权重。增加该值将增加景深模糊的数量级，提供更均匀的效果。减小该值将减少数量级，提供更随机的效果。
- 规格化权重：使用随机权重混合的过程可以避免出现诸如条纹这些人工效果。当启用规格化权重后，会获得较平滑的结果；当禁用此选项后，效果会变得清晰一些，但通常颗粒状效果更明显。
- 抖动强度：控制应用于渲染通道的抖动程度。增加此值会增加抖动量，并且生成颗粒状效果，尤其在对象的边缘上。
- 平铺大小：抖动时设置图案的大小。此值是一个百分比，0 是最小平铺，100 是最大平铺。
- 扫描线渲染器参数：使用这些控制可以在渲染多重过滤场景时禁用抗锯齿或锯齿过滤。

3.7 VRay系统

VRay 渲染器虽然是一个独立的插件系统，但它同样拥有自身的灯光及摄影机系统，分别放置在 3ds Max 的系统的对应位置。在 ☀ 创建面板的 ◀ 灯光与 ⊞ 摄影机的下拉列表中可以选择 VRay 系统，如图 3-39 所示。

图3-39　VRay灯光与摄影机

↗ 3.7.1　VR灯光

在 VRay 灯光系统中选择"VR 灯光"命令并在场景中建立，这时可以在 ✐ 修改面板看到灯光的所有控制选项，如图 3-40 所示。

- 常规组：主要控制 VR 灯光的开关与类型。
  - ➤ 开：用于控制灯光的打开或关闭，当勾选后才表示启动了灯光的照明效果。
  - ➤ 排除：用来设置灯光是否照射某个对象，或者是否使某个对象产生阴影。
  - ➤ 类型：在其下拉列表框可以改变当前选择灯光的类型，其中主要有 Dome（穹顶）类型、Plane（平面）类型、Sphere（球形）、Mesh（网格）类型，改变灯光的类型后，灯光所特有的参数也将随之改变控制。
- 强度组：主要控制 VR 灯光的单位、颜色和模式等。
  - ➤ 单位：主要提供了发光率、亮度、辐射率和辐射方式进行选择。
  - ➤ 倍增器：可通过指定一个正值或负值来放大或缩小灯光的强度。
  - ➤ 模式：项目中提供了颜色与色温两种控制方式。
  - ➤ 颜色：可指定灯光所产生的颜色。
  - ➤ 温度：可以改变灯光的色温而控制灯光颜色。

图3-40　VR灯光系统

- 大小组：
  - ➤ 长度：控制所建立灯光的准确长度值，也就是光源的 U 向尺寸。
  - ➤ 宽度：控制所建立灯光的准确宽度值，也就是光源的 V 向尺寸。
  - ➤ 大小：控制光源的 W 向尺寸。
- 选项组：主要控制灯光的附属项目。
  - ➤ 投射阴影：可以控制灯光是否产生阴影。
  - ➤ 双面：主要设置当 VRay 灯光为平面光源时，该选项控制光线是否从面光源的两个面发射出来。
  - ➤ 不可见：控制最终渲染时是否显示灯光的形状。
  - ➤ 忽略灯光发线：当一个被追踪的光线照射到光源上时，该选项可控制 VRay 渲染器计算发光的方法，模拟真实世界的光线时该选项应当关闭，但是当该选项打开时，渲染的结果更加平滑。
  - ➤ 不衰减：在选择状态时，VRay 所产生的光将不会随距离而衰减，否则光线将随着距离而衰减，这是真实世界灯光的衰减方式。
  - ➤ 天光入口：主要控制参数将会被环境参数所代替，如果希望观看到效果，必须应用间接照明和环境。

> 存储发光图：选中并且全局照明设定为 Irradiance map 时，VRay 渲染器将再次计算 VR 灯光的效果并且将其存储到光照贴图中，其结果是光照贴图的计算会变得更慢，但是渲染时间会减少。

> 影响漫反射：将会影响到漫反射贴图的效果。

> 影响高光反射：将会影响到高光贴图的效果。

- 采样组：

> 细分：控制 VRay 渲染器用于计算照明采样点的数量。

> 阴影偏移：设置发射光线对象到产生阴影点之间的最小距离，用来防止模糊的阴影影响其他区域。

↗ 3.7.2 VR太阳

在 VRay 灯光系统中选择 VR 太阳灯光命令并在场景中建立，这时可以在修改面板看到灯光的所有控制选项，它是一种模拟室外场景的太阳时必需的强光源，如图 3-41 所示。

↗ 3.7.3 VRay物体

VRay 渲染系统不仅有自身的灯光、材质和贴图，还有自身的物体类型，如图 3-42 所示。在创建命令面板中的 VRay 物体中提供了 VR 代理物体、VR 球体物体、VR 平面物体和 VR 毛皮系统，如图 3-43 所示。

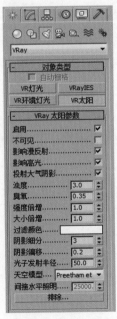

图3-41　VR太阳系统

图3-42　VRay物体

图3-43　VRay物体效果

↗ 3.7.4 VR摄影机

在 VRay 摄影机系统中主要提供了"VR 穹顶摄影机"和"VR 物理摄影机"，它是一种模拟室外场景的渐变摄影机设置，与 3ds Max 自身带的摄影机相比，它能模拟真实成像，并能更轻松

地调节透视关系，而且仅靠摄影机就能控制曝光。另外，还有许多非常不错的特殊功能和效果，如图 3-44 所示。

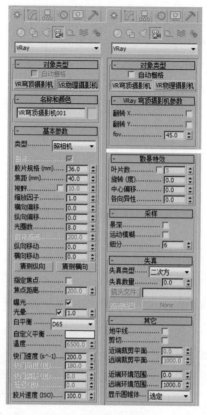

图3-44　VR摄影机系统

3.8　习题

1. 简述灯光系统的类型及其各自不同的特点。
2. VR 物体包括哪些类型？

第 4 章

渲染器

本章主要介绍 3ds Max 中渲染器，包括扫描线渲染器、mental ray 渲染器、iray 渲染器和 vray 渲染器的特点与使用方法。

渲染是指将颜色、阴影、照明效果等加入到几何体中，从而可以使用设置的灯光、应用的材质及环境设置（如背景和大气）为场景的几何体着色。使用"渲染场景"对话框可以创建渲染并将其保存到文件，同时渲染效果将显示在屏幕的渲染帧窗口中。

3ds Max 自身附带了 5 种渲染器，其他渲染器可以作为第三方插件组件提供。3ds Max 自身附带的渲染器有默认扫描线渲染器、NVIDIA mental ray 渲染器、NVIDIA iray 渲染器、Quicksilver 硬件渲染器和 VUE 文件渲染器。

用于渲染的主命令位于主工具栏上，可以使用默认的"渲染"菜单调用这些命令，该菜单中还包含与渲染相关的其他命令，如图 4-1 所示。

图4-1 渲染工具与命令

4.1 扫描线渲染器

"扫描线"渲染器是 3ds max 中默认的渲染器。默认情况下，通过渲染场景对话框或 Video Post 渲染场景时，可以使用扫描线渲染器。在材质编辑器中也可以使用扫描线渲染器显示各种材质和贴图。

在主工具栏上单击 渲染场景按钮或单击"F10"键可以开启渲染场景对话框，如图 4-2 所示。

在"公用"面板中包含适用于任何渲染的控制及用于选择渲染器的控制，其中有公用参数卷展栏、电子邮件通知卷展栏、脚本卷展栏和指定渲染器卷展栏。

图4-2 渲染场景对话框

↗ 4.1.1 公用参数卷展栏

"公用参数"卷展栏可以用来设置所有渲染器的公用参数，如图 4-3 所示。

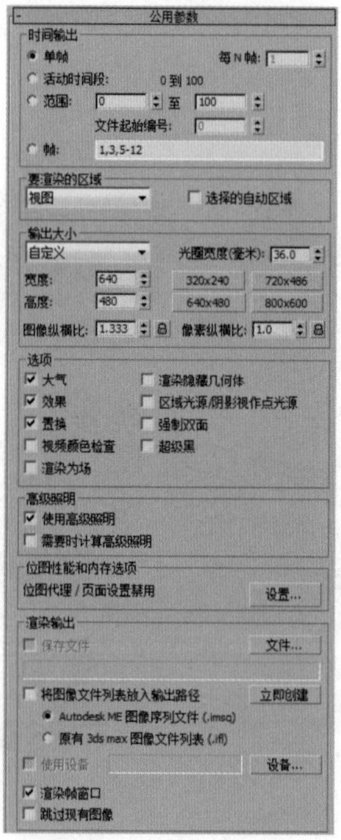

- 时间输出：其中"单帧"是仅渲染当前显示帧，"活动时间段"为显示在时间滑块内的当前帧"范围"。范围是指定两个数字之间的所有帧；"帧"可以指定非连续帧，帧与帧之间用逗号隔开（如 2，5）或连续的帧范围，用连字符相连（如 0-5）；"文件起始编号"可以指定起始文件编号，从这个编号开始递增文件名；"每 N 帧"可以相隔几帧渲染一次，只用于活动时间段和范围输出。
- 要渲染的区域：控制局部区域渲染、已选择区域渲染、视图区域渲染等方式。
- 输出大小：在其下拉列表中列出了一些标准的电影和视频分辨率及纵横比，如图 4-4 所示；"光圈宽度（毫米）"可以指定用于创建渲染输出的摄影机光圈宽度；"宽度 /

图4-3 公用参数卷展栏

高度"可以像素为单位指定图像的宽度和高度,从而设置
输出图像的大小。

图4-4 下拉列表

- 选项:主要控制产生大气、效果、置换、视频颜色检查、
  渲染为场、渲染隐藏几何体、区域光源、阴影视点、强制
  双面和超级黑。
- 高级照明:可以在渲染过程中提供光能传递解决方案或光
  跟踪。
- 渲染输出:主要设置渲染输出保存文件的路径、名称和格式;
  还可以将渲染输出到设备上,如录像机、播出机和对编机
  等设备。另外,还可以使用网络渲染,在渲染时将看到网
  络作业分配对话框。

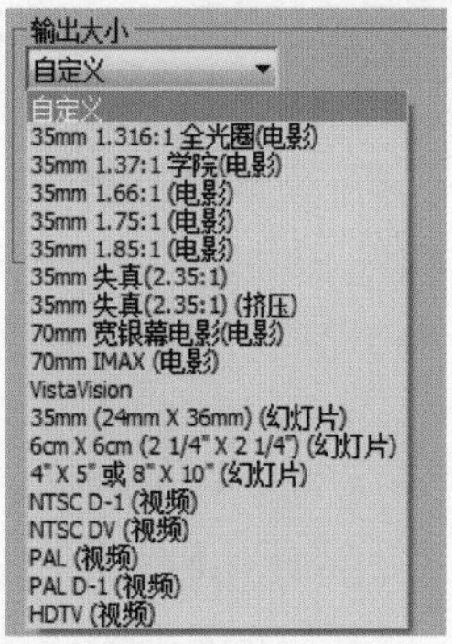

↗ 4.1.2 电子邮件通知卷展栏

使用"电子邮件通知"卷展栏可以使渲染作业发送电子邮件
通知,并且不需要在系统上花费所有时间,这种通知非常实用,
如图 4-5 所示。

图4-5 电子邮件通知卷展栏

↗ 4.1.3 脚本卷展栏

"脚本"卷展栏可进行预渲染和渲染后期操作,如图 4-6 所示。

↗ 4.1.4 指定渲染器卷展栏

使用"指定"渲染器卷展栏可以显示指定给不同类别的渲染器,如图 4-7 所示。
- 产品低:单击省略号按钮可以更改渲染器指定,此按钮会显示"选择渲染器"对话框,如
  图 4-8 所示。

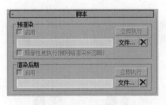

图4-6 脚本卷展栏

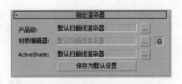

图4-7 指定渲染器卷展栏

图4-8 选择渲染器

- 材质编辑器:选择用于渲染材质编辑器中示例窗的渲染器。
- Actveshade(活动暗部阴影):选择用于预览场景中照明和材质更改效果的暗部阴影渲染器。
- 保存为默认设置:单击该选项可以将当前渲染器指定保存为默认设置,以便下次重新启动
  3ds Max 时不必再次调整。

↗ 4.1.5 渲染器面板

在渲染场景对话框的"渲染器"面板中包含用于活动渲染器的主要选项。其他面板是否可用

取决于某渲染器是否处于活动状态。如果场景中包含动画位图（包括材质、投影灯、环境等），则每个帧将一次重新加载一个动画文件。如果场景使用多个动画，或者动画本身是大文件，这样做则将降低渲染性能，渲染器面板如图4-9所示。

- 选项：该组中提供贴图、自动反射、折射、镜像、阴影、强制线框和启用SSE等控制项目。
- 抗锯齿：抗锯齿平滑渲染时产生的对角线或弯曲线条的锯齿状边缘，只有在渲染测试图像或者渲染速度比图像质量更重要时才禁用该选项。在过滤器下拉列表中可以选择高质量的过滤器，将其应用到渲染上，如图4-10所示。
- 全局超级采样：在其中可以设置全局超级采样器、采样贴图和采样方法。
- 对象运动模糊：通过对象设置属性对话框可以决定对某对象应用对象运动模糊，如图4-11所示。
- 图像运动模糊：通过创建拖影效果而不是多个图像来模糊对象，它考虑摄影机的移动，图像运动模糊是在扫描线渲染完成之后应用的。
- 自动反射/折射贴图：设置对象间在非平面自动反射贴图上的反射次数。虽然增加该值有时可以改善图像质量，但是这样做也将增加反射的渲染时间。

图4-9　渲染器面板

- 颜色范围限制：通过切换限制或缩放来处理超出范围（0 ~ 1）的颜色分量（RGB），颜色范围限制允许用户处理亮度过高的问题。
- 内存管理：启用节省内存选项后，渲染使用更少的内存但会增加一点内存时间。

图4-10　过滤器下拉列表

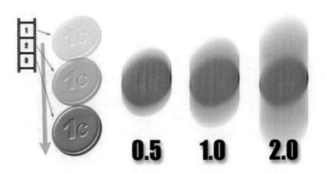

图4-11　模糊持续时间

4.1.6　高级照明面板

"高级照明"可以用于选择一个高级照明选项，扫描线渲染器默认提供两个选项，分别是光跟踪器和光能传递，如图4-12所示。

"光跟踪器"可以为明亮场景（如室外场景）提供

图4-12　高级照明面板

柔和边缘的阴影和映色、效果，如图 4-13 所示。

　　与"光能传递"不同，"光跟踪器"并不试图创建物理上精确的模型，而是可以方便地对其进行设置，其"参数"卷展栏如图 4-14 所示。

图4-13　光跟踪器效果　　　　　　　　　　　　图4-14　参数卷展栏

　　"光能传递"是一种渲染技术，它可以真实地模拟灯光在环境中相互作用的方式、效果，如图 4-15 所示。

　　3ds Max 的"光能传递"技术可以在场景中生成更精确的照明光度学模拟。通过间接照明、柔和阴影和曲面间的映色等效果还可以生成自然逼真的图像，而这样真实的图像是无法使用标准扫描线渲染得到的。"光能传递处理参数"卷展栏如图 4-16 所示。

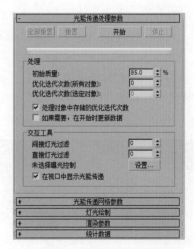

图4-15　光能传递　　　　　　　　　　　　　　图4-16　光能传递卷展栏

　　通过与"光能传递"技术相结合，3ds Max 也提供了真实世界的照明接口，其中的灯光强度不指定为任意值，而是使用光度学单位来指定。通过使用真实世界的照明接口，可以直观地在场景中设置照明。

4.2 mental ray渲染器

来自 NVIDIA 的"mental ray"渲染器是一种通用渲染器，它可以生成灯光效果的物理校正模拟，包括光线跟踪反射和折射、焦散和全局照明。

在"指定渲染器"的卷展栏中可以指定使用"mental ray"渲染器，只需选择渲染器产品级的 ... 按钮，在弹出的选择渲染器对话框中选择"mental ray"渲染器即可，如图 4-17 所示。

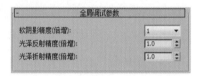

图4-17 mental ray渲染器

↗ 4.2.1 全局调试参数卷展栏

"全局调试参数"卷展栏可以为软阴影、光泽反射和光泽折射提供对 mental ray 明暗器质量的高级控制，利用这些控件可以调整总体渲染质量，而无需修改单个灯光和材质设置。通常，减小全局调整参数值将缩短渲染时间，增大全局调整参数值将增加渲染时间，如图 4-18 所示。

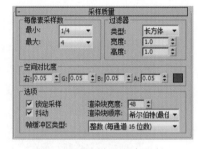

图4-18 全局调试参数卷展栏

↗ 4.2.2 采样质量卷展栏

"采样质量"卷展栏中的选项可以影响"mental ray"渲染器如何执行采样。如图 4-19 所示。

- 每像素采样组：用于设置对渲染输出进行抗锯齿操作的最小和最大采样率。
- 过滤器组：主要提供过滤器类型，确定如何将多个采样合并成一个单个的像素值，可以设置为长方体、高斯、三角形、Mitchell 或 Lanczos 过滤器。
- 空间对比度组：用于设置对比度值作为控制采样的阈值，应用于每一个静态图像。
- 选项组：其中提供了锁定采样、抖动、渲染块等设置。

采样是一种抗锯齿技术，可以为每种渲染像素提供最有可能的颜色，采样值的高低效果对比如图 4-20 所示。

图4-20 采样效果

↗ 4.2.3 渲染算法卷展栏

"渲染算法"卷展栏上的选项可以用于选择是使用光线跟踪进行渲染，还是使用扫描线渲染进行渲染，或者两者都使用。也可以选择用来加速光线跟踪的方法，跟踪"最大跟踪深度"选项限制每条光线被反射、折射或两者方式处理的次数，如图4-21所示。

↗ 4.2.4 摄影机效果卷展栏

"摄影机效果"卷展栏可以用来控制摄影机效果，使用"mental ray"渲染器可以设置景深和运动模糊，以及轮廓着色并添加摄影机明暗器，如图4-22所示。

↗ 4.2.5 阴影与置换卷展栏

"阴影与置换"卷展栏可以控制影响光线跟踪生成阴影和位移着色与标准材质的位移贴图置换，如图4-23所示。

↗ 4.2.6 焦散和全局照明卷展栏

"焦散和全局照明"卷展栏可以用来控制其他对象反射或折射之后投射在对象上所产生的焦散效果和全局照明，如图4-24所示。

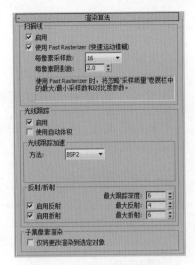

图4-21　渲染算法卷展栏

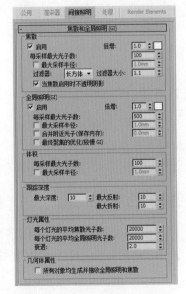

图4-22　摄影机效果卷展栏　　　图4-23　阴影和置换卷展栏　　　图4-24　焦散和全局照明卷展栏

↗ 4.2.7 最终聚集卷展栏

"最终聚集"卷展栏可以用来模拟指定点的全局照明，默认设置为禁闭状态。如果未使用最终聚集，则全局照明将显得不调和，但会增加渲染时间，如图4-25所示。

↗ 4.2.8 重用卷展栏

"重用"卷展栏中聚集了包含所有用于生成和使用最终聚集贴图 (FGM) 和光子贴图 (PMAP) 文件的控件,而且通过在最终聚集贴图文件之间插值,可以减少或消除渲染动画的闪烁,如图 4-26 所示。

↗ 4.2.9 转换器选项卷展栏

"转换器选项"卷展栏主要用于控制将影响"mental ray"渲染器的常规操作,也可以控制 mental ray 转换器保存到 MI 文件中,如图 4-27 所示。

图4-25 最终聚集卷展栏

图4-26 重用卷展栏

图4-27 转换器选项卷展栏

↗ 4.2.10 诊断卷展栏

"诊断"卷展栏上的工具有助于了解"mental ray"渲染器以某种方式工作的原因,尤其是采样率工具有助于解释渲染器的性能。工具组中的每一个工具都可以生成一个渲染器,该渲染器不是照片级别真实感的图像,而是选择要进行分析功能的图解表示,如图 4-28 所示。

↗ 4.2.11 分布式块状渲染卷展栏

"分布式块状渲染"卷展栏可以用于设置和管理分布式渲染块渲染。采用分布式渲染后,多个联网的系统都可以在 mental ray 渲染时运行,当渲染块可用时将指定给系统,如图 4-29 所示。

图4-28 诊断卷展栏

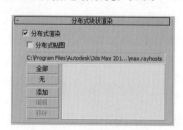

图4-29 分布式块状渲染卷展栏

↗ 4.2.12　物体属性

在选择的对象上单击鼠标右键，在弹出的四元菜单中选择"属性"项目，可以弹出 mental ray 面板，其中的参数主要用于控制焦散的发出和接受，还有全局光的发出和接受，如图 4-30 所示。

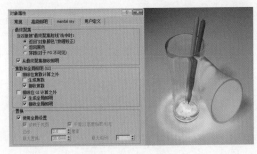

图4-30　对象属性

4.3　iray渲染器

"iray"渲染器主要通过跟踪灯光路径来创建物理上精确的渲染，与其他渲染器相比，它几乎不需要进行设置。

与其他渲染器的处理效果相比，"iray"渲染器的头几次迭代渲染看上去颗粒会更多一些，而颗粒越不明显，渲染运算的遍数就越多，因此 iray 渲染器特别擅长渲染光泽反射等，也擅长渲染在其他渲染器中无法精确渲染的自发光对象和图形。在"指定渲染器"卷展栏中可以指定"NVIDIA iray"渲染器，选择渲染器产品级的▦按钮，在弹出的选择渲染器对话框中指定选择"NVIDIA iray"渲染器，如图 4-31 所示。

"iray"渲染器的主要处理方法是基于时间的，可指定要渲染的时间长度、要计算的迭代次数，或者只需启动渲染一段不确定的时间后，在对结果外观满意时将渲染停止。同一场景不同时间的渲染效果，如图 4-32 所示。

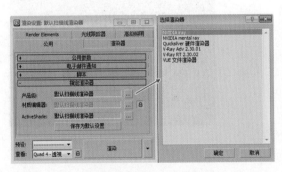

图4-31　iray渲染器

图4-32　渲染效果

↗ 4.3.1　iray卷展栏

"iray"卷展栏包含"iray"渲染器的主要选项，可以指定如何控制渲染过程，如图 4-33 所示。

↗ 4.3.2　高级参数卷展栏

"高级参数"卷展栏包含"iray"渲染器更具体的选项，在其中

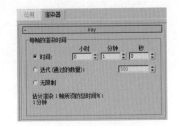

图4-33　iray卷展栏

可以更精确地设置跟踪/反弹限制、图像过滤（抗锯齿）与置换（全局设置）等，如图 4-34 所示。

↗ 4.3.3 硬件资源卷展栏

在"硬件资源"卷展栏中显示了系统中针对图形的硬件支持信息，使用此卷展栏可以设置用于当前渲染模式的 CPU 数与 GPU 设备，如图 4-35 所示。

↗ 4.3.4 运动模糊卷展栏

"运动模糊"卷展栏可以在"iray"渲染时将运动模糊应用于对象，如图 4-36 所示。

图4-34 高级参数卷展栏

图4-35 硬件资源卷展栏

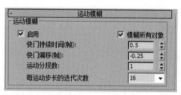

图4-36 运动模糊卷展栏

4.4 VRay渲染器

"VRay"渲染器是由 Chaos Software 公司设计的一款高质量渲染软件，是目前业界最受欢迎的渲染引擎。基于"VRay"内核开发的版本有 3ds Max、Maya、Sketchup、Rhino 等，为不同领域的优秀 3D 建模软件提供了高质量的图片和动画渲染效果。除此之外，"VRay"也可以提供单独的渲染程序，方便使用者渲染各种图片，如图 4-37 所示。

图4-37 VRay渲染器

"VRay"渲染器针对 3ds Max 具有良好的兼容性与协作渲染能力，它拥有光线跟踪和全局照明渲染功能，可以用来代替 3ds Max 自带的线性扫描渲染器，"VRay"还包括其他增强性能的特性，如真实的三维运动模糊、级细三角面置换、焦散、次表面散射和网络分布式渲染等。

"VRay"渲染器有 Basic Package 和 Advanced Package 两种版本的包装形式。Basic Package 具有适当的功能和较低的价格，适合学生和业余艺术家使用；Advanced Package 包含有几种特殊功能，适合专业人员使用。

Basic Package 的版本特点有真正的光影追踪反射和折射（See:VRay Map）；平滑的反射和折射（See:VRay Map）；半透明材质用于创建石蜡、大理石、磨砂玻璃（See:VRay Map）；面阴影和包括方体、球体发射器（See:VRay Shadow）；间接照明系统可采取直接光照和光照贴图方式（See:Indirect illumination）；运动模糊采样方法（See:Motion blur）；摄影机景深效果（See:DOF）；

抗锯齿功能的采样方法（See:Image sampler）；散焦功能（See:Caustics）；G- 缓冲（See:G-Buffer）。

Advanced Package 版本除包含所有基本功能外，还包括基于 G- 缓冲的抗锯齿功能（See:Image sampler），可重复使用光照贴图（See:Indirect illumination），可重复使用光子贴图（See:Caustics），带有分析采样的运动模糊（See:Motion blur），真正支持 HDRI 贴图处理立方体贴图和角贴图贴图坐标，也可直接贴图而不会产生变形或切片；还可产生正确物理照明的自然面光源（See:VRay Light），能够更准确并更快计算的自然材质（See:VRay material），基于 TCP/IP 协议的分布式渲染（See:Distributed rendering）；还提供了不同的摄影机镜头（See：Camera）。

"VRay"渲染器由于其快速的渲染速度与良好的图像质量，被广泛应用在各个图形图像表现的行业中，其中尤为突出的是建筑艺术表现，但是此款渲染器往往被误认为只可以进行建筑艺术表现的制作。其实"VRay"渲染器也可以参与动画与电影特效的渲染与制作。在个人艺术设计师手中，"VRay"渲染器也适合搭配 3ds Max 与 ZBrush 等其他各类软件制作出优秀的静帧作品。

"VRay"渲染器是第三方开发的插件系统，需要独立安装并开启后才会有"VRay"的相应材质、灯光、附件和渲染设置。只需在渲染菜单中打开"渲染场景"对话框，然后在 Assign Renderer（指定渲染器）卷展栏中添加产品级别的"VRay"渲染器即可，如图 4-38 所示。

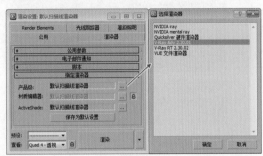

图4-38　添加VRay渲染器

4.4.1　授权卷展栏

在"授权"卷展栏中主要显示了注册信息、计算机名称、地址等信息内容，在其中还可以设置网络渲染的支持服务和授权文件路径位置，如图 4-39 所示。

4.4.2　关于V-Ray卷展栏

在"关于 V-Ray"卷展栏中可以查看 VRay 的 Logo、公司、网址和版本信息内容，没有实际的操作和具体作用，如图 4-40 所示。

图4-39　授权卷展栏

图4-40　关于VRay卷展栏

4.4.3　帧缓冲区卷展栏

"帧缓冲区"卷展栏用于设置使用 VRay 自身的图像帧序列窗口、设置输出尺寸并包含对图像

文件进行存储等内容，如图 4-41 所示。

- 启用内置帧缓冲区：勾选这个选项将使用渲染器内置的帧缓存。当然，3ds Max 自身的帧缓存仍然存在，也可以被创建。不过，在勾选这个选项后，VRay 渲染器不会渲染任何数据到 3ds Max 自身的帧缓存窗口。为了防止过分占用系统内存，VRay 推荐把 3ds Max 自身的分辨率设为一个比较小的值，并且关闭虚拟帧缓存，如图 4-42 所示。

图4-41　帧缓冲区卷展栏

图4-42　启用内置帧缓冲区

- 渲染到内存帧缓冲区：勾选该选项后将创建 VRay 的帧缓存，并使用它来存储颜色数据以便在渲染时或者渲染后观察。
- 输出分辨率：在不勾选"启用内置帧缓冲区"的时候该选项可以被激活，可以根据需要设置 VRay 渲染器使用的分辨率。
- 显示最后的虚拟帧缓冲区：点击该按钮会显示上次渲染的 VFB 窗口。
- V-Ray Raw 图像文件：类似于 3ds Max 的渲染图像输出，不会在内存中保留任何数据。如果要观察系统是如何渲染的，可以勾选下面的"浏览"选项。
- 生成预览：勾选该选项可以生成渲染的预览效果。
- 保存单独的渲染通道：勾选该选项将允许在 G 缓存中指定的特殊通道作为一个单独的文件保存在指定的目录。
- 保存 RGB：将渲染的图像存储为 RGB 颜色。
- 保存 alpha：将渲染的图像存储为 alpha 通道格式。

4.4.4　全局开关卷展栏

　　"全局开关"卷展栏是 VRay 对几何体、灯光、间接照明、材质、光线跟踪的全局设置，比如对什么样的灯光进行渲染、间接照明的出来方式、材质反射/折射和纹理反射等，还可以对光线跟踪的偏移方式进行全局的设置管理，如图 4-43 所示。

- 几何体：其中的"置换"选项决定是否使用 VRay 自己的置换贴图。
- 灯光：该选项可以决定是否使用灯光，是 VRay

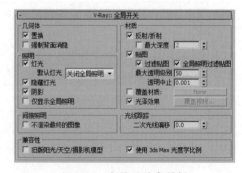

图4-43　全局开关卷展栏

场景中直接灯光的总开关，此选项的灯光不包含 3ds Max 场景的默认灯光。如果不勾选该选项，系统不会渲染手动设置的任何灯光，即使处于勾选状态，软件也会自动使用场景默认灯光渲染场景。所以如果希望不渲染场景中的直接灯光时，只需取消勾选这个选项和下面的默认灯光选项。

- 默认灯光：决定是否使用 3ds Max 的默认灯光。
- 隐藏灯光：系统会渲染隐藏的灯光效果而不会考虑灯光是否被隐藏。
- 阴影：决定是否渲染灯光产生的阴影。
- 仅显示全局照明：勾选的时候直接光照将不包含在最终渲染的图像中。在计算全局光的时候直接光照仍然会被考虑，但是最后只显示间接光照明的效果。
- 反射 / 折射：考虑计算 VRay 贴图或材质中光线的反射 / 折射效果。
- 最大深度：设置 VRay 贴图或材质中反射 / 折射的最大反弹次数。
- 贴图：设置是否使用纹理贴图。
- 过滤贴图：设置是否使用纹理贴图过滤。
- 最大透明级别：控制最大透明的程度。
- 透明终止：控制对透明物体的追踪何时停止。
- 覆盖材质：该选项允许通过使用指定材质来替代场景中的材质进行渲染。
- 光泽效果：控制平滑光泽的范围。
- 不渲染最终的图像：如果勾选该选项，VRay 只计算相应的全局光照贴图（光子贴图、灯光贴图和发光贴图），这对于渲染动画过程很有用。
- 二次光线偏置：设置光线发生二次反弹的时候的偏置距离。
- 兼容性：在该项目中可以开启是否使用旧版本中的阳光、天空、摄影机和使用 3ds Max 广度学比例。

4.4.5 图像采样器反锯齿卷展栏

"图像采样器（反锯齿）"卷展栏主要负责图像的精确程度，使用不同的采样器会得到不同的图像质量，通过对纹理贴图使用系统内定的过滤器，可以进行抗锯齿处理，如图 4-44 所示。

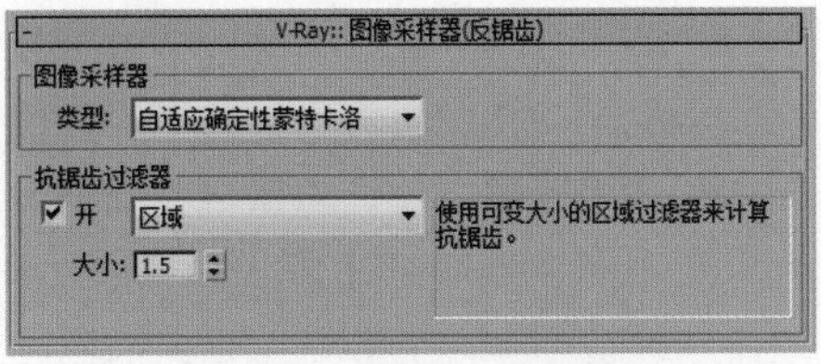

- 图像采样器：其中的类型主要可以控制固定比率采样器、自适应 QMC 采样器和确定每一个像素使用的样本数量。

图4-44　图像采样器卷展栏

- 抗锯齿过滤器：除了不支持 Plate Match 类型外，VRay 支持所有 3ds Max 内置的抗锯齿过滤器。
- 大小：控制抗锯齿过滤器细节的尺寸。

4.4.6 自适应细分图像采样器卷展栏

"自适应细分图像采样器"卷展栏主要控制 VRay 渲染时细分图像的采样设置，如图 4-45 所示。

- 最小比率：控制适应细分图像采样的最小比率。
- 最大比率：控制适应细分图像采样的最大比率。

图4-45　自适应细分图像采样器卷展栏

- 颜色阈值：控制适应细分的结构影响图像采样。
- 对象轮廓：控制适应细分的物体轮廓外形。
- 法线阈值：控制适应细分的撞击数量。
- 随机采样：控制细分的随机采样方式。
- 显示采样：显示适应细分的结果。

4.4.7 间接照明卷展栏

"间接照明（GI）"卷展栏主要控制是否使用全局光照、全局光照渲染引擎使用什么样的搭配方式，以及对间接照明强度的全局控制。此外，它还可以对饱和度、对比度进行简单交接，如图 4-46 所示。

图4-46 间接照明卷展栏

- 开：决定是否计算场景中的间接光照明。
- 全局照明焦散：全局光焦散描述的是 GI 产生的焦散这种光学现象，可以由天光、自发光物体等产生。由直接光照产生的焦散不受这里参数的控制，可以使用单独的"焦散"卷展栏的参数来控制直接光照的焦散。不过，GI 焦散需要更多的样本，否则会在 GI 计算中产生噪波。
- 反射：控制间接光照射到镜射表面的时候是否产生反射焦散。默认情况下，它是关闭的，不仅因为它对最终的 GI 计算贡献很小，而且还会产生一些不希望看到的噪波。
- 折射：控制间接光穿过透明物体（如玻璃）时是否产生折射焦散。注意这与直接光穿过透明物体而产生的焦散不是一样的。
- 渲染后处理：这里主要是对间接光照明在增加到最终渲染图像前进行一些额外的修正，可以确保产生物理精度效果。
- 首次反弹：进行 GI 全局光的第一级计算。
- 二次反弹：进行 GI 全局光的第二级计算。
- 倍增值：确定在场景照明计算中次级漫射反弹的效果。默认的取值 1 可以得到一个很好的效果。其他数值也是允许的，但是没有默认值精确。
- 全局照明引擎：主要进行二次反弹处理。在 VRay 中，间接光照明被分为初级漫反射反弹和次级漫反射反弹。当一个遮挡点在摄影机中可见或者光线穿过反射/折射表面的时候，就会产生初级漫射反弹。当遮挡点包含在 GI 计算中的时候就产生次级漫反射反弹。
- 发光图：基于发光缓存技术，基本思路是仅计算场景中某些特定点的间接照明，然后对剩余的点进行插值计算。
- 光子图：建立在追踪从光源发射出来的，并能够在场景中来回反弹的光线微粒（称之为光子）的基础上。
- 灯光缓存：一种近似于场景中全局光照明的技术，与光子贴图类似，但是没有其他的许多局限性。
- BF 算法：是 VRay 渲染器的第三个间接照明系统。

4.4.8 发光图卷展栏

"发光图"卷展栏可以细致调节品质、基础参数、普通选项、高级选项、渲染模式等内容，它是 VRay 的默认渲染引擎，也是 VRay 中最好的间接照明渲染引擎，如图 4-47 所示。

- 内建预置：系统提供了 8 种系统预设的模式，如无特殊情况，这几种模式可以满足一般需要。
- 基本参数：控制最小比率、最大比率、半球细分、插值采样、颜色阈值、法线阈值、间距阈值的值。
- 选项：控制显示计算相位、显示直接光、使用摄影机路径、显示采样等设置。
- 细节增强：提高发光贴图渲染引擎的细节。
- 高级选项：有插值类型、查找样本、计算传递插值采样、多过程、随机采样、检查采样可见性等。
- 模式：主要设置发光贴图的预先设置模块。
- 在渲染结束后：主要设置渲染结束时删除和自动保存，还可以切换到保存的贴图。

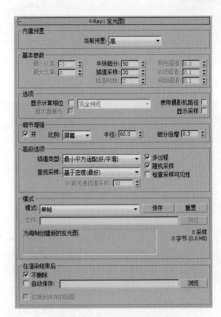

图4-47　发光图卷展栏

↗ 4.4.9　BF强算全局光卷展栏

"BF 强算全局光"卷展栏是 VRay 的第三个间接照明系统，其中的参数主要用来调节渲染图像的细分程度及反弹次数，如图 4-48 所示。

图4-48　BF强算全局光卷展栏

- 细分：设置计算过程中使用的近似样本数量。这个数值并不是 VRay 发射光线的实际数量，这些光线的数量近似于这个参数的平方值，同时也会受到 QMC 采样器的限制。
- 二次反弹：只有当次级漫射反弹设为 BF 强算全局光引擎的时候才被激活，设置计算过程中次级光线反弹的次数。

↗ 4.4.10　灯光缓存卷展栏

"灯光缓存"卷展栏是 VRay 的最后一种渲染引擎，它与光子贴图的渲染引擎类似，是模拟真实光线的一种计算方式，但它对光线的使用没有局限性，如图 4-49 所示。

图4-49　灯光缓存卷展栏

- 细分：确定有多少条来自摄像机的路径被追踪。不过要注意的是实际路径的数量是这个参数的平方值，例如这个参数设置为 2000，那么被追踪的路径数量将是 2000×2000 = 4000000。
- 采样大小：决定灯光贴图中样本的间隔。较小的值意味着样本之间相互距离较近，灯光贴图将保护灯光锐利的细节，不过会导致产生噪波，并且占用较多的内存，反之亦然。
- 比例：其中有两种选择，主要用于确定样本尺寸和过滤器尺寸。
- 进程数：主要是设置灯光贴图的计算次数，如果 CPU 不是双核心或没有超线程技术，建议将这个值设为 1 即可得到最好的结果。
- 存储直接光：勾选该选项后，灯光贴图中也将储存和插补直接光照明的信息。该选项对于由许多灯光、使用发光贴图或直接计算 GI 方法作为初级反弹的场景特别有用。因为直接光照明包含在灯光贴图中，而不再需要对每一个灯光进行采样。不过只有场景中灯光产生的漫反射照明才能被保存。如果想使用灯光贴图来近似计算 GI，同时又想保持直接光的锐利，就不能勾选该选项。

- 显示计算相位：勾选该选项可以显示被追踪的路径。它对灯光贴图的计算结果没有影响，只是可以给用户一个比较直观的视觉反馈。
- 自适应追踪：会根据要求自动适应追踪处理。
- 仅使用方向：使用唯一的方向进行追踪处理。
- 预过滤：勾选该选项，在渲染前灯光贴图中的样本会被提前过滤。
- 过滤器：确定灯光贴图在渲染过程中使用的过滤器类型，并确定在灯光贴图中以内插值替换的样本是如何发光的。
- 使用光泽光线的灯光缓存：如果勾选该选项，灯光贴图将会把光泽效果一同进行计算，这样有助于加速光泽反射效果。
- 差值采样：设置过滤器的采样质量。
- 模式：确定灯光贴图的渲染模式。其中的"单帧"可以对动画中的每一帧都计算新的灯光贴图，"穿行"可以对整个摄像机动画计算一个灯光贴图，"从文件"可以将下灯光贴图作为一个文件被导入。
- 在渲染结束后：设置灯光贴图结束的渲染开关。

↗ 4.4.11　焦散卷展栏

"焦散"卷展栏主要用来调节产生焦散的参数，其调节方式非常简单，计算速度也非常迅速，如图 4-50 所示。

图4-50　焦散卷展栏

- 倍增：控制焦散的强度，它是一个全局控制参数，对场景中所有产生焦散特效的光源都有效。
- 搜索距离：当 VRay 追踪撞击在物体表面的某些点的某一个光子的时候，会自动搜寻位于周围区域同一平面的其他光子，实际上这个搜寻区域是一个中心位于初始光子位置的圆形区域，其半径就是由这个搜寻距离确定的。
- 最大光子：当 VRay 追踪撞击在物体表面的某些点的某一个光子的时候，也会将周围区域的光子计算在内，然后根据这个区域内的光子数量来均分照明。如果光子的实际数量超过了最大光子数的设置，VRay 也只会按照最大光子数来计算。
- 最大密度：设置焦散的计算密度。
- 模式：主要控制发光贴图的模式。
- 不删除：当勾选该选项时，在场景渲染完成后，VRay 会将当前使用的光子贴图保存在内存中，否则这个贴图会被删除，内存被清空。
- 自动保存：在激活该选项后，当渲染完成时，VRay 自动保存使用的焦散光子贴图到指定的目录。
- 切换到保存的贴图：在勾选时才激活，它会自动促使 VRay 渲染器转换到"从文件"模式，并使用最后保存的光子贴图来计算焦散。

↗ 4.4.12　环境卷展栏

"环境"卷展栏主要用来模拟周围的环境，如天空效果和室外场景，如图 4-51 所示。

图4-51　环境卷展栏

- 全局照明环境（天光）覆盖：允许在计算间接照明的时候替代 3ds Max 的环境设置，这种改变 GI 环境的效果类似于天空光。实际上 VRay 并没有独立的天空光设置。
- 反射 / 折射环境覆盖：在计算反射 / 折射的时候替代 3ds Max 自身的环境设置。当然，还可以选择在每一个材质或贴图的基础设置部分来替代 3ds Max 的反射 / 折射环境。
- 折射环境覆盖：在计算折射的时候替代 3ds Max 自身的环境设置。

↗ 4.4.13　颜色贴图卷展栏

"颜色贴图"卷展栏通常被用于最终图像的色彩转换，如图 4-52 所示。

图4-52　颜色贴图卷展栏

- 类型：定义色彩转换使用的类型，主要有线性倍增、指数倍增、HSV 指数、色彩贴图等。
- 暗色倍增：在线性倍增模式下，该选项控制暗部色彩的倍增。
- 亮度倍增：在线性倍增模式下，该选项控制亮部色彩的倍增。
- 伽玛值：决定是用它自己的伽玛值设置还是使用系统的默认设置。
- 子像素映射：以像素的信息单位进行贴图设置。
- 钳制输出：将颜色贴图快速紧凑地进行输出。
- 影响背景：勾选该选项，当前的色彩贴图控制会影响背景颜色。

↗ 4.4.14　摄像机卷展栏

"摄像机"卷展栏主要控制将三维场景映射成二维平面的方式，在映射的同时指定和调节景深效果和运动模糊效果，如图 4-53 所示。

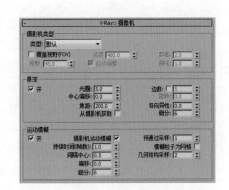

图4-53　摄像机卷展栏

- 摄影机类型：VRry 中的摄像机是定义发射到场景中的光线，从本质上来说是确定场景是如何投射到屏幕上的。
- 景深：景深效果用来模拟当通过镜头观看远景时的模糊效果，它通过模糊化摄像机近处或远处的对象来加深场景的深度感。
- 运动模糊：运动模糊是因胶片有一定的曝光时间而引起的现象。当一个对象在摄像机之前运动的时候，快门需要打开一定的时间来曝光胶片，而在这个时间内对象还会移动一定的距离，这就使对象在胶片上出现了模糊的现象。

↗ 4.4.15　DMC采样器卷展栏

DMC 也就是准蒙特卡罗采样器，"DMC 采样器"卷展栏主要用来设置光线的多重采样追踪计算，调节模糊反射、面光源、景深等效果的计算精度和速度，也可以对全局细分进行倍增处理，如图 4-54 所示。

图4-54　DMC采样器卷展栏卷展栏

- 适应数量：控制早期终止应用的范围，值为 1 意味着在早期终止算法被使用之前最小可能的样本数量。值为 0 则意味着早期终止不会被使用。
- 最小采样值：确定在早期终止算法被使用之前必须获得的最少的样本数量。较高的取值将会减慢渲染速度，但同时会使早期终止算法更可靠。
- 噪波阈值：在评估一种模糊效果是否足够好的时候，控制 VRay 的判断能力。在最后的结果中直接转化为噪波。较小的取值意味着较少的噪波，使用更多的样本以及更好的图像品质。
- 全局细分倍增：在渲染过程中该选项会倍增任何地方任何参数的细分值。
- 路径采样器：设置路径区域的采样效果。

↗ 4.4.16　默认置换卷展栏

"默认置换 [无名]" 卷展栏主要针对在材质指定了置换贴图的物体上进行细致三角面置换处理，其置换方式仅在渲染时进行置换，与 3ds Max 的置换修改命令相比，可以节省系统资源，如图 4-55 所示。

图4-55　默认置换卷展栏

- 覆盖 MAX 设置：勾选该选项，VRay 将使用内置的微三角置换来渲染具有置换材质的物体。反之，将使用标准的 3ds Max 置换来渲染物体。
- 边长：用于确定置换的品质，原始网格的每一个三角形被细分为许多更小的三角形，这些小三角形的数量越多就意味着置换具有越多的细节，同时减慢渲染速度，增加渲染时间，也会占用更多的内存，反之亦然。
- 依赖于视图：当该选项勾选的时候，边长度决定细小三角形的最大边长（单位是像素）。值为 1 意味着每一个细小三角形的最长的边投射在屏幕上的长度是 1 像素。当该选项关闭的时候，细小三角形的最长边长将使用世界单位来确定。
- 最大细分：控制从原始网格物体三角形细分出来的最大数量，不过需要注意，实际上细小三角形的最大数量是由这个参数的平方来确定的，如默认值是 256，则意味着每一个原始三角形产生的最大细小三角形的数量是 "256×256 = 65536" 个。不推荐将这个参数设置得过高，如果非要使用较大的值，还不如直接将原始网格物体进行更精细的细分。
- 数量：控制置换的大小数量。
- 紧密边界：当勾选该选项的时候，VRay 将对来自视图内的原始网格物体的置换三角形进行精确的体积限制，如果使用的纹理贴图有大量的黑色或者白色区域，可能需要对置换贴图进行预采样，但是渲染速度将是较快的。

↗ 4.4.17　系统卷展栏

"系统" 卷展栏是对 VRay 渲染器的全局控制，包括光线投射、渲染区块设置、分布方式渲染、物体属性、灯光属性、内存使用、场景检测、水印使用等内容，如图 4-56 所示。

- 光线计算参数：允许控制 VRay 二元空间划分树（BSP 树，即 Binary Space Partitioning）的各种参数。

- 渲染区域分割：允许控制渲染区域（块）的各种参数。渲染块的概念是 VRay 分布式渲染系统的精华部分，一个渲染块就是当前渲染帧中被独立渲染的矩形部分，它可以被传送到局域网中其他空闲机器中进行处理，也可以被几个 CPU 进行分布式渲染。
- 帧标记：就是常说的"水印"，可以按照一定规则以简短文字的形式显示关于渲染的相关信息，它是显示在图像底端的一行文字。
- 分布式渲染：用于控制 VRay 的渲染分散信息。
- VRay 日志：用于控制 VRay 的信息窗口。
- 杂项选项：主要控制局部参数和预设对话框等。

图4-56　系统卷展栏

4.5　习题

1. mental ray 渲染器的诊断卷展栏中包含那些工具？
2. VRay 渲染器有哪两种包装形式，各有什么特点？

第5章
道具渲染

　　本章以范例"国际象棋"、"打火机"、"弯月刀"、"休闲餐桌"、"沙盘小景"和"白色跑车"的制作过程，详细介绍三维动画电影中的道具渲染知识和技巧。

在动画电影当中，道具泛指场景中任何装饰、布置用的可移动物件。道具往往能烘托整个影片的气氛，并对人物性格起到很重要的作用，所以道具在整部影片中占据着非同寻常的地位。

在影片《怪物史莱克》中，很有学问的长老手中拿着的厚厚书籍，傲慢驴子发言时的辅助话筒，穿靴子猫的服装与佩剑，青蛙王子头顶的皇冠等道具，对整个影片的故事连接和交代线索都起着重要作用，如图 5-1 所示。

图5-1 《怪物史瑞克》中的道具

5.1 道具渲染展示

三维动画的道具展示常常需要靠灯光提升效果，在 3ds Max 中主要有三点布光、阵列布光和天光展示方式，也可以根据个人需要进行灯光的建立。

↗ 5.1.1 三点布光

一个复杂的场景由多名灯光师分别来布光会有多种不同的方案与效果，但是布光的几个原则是大家都会遵守的，著名而经典的布光理论就是三点照明。三点布光又称为区域照明，一般用于较小范围的场景照明。如果场景很大，可以把它拆分成若干个较小的区域进行布光。一般具有三盏灯即可，分别为主体光、辅助光与背景光，如图 5-2 所示。

主体光通常用来照亮场景中的主要对象与其周围区域，并且承担给主体对象投影的任务。主要的明暗关系由主体光决定，也包括投影的方向。主体

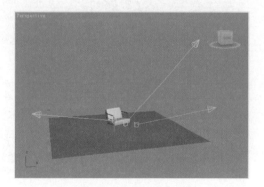

图5-2 三点布光方式

光的任务根据需要也可以用几盏灯光来共同完成。主光灯一般在 15 ~ 30 度的位置上称为顺光，在 45 ~ 90 度的位置上称为侧光，在 90 ~ 120 度的位置上称为侧逆光。

辅助光又称为补光，用一个聚光灯照射扇形反射面，以形成一种均匀的、非直射性的柔和光源，可以用它来填充阴影区以及被主体光遗漏的场景区域、调和明暗区域之间的反差，同时能形成景深与层次，而且这种广泛均匀布光的特性使它可以为场景打一层底色，定义场景的基调。由于要达到柔和照明的效果，通常辅助光的亮度只有主体光的 50% ~ 80%。

背景光的作用是增加背景的亮度，从而衬托主体，并使主体对象与背景相分离。一般使用泛光灯，亮度宜暗，不可太亮。

三点布光的顺序是先定主体光的位置与强度，然后决定辅助光的强度与角度，再分配背景光与装饰光，这样产生的布光效果可以达到主次分明、互相补充的效果。如果要模拟自然光的效果，就必须对自然光源有足够深刻的理解，可以多看些摄影用光的资料，从而达到理想的效果。

在布光时，灯光要体现场景的明暗分布，要有层次感，切不可将所有灯光混在一起处理。应该根据需要选用不同种类的灯光，如是选用聚光灯还是泛光灯，还要根据需要决定灯光是否投影，以及阴影的浓度。如果要得到更真实的效果，一定要在灯光衰减方面下功夫，可以利用暂时关闭某些灯光的方法排除干扰，对其他的灯光进行更好的设置。

↗ 5.1.2　阵列布光

阵列布光方式是指使用多盏微弱的灯光，按照包裹模型的方式将灯光复制，然后再根据需要设置个别灯光的信息，得到照明均衡并细腻的效果，如图 5-3 所示。

↗ 5.1.3　天光

天光方式主要模拟日光照明的模型，但必须与光跟踪器一起使用，还可以设置天空的颜色或将其指定为贴图，为场景模拟出圆弧状的顶，得到边缘的阴影和映色效果，如图 5-4 所示。

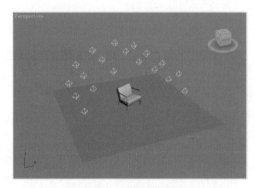
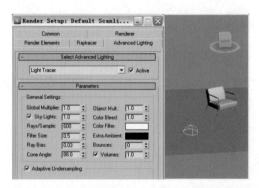

图5-3　阵列布光方式　　　　　　　　　　图5-4　天光方式

如果要快速获得天光和光跟踪器产生效果的预览，可以降低光线采样数和过滤器大小的值，这样获得的结果将是全部效果的颗粒状版本。如果使用天光并采用纹理贴图，则应在使用贴图之前，使用图像处理软件彻底地模糊贴图，这样可以帮助减少光跟踪所需的光线变化和数目，可以模糊无法识别的贴图，当贴图用于重聚集时看起来仍然正确。

↗ 5.1.4　模型展示

场景模型的建立主要为衬托主体三维模型，可以使用图形中的 Line（线）命令，在侧视图中绘制弧度的线形，其目的是使背景板的圆滑转折不会积累阴影效果。为绘制的弧度线形增加

Extrude（挤出）修改命令，使线形转换为三维模型板，可以完整地从背部和底部包裹主体模型，如图 5-5 所示。

为场景建立照明的灯光，使场景产生亮度和阴影效果，更理想地展示主体三维模型，如图 5-6 所示。

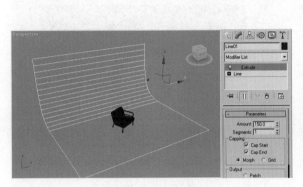

图5-5　挤出线形操作　　　　　　　　　　　　　图5-6　建立灯光效果

↗ 5.1.5　环境背景建立

在设置环境背景的模型展示方式时，需要先对场景建立平面底板，从而接受灯光的阴影信息，然后为平面底板增加 Matte/Shadow（无光／投影）材质类型，此材质专门在将对象变为无光对象时使用，这样将可以隐藏当前的环境贴图，而在场景中又看不到虚拟对象，但是能在其他对象上看到其投影效果，如图 5-7 所示。

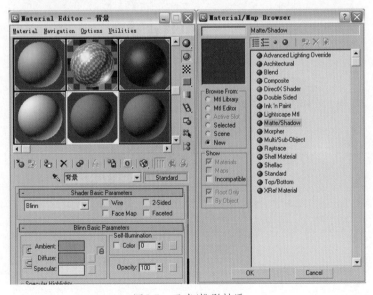

图5-7　无光/投影材质

将环境的颜色设置为灰色，再为场景建立照明的灯光，渲染后将不会显示平面底板模型，但会留下模型产生的阴影效果，如图 5-8 所示。

如果没有直观地预览到模型和阴影效果，还可以在渲染帧窗口中单击■显示 Alpha 通道按钮，Alpha 将出现 32 位图像的显示数据，主要用于向图像中的像素指定透明度信息，需要注意的是存储格式必须为 Alpha 兼容的格式，如 TIFF 或 Targa 格式，如图 5-9 所示。

图5-8　渲染效果

图5-9　通道显示效果

5.2　范例——国际象棋

"国际象棋"范例主要使用多边形建立模型，并运用 VR 灯光配合 VRay 渲染器进行渲染，最终效果，如图 5-10 所示。

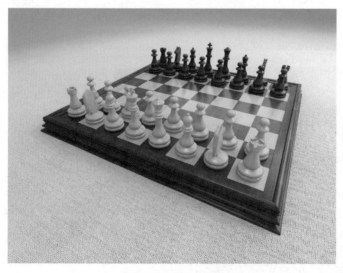
图5-10　范例效果

【制作流程】

"国际象棋"范例的制作流程分为4部分，包括：①场景模型制作；②场景材质设置；③场景灯光设置；④场景渲染器设置，如图5-11所示。

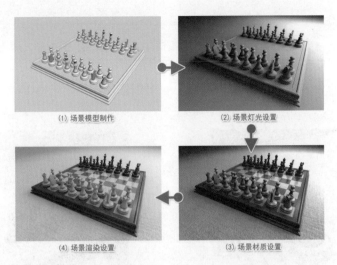

(1) 场景模型制作　　　　(2) 场景灯光设置

(4) 场景渲染设置　　　　(3) 场景材质设置

图5-11　制作流程

5.2.1　场景模型制作

"场景模型制作"的制作流程分为 3 部分，包括：①棋盘模型制作；②车削棋子模型；③其他棋子制作，如图 5-12 所示。

(1) 棋盘模型制作　　　　(2) 车削棋子制作　　　　(3) 其他棋子制作

图5-12　制作流程

1. 棋盘模型制作

1 在场景中创建"长方体"并为其添加"编辑多边形"修改命令，然后切换至 边模式，使用"连接"工具分割出棋盘格分布，如图 5-13 所示。

2 使用 样条线的"矩形"命令在"顶视图"创建作为棋盘的边框路径图形，然后使用 样条线中"线"命令在"前视图"中绘制边缘造型的截面图形，最后配合复合对象中的"放样"命令制作出棋盘边缘模型，如图 5-14 所示。

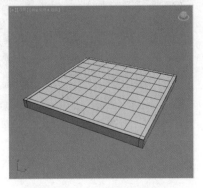

图5-13　制作棋盘基本模型

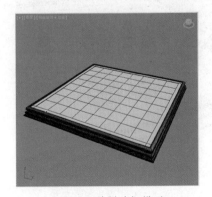

图5-14　放样边框模型

2. 车削棋子制作

1 使用 样条线中"线"命令在"前视图"中绘制棋子截面图形,然后为其添加"车削"命令制作出士兵棋子模型,如图5-15所示。

2 选择棋子模型并通过"Shift+移动"组合键,复制横排的士兵棋子模型,如图5-16所示。

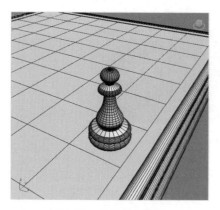

图5-15 车削棋子模型

图5-16 复制棋子模型

3. 其他棋子制作

1 使用 样条线中"线"命令在"前视图"中绘制棋子截面图形,然后为其添加"车削"命令,制作出皇后棋子模型,如图5-17所示。

2 使用 样条线中"线"命令在"前视图"中绘制棋子截面图形,然后为其添加"车削"命令,制作出国王棋子底部模型,再使用 几何体中的"长方体"配合"编辑多边形"命令,制作出棋子模型的顶部十字架造型,如图5-18所示。

3 使用 样条线中"线"命令在"前视图"中绘制棋子截面图形,然后为其添加"车削"命令,制作出主教棋子模型,如图5-19所示。

图5-17 制作皇后棋子模型

图5-18 制作国王棋子模型

图5-19 制作主教棋子模型

[4] 使用◯几何体中的"圆柱体"配合"编辑多边形"命令，制作出骑士棋子模型，如图 5-20 所示。

[5] 使用◯几何体中的"圆柱体"配合"编辑多边形"命令，制作出战城堡棋子模型，如图 5-21 所示。

图5-20　制作骑士棋子模型

图5-21　制作城堡棋子模型

[6] 使用╫镜像工具将制作的棋子模型复制到棋盘的另一侧，模型效果，如图 5-22 所示。

[7] 最后使用◯几何体中的"平面"命令，制作场景的地面模型，如图 5-23 所示。

图5-22　复制棋子模型

图5-23　创建地面模型

↗ 5.2.2　场景灯光设置

"场景灯光设置"的制作流程分为 3 部分，包括：①摄影机设置；②建立主灯光；③辅助灯光设置，如图 5-24 所示。

(1) 摄影机设置　　　　(2) 建立主灯光　　　　(3) 辅助灯光设置

图5-24　制作流程

1. 摄影机设置

1 单击主工具栏中的 📷 渲染设置按钮，在弹出的"渲染设置"对话框的"指定渲染器"卷展栏中设置为 V-Ray 渲染器，如图 5-25 所示。

2 进入 ✳ 创建面板的 📷 摄影机子面板并单击"目标"按钮，然后在视图中拖拽建立目标摄影机，再切换至"透视图"并配合"Ctrl+C"快捷键进行匹配，如图 5-26 所示。

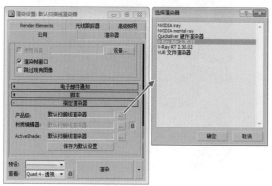

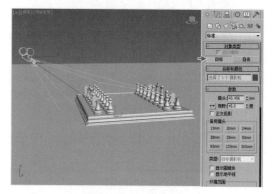

图5-25　切换渲染器　　　　　　　　　　　　图5-26　创建摄影机

3 在视图左上角的提示文字处单击鼠标右键，从弹出的菜单中选择【摄影机】→【摄影机001】命令，将视图切换至"摄影机视图"，如图 5-27 所示。

4 保持摄影机选择状态并切换至 ⬚ 修改面板，设置镜头值为 24，调节摄影机的广角效果，如图 5-28 所示。

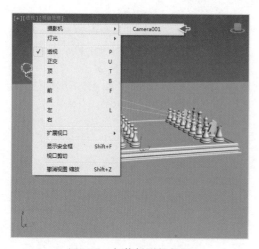

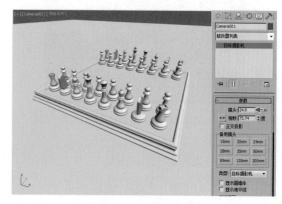

图5-27　切换摄影机视图　　　　　　　　　　图5-28　设置镜头值

5 在视图左上角的提示文字处单击鼠标右键，从弹出的菜单中选择"显示安全框"命令，显示渲染的指定区域，如图 5-29 所示。

显示"安全框"的主要目的是表明显示在监视器上的工作的安全区域，快捷键为"Shift+F"。

6 最终模型的效果，如图 5-30 所示。

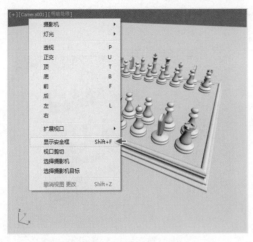

图5-29　显示安全框

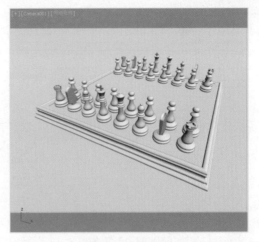

图5-30　模型效果

2. 建立主灯光

[1] 在 ✳ 创建面板 ◥ 灯光中选择 VRay 类型下的 "VR 灯光" 命令按钮并在视图中创建，作为场景中的主光源，然后设置灯光颜色为橘黄色、倍增值为 3，如图 5-31 所示。

[2] 将视图切换至 "摄影机" 视图，然后单击主工具栏中的 ⬦ 渲染按钮，渲染场景灯光照明效果，如图 5-32 所示。

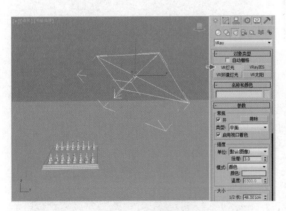

图5-31　创建灯光

图5-32　渲染灯光效果

[3] 保持选择状态并切换至 ◨ 修改面板，在参数卷展栏中设置倍增值为 6，加强场景灯光的照明效果，如图 5-33 所示。

[4] 单击主工具栏中的 ⬦ 渲染按钮，渲染场景灯光照明效果，如图 5-34 所示。

3. 辅助灯光设置

[1] 在 ✳ 创建面板 ◥ 灯光中选择 VRay 类型下的 "VR 灯光" 命令按钮，然后在视图中创建作为场景中的补光光源，然后设置灯光颜色为蓝色、倍增值为 4，如图 5-35 所示。

[2] 单击主工具栏中的 ⬦ 渲染按钮，渲染场景补光照明效果，如图 5-36 所示。

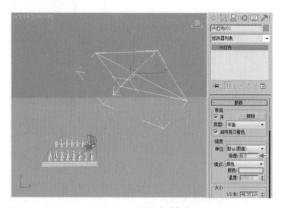

图5-33 设置倍增值

图5-34 设置灯光参数

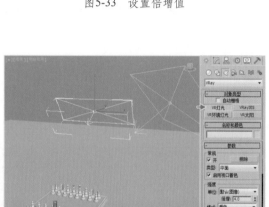

图5-35 创建补光灯

图5-36 渲染补光效果

3 由于场景辅助灯光的亮度过强。保持选择状态并切换至 修改面板，在参数卷展栏中设置倍增值为3，降低场景补光的照明效果，如图5-37所示。

4 单击主工具栏中的 渲染按钮，渲染场景补光照明效果，如图5-38所示。

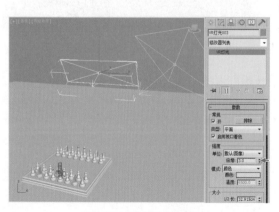

图5-37 设置灯光参数

图5-38 渲染灯光效果

⑤ 使用"Shift+ 移动"键将其进行复制，然后摆放到另一侧的位置，如图 5-39 所示。

⑥ 单击主工具栏中的 🔄 渲染按钮，渲染场景补光照明效果，如图 5-40 所示。

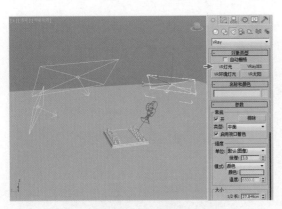

图5-39　复制灯光

图5-40　渲染灯光效果

⑦ 在 ✴ 创建面板中单击 🔦 灯光面板下的"自由聚光灯"按钮，然后在"前视图"中拖拽建立灯光，设置颜色为蓝色、倍增值为 0.35，如图 5-41 所示。

⑧ 将视图切换至"摄影机"视图，然后单击主工具栏中的 🔄 渲染按钮，渲染场景最终灯光效果，如图 5-42 所示。

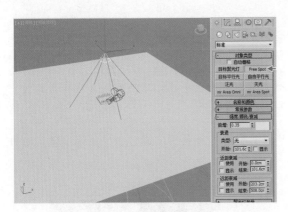

图5-41　创建顶部灯光

图5-42　渲染灯光效果

5.2.3　场景材质设置

"场景材质设置"的制作流程分为 3 部分，包括：①棋盘材质设置；② ID 与 UV 设置；③其他材质设置，如图 5-43 所示。

（1）棋盘材质设置　　　　（2）ID 与 UV 设置　　　　（3）其他材质设置

图5-43　制作流程

1. 棋盘材质设置

1 为了得到更好的材质效果，在主工具栏中单击 材质编辑器按钮，选择一个空白材质球，单击"标准"材质按钮并切换至"VR 材质"类型，如图 5-44 所示。

2 设置材质球名称为"棋盘"，然后单击反射后的按钮并在弹出的"材质／贴图浏览器"中选择"衰减"程序贴图，准备调节反射效果，如图 5-45 所示。

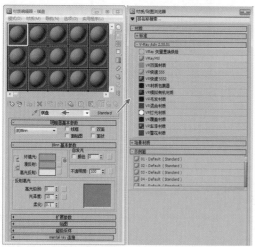

图5-44 切换渲染器

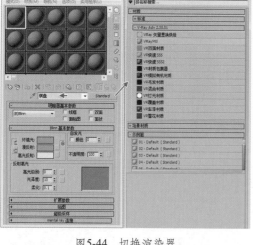

图5-45 添加衰减贴图

3 添加完成后，在"衰减参数"卷展栏中设置衰减类型为 Fresnel（菲涅耳），如图 5-46 所示。

Fresnel 基于折射率（IOR）的调整。在面向视图的曲面上产生暗淡反射，在有角的面上产生较明亮的反射，创建了就像在玻璃面上一样的高光。

4 转回到上级的"棋盘"材质，继续在"基本参数"卷展栏中设置高光光泽度值为 0.75、反射光泽度值为 0.87，如图 5-47 所示。

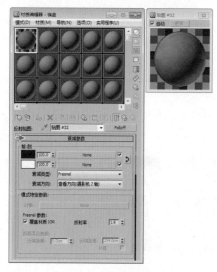

图5-46 设置衰减类型

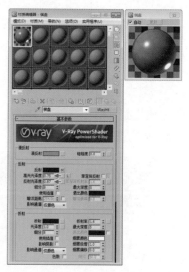

图5-47 设置材质参数

5 单击漫反射后的按钮并在弹出的"材质／贴图浏览器"中选择"位图",准备为漫反射添加贴图,如图 5-48 所示。

6 在弹出的"选择位图图像文件"对话框中选择本书配套光盘中的"枫木 -04"贴图,如图 5-49 所示。

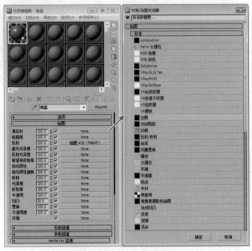

图5-48 选择位图

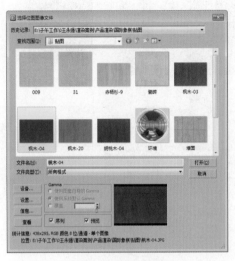

图5-49 选择贴图

7 为凹凸项目中添加"枫木 -04"贴图,使木纹的质感更加强烈,如图 5-50 所示。

8 单击"VR 材质"按钮切换至"多维／子对象"类型,如图 5-51 所示。

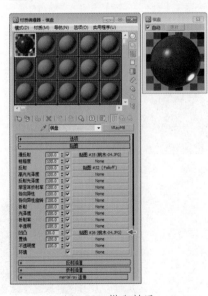

图5-50 棋盘材质

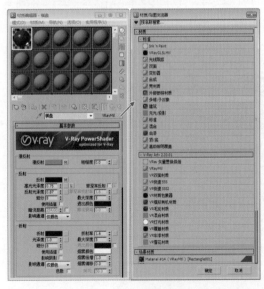

图5-51 切换材质类型

9 在弹出的"替换材质"对话框中选择"将旧材质保存为子材质"类型,将调解好的材质保持为子材质,如图 5-52 所示。

10 在"多维／子对象"的"基本参数"卷展栏中单击"设置数量"按钮,然后在"设置材质数量"对话框中设置材质数量值为 3,如图 5-53 所示。

图5-52 替换材质

11 在"材质 1"后的按钮上单击鼠标右键，在弹出的菜单中选择"复制"命令，将该材质复制到剪切板中，如图 5-54 所示。

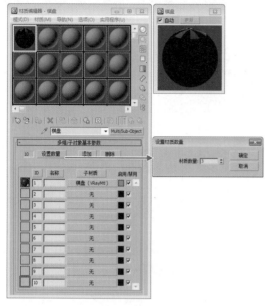

图5-53 设置材质数量

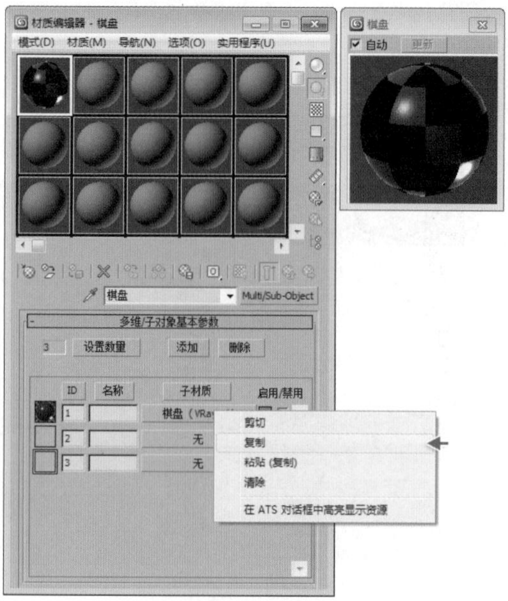

图5-54 复制材质

12 将复制的材质分别粘贴到"材质 2"与"材质 3"中，如图 5-55 所示。

13 切换至"材质 2"的贴图卷展栏，分别为漫反射项目与凹凸项目赋予"橡木 -10"贴图，如图 5-56 所示。

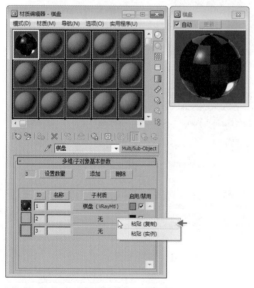

图5-55 粘贴材质

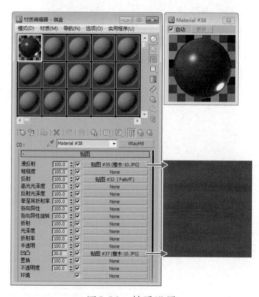

图5-56 材质设置

14 切换至"材质 3"的贴图卷展栏，分别为漫反射项目与凹凸项目赋予"赤杨杉 -9"贴图，如图 5-57 所示。

15 多维材质最终效果，如图 5-58 所示。

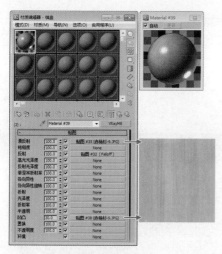

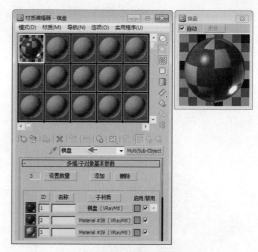

图5-57 材质设置

图5-58 材质效果

2. ID与UV设置

1 将模型转换为"可编辑多边形"并切换至 ■ 多边形模式，选择棋盘边沿的多边形面，然后在"多边形：材质 ID"卷展栏中设置 ID 值为 1，使所选择的面与多维材质的"材质 1"进行匹配，如图 5-59 所示。

> 提示 在应用"多维 / 子对象"材质时，材质会将"多维 / 子对象"材质 ID 编号与对象各面上的材质 ID 编号进行匹配。面记录 ID 编号，不记录材质名称。如果材质是除"多维 / 子对象"之外的任何材质，它就会指定给对象的整个曲面。

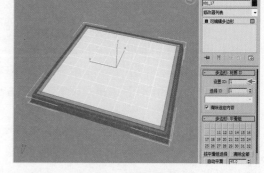

图5-59 材质ID设置

2 选择棋盘格的多边形面，然后在"多边形：材质 ID"卷展栏中设置 ID 值为 2，使所选择的面与多维材质的"材质 2"进行匹配，如图 5-60 所示。

3 选择棋盘格的多边形面，然后在"多边形：材质 ID"卷展栏中设置 ID 值为 3，使所选择的面与多维材质的"材质 3"进行匹配，如图 5-61 所示。

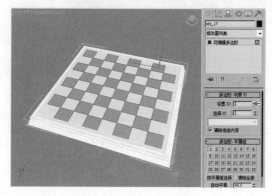

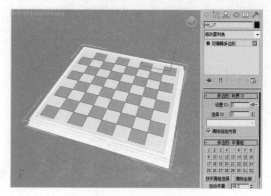

图5-60 材质ID设置

图5-61 材质ID设置

4 设置完成后将棋盘材质赋予模型,然后切换至 ✍ 修改面板,为其添加"UVW 贴图"命令,并设置长度、宽度、高度值为 25,如图 5-62 所示。

5 单击主工具栏中的 ☕ 渲染按钮,渲染场景棋盘材质效果,如图 5-63 所示。

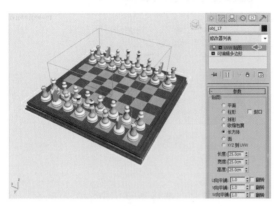

图5-62 材质UV设置

图5-63 渲染棋盘材质效果

3. 其他材质设置

1 在主工具栏中单击 ⊕ 材质编辑器按钮,选择一个空白材质球并设置名称为"白棋",单击"标准"材质按钮切换至"VR 材质"类型。在"基本参数"卷展栏中为漫反射赋予本书配套光盘中的"白棋木纹"贴图,再为反射项添加"衰减"程序贴图并设置衰减类型为"菲涅耳",最后将设置完成的材质赋予场景中棋子模型,如图 5-64 所示。

2 选择一个空白材质球并设置名称为"黑棋",单击"标准"材质按钮切换至"VR 材质"类型。在"基本参数"卷展栏中为漫反射赋予本书配套光盘中的"黑棋木纹"贴图,再为反射项添加"衰减"程序贴图并设置衰减类型为"菲涅耳",最后将设置完成的材质赋予场景中棋子模型,如图 5-65 所示。

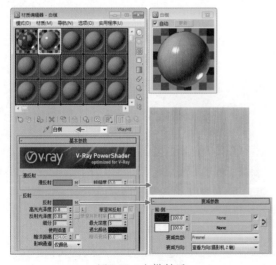

图5-64 白棋材质

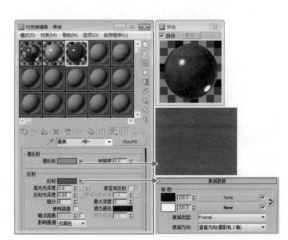

图5-65 黑棋材质

③ 单击主工具栏中的🍵渲染按钮，渲染场景棋子材质效果，如图 5-66 所示。

④ 选择一个空白材质球并设置名称为"底面"，单击"标准"材质按钮切换至"VR 材质"类型。然后在"基本参数"卷展栏中设置高光光泽度值为 0.65、反射光泽度值为 0.85，并为漫反射赋予本书配套光盘中的"底面"贴图，如图 5-67 所示。

提示 "高光光泽度"主要控制材质高光的效果。默认状态为不可用，单击旁边的"L"按钮可以解除锁定，调节高光的光泽度效果。

图5-66 棋子材质设置

⑤ 单击主工具栏中的🍵渲染按钮，渲染场景材质最终效果，如图 5-68 所示。

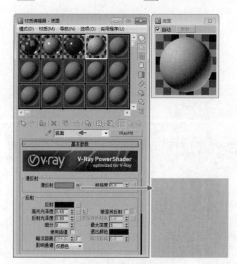

图5-67 底面材质

图5-68 材质最终效果

5.2.4 场景渲染设置

"场景渲染设置"的制作流程分为 3 部分，包括：①采样与颜色贴图；②间接照明设置；③动态内存设置，如图 5-69 所示。

(1) 采样与颜色贴图　　　　(2) 间接照明设置　　　　(3) 动态内存设置

图5-69 制作流程

1. 采样与颜色贴图

1 在"图像采样器（反锯齿）"卷展栏中设置抗锯齿过滤器为"Mitchell-Netravali"，然后设置最小细分值为 2、最大细分值为 6，如图 5-70 所示。

> 提示 "最小细分"主要控制适应细分图像采样的最小比率，"最大比率"主要控制适应细分图像采样的最大比率。

2 在"颜色贴图"卷展栏中设置类型为"指数"、暗色倍增器值为 1.2、亮度倍增器值为 1.3，可以快速得到合理的曝光效果，如图 5-71 所示。

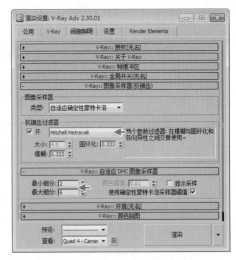

图5-70 设置图像采样器

> 提示 "类型"选项主要定义色彩转换使用的类型，主要有线性倍增、指数倍增、HSV 指数、色彩贴图等类型。

3 单击主工具栏中的 渲染按钮，渲染场景效果，如图 5-72 所示。

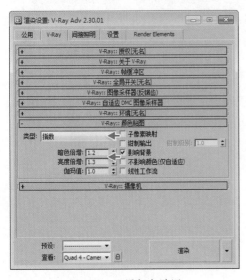

图5-71 设置颜色贴图

图5-72 渲染场景效果

2. 间接照明设置

1 在"渲染设置"对话框的间接照明选项中，首先设置"间接照明"卷展栏中全局照明为开启状态、二次反弹的全局照明引擎为"灯光缓存"类型，如图 5-73 所示。

2 在"发光图 [无名]"卷展栏中设置当前预置为"中"级别，然后激活选项的"显示计算相位"与"显示直接光"项，如图 5-74 所示。

3 在间接照明选项中设置"灯光缓存"卷展栏中的细分值为 500，再激活"显示计算相位"选项，提高渲染器计算的图像画质，如图 5-75 所示。

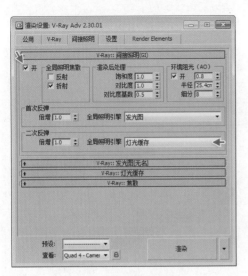

图5-73　设置间接照明

图5-74　设置发光图

> **提示**　"细分"项目主要确定有多少条来自摄像机的路径被追踪。不过要注意的是实际路径的数量是这个参数的平方值，例如，这个参数设置为2000，那么被追踪的路径数量将是 $2000 \times 2000 = 4000000$。

4　单击主工具栏中的 渲染按钮，渲染场景效果，如图 5-76 所示。

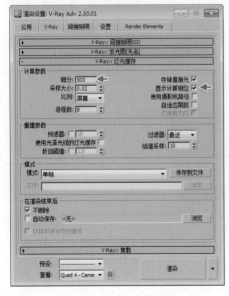

图5-75　间接照明设置

图5-76　渲染场景效果

3. 动态内存设置

1　在"渲染设置"对话框的设置选项中，在"DMC 采样器"卷展栏中设置噪波阈值为

0.002，使渲染器控制区域内噪点尺寸能得到更加细腻的处理，然后在"系统"卷展栏下设置动态内存限制为 2000，使系统可以调用更多的内存进行计算，如图 5-77 所示。

2 单击主工具栏中的 🔄 渲染按钮，渲染场景最终效果，如图 5-78 所示。

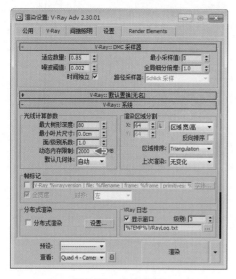

图5-77 渲染设置

图5-78 渲染场景最终效果

5.3 范例——打火机

"打火机"范例主要使用多边形建立模型，并运用 mr 灯光配合 Mental Ray 渲染器进行渲染，在制作过程中大量使用了"虫漆"材质类型与"光线跟踪"程序贴图，最终效果，如图 5-79 所示。

图5-79 范例效果

 【制作流程】

"打火机"范例的制作流程分为4部分，包括：①场景模型制作；②场景灯光设置；③场景材质设置；④场景渲染设置，如图5-80所示。

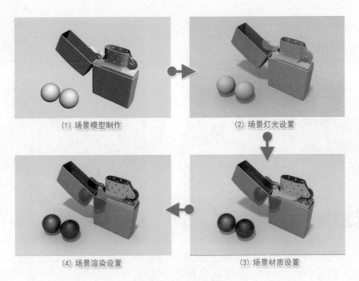

(1) 场景模型制作   (2) 场景灯光设置

(4) 场景渲染设置   (3) 场景材质设置

图5-80 制作流程

5.3.1 场景模型制作

"场景模型制作"的制作流程分为 3 部分，包括：①外壳模型制作；②附件模型制作；③建立摄影机，如图 5-81 所示。

(1) 外壳模型制作   (2) 附件模型制作   (3) 建立摄影机

图5-81 制作流程

1. 外壳模型制作

⬚1 在场景中创建"长方体"并搭配"编辑多边形"修改命令，创建打火机的外壳模型，如图 5-82 所示。

⬚2 在 ✐ 修改面板的修改器列表中选择"网格平滑"命令，并在"细分量"卷展栏中设置迭代次数值为 2，如图 5-83 所示。

⬚3 选择 ✺ 创建面板 ◯ 几何体中标准基本体的"圆柱体"命令，再结合"编辑多边形"命令制作出转折轴的模型，如图 5-84 所示。

⬚4 选择 ✺ 创建面板 ◯ 几何体中标准基本体的"管状体"命令，并结合"编辑多边形"命令制作出转折轴的外壳模型，然后为转折轴模型添加"网格平滑"命令，如图 5-85 所示。

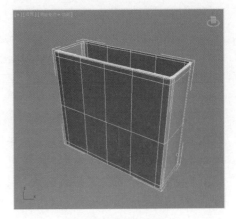

图5-82 创建外壳模型

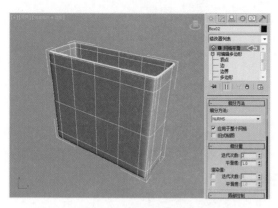

图5-83 添加网格平滑

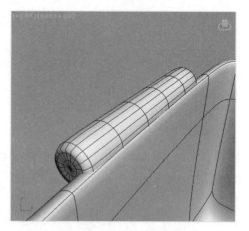

图5-84 制作转折轴模型

5 选择 ❋ 创建面板 ○ 几何体中标准基本体的"长方体"命令,并结合"编辑多边形"命令制作出打火机的盖子模型,然后为模型添加"网格平滑"命令,最后将轴心点位置移动至与转折轴相交处,如图 5-86 所示。

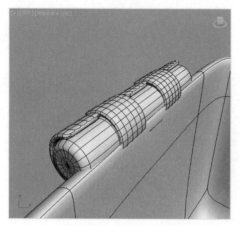

图5-85 制作转折轴外壳模型

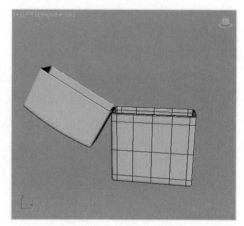

图5-86 制作打火机盖模型

2. 附件模型制作

1 选择 ❋ 创建面板 ○ 几何体中标准基本体的"长方体"命令,并结合"编辑多边形"命令制作出打火机的内部模型,然后创建出圆柱体并复制若干个,将其与打火机的内部模型使用 ❋ 创建面板内几何体中合成物体下的"布尔运算"命令,使用差集方式得到打孔效果,如图 5-87 所示。

2 选择 ❋ 创建面板的 ○ 几何体中标准基本体的"长方体"命令,并结合"编辑多边形"命令制作出打火心模型;在 ❋ 创建面板中选择 ○ 图形内的"星形"命令,设置顶点数值为 100,圆角半径值为 0.1,调整合适大小后添加"倒角"命令,设置与打火机匹配的高度,再分别为模型添加"网格平滑"命令,如图 5-88 所示。

3 选择 ❋ 创建面板 ○ 几何体中标准基本体的"球体"命令,为场景添加装饰球,如图 5-89 所示。

4 调节视图的角度,观察场景模型最终效果,如图 5-90 所示。

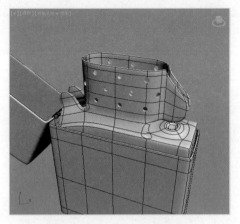

图5-87 制作打火机内部模型

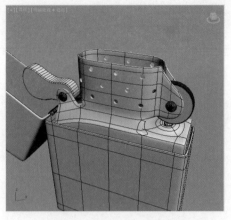

图5-88 制作打火机零件模型

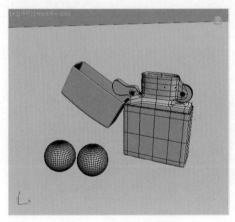

图5-89 添加装饰球模型

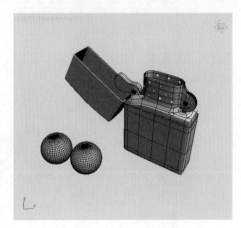

图5-90 模型效果

3. 创建摄影机

1 进入创建面板的摄影机子面板，单击"目标"按钮，然后在视图中拖拽建立目标摄影机，再切换至"透视图"并选择视图菜单中的"从视图创建摄影机"命令，也可使用快捷键"Ctrl+C"的方式匹配摄影机，如图5-91所示。

2 在视图左上角的提示文字处单击鼠标右键，从弹出的菜单中选择【摄影机】→【摄影机001】命令，将视图切换至"摄影机视图"，如图5-92所示。

3 当前摄影机视角的效果，如图5-93所示。

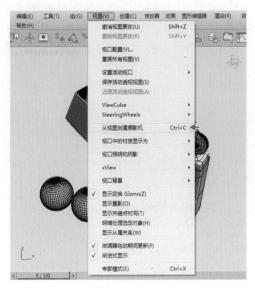

图5-91 创建摄影机

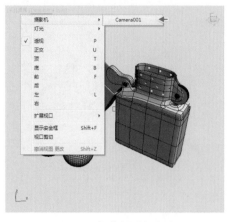
图5-92 切换摄影机视角

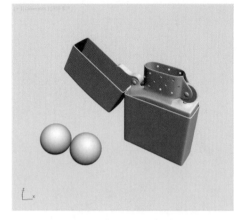
图5-93 摄影机视角效果

5.3.2 场景灯光设置

"场景灯光设置"的制作流程分为3部分，包括：①建立 mr 灯光；②灯光参数设置；③建立天光，如图 5-94 所示。

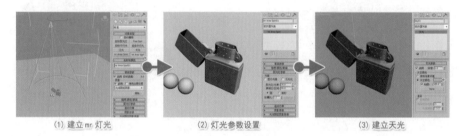

(1) 建立 mr 灯光　　　　(2) 灯光参数设置　　　　(3) 建立天光

图5-94 制作流程

1. 建立mr灯光

1 单击主工具栏中的渲染设置按钮，在弹出"渲染设置"对话框的"指定渲染器"卷展栏中设置渲染器为 mental ray 渲染器，如图 5-95 所示。

2 在创建面板中将灯光面板下的"光度学"改为"标准"，单击"mr Area Spot（mr区域聚光灯）"按钮，然后在视图中拖拽建立灯光，作为场景的主光源，如图 5-96 所示。

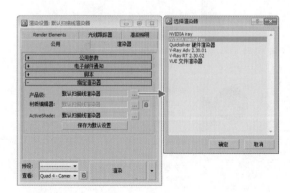
图5-95 指定渲染器

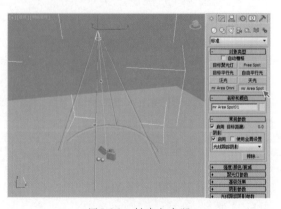
图5-96 创建主光源

3 保持灯光的选择状态并切换至 ⚙ 修改面板，在"常规参数"卷展栏中将阴影改为启用状态，然后在"强度／颜色／衰减"卷展栏中设置灯光为淡黄色，如图 5-97 所示。

4 单击主工具栏中的 ⚙ 渲染按钮，渲染场景的灯光照明效果，如图 5-98 所示。

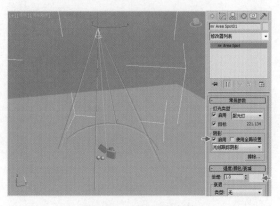

图5-97 设置灯光参数

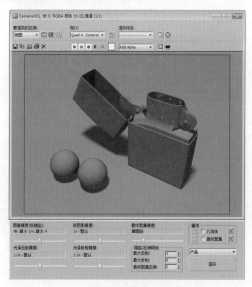

图5-98 渲染灯光效果

2. 灯光参数设置

1 选择已创建的 mr Area Spot（mr 区域聚光灯），然后切换至 ⚙ 修改面板，在聚光灯参数卷展栏中设置聚光区／光束值为 30、衰减区／区域值为 50，如图 5-99 所示。

> 提示
> 当使用 mental ray 渲染器渲染场景时，区域聚光灯从矩形或碟形区域发射光线，而不是从点源发射光线。如果使用默认的扫描线渲染器，区域聚光灯像其他标准的聚光灯一样发射光线。

2 设置完成后，单击主工具栏中的 ⚙ 渲染按钮，渲染场景的灯光效果，如图 5-100 所示。

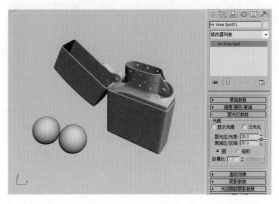

图5-99 设置灯光参数

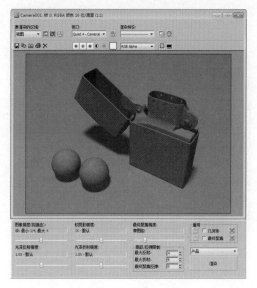

图5-100 渲染灯光效果

3. 建立天光

1 在 创建面板中单击 灯光面板下的"天光"按钮，然后在视图中拖拽建立灯光，如图 5-101 所示。

2 单击主工具栏中的 渲染按钮，渲染当前场景的灯光效果，如图 5-102 所示。

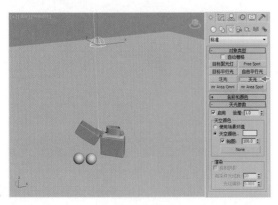

图5-101 创建天光

图5-102 渲染灯光效果

提示 "天光"可以设置天空的颜色或将其指定为贴图，对天空建模作为场景上方的屋顶，所以产生的照明更加明亮。

3 保持灯光的选择状态并切换至 修改面板，在"天光参数"卷展栏中将天光的颜色修改为蓝色，如图 5-103 所示。

4 完成参数设置后，单击主工具栏中的 渲染按钮，渲染场景的灯光效果，如图 5-104 所示。

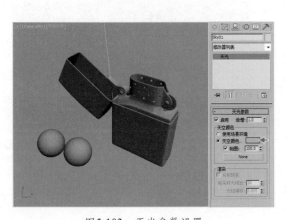

图5-103 天光参数设置

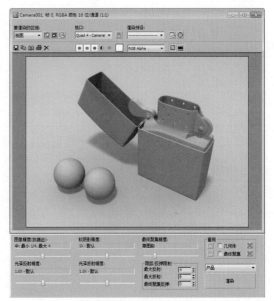

图5-104 渲染效果

↗ 5.3.3 场景材质设置

"场景材质设置"的制作流程分为 3 部分，包括：①主体材质设置；②辅助材质设置；③车漆材质设置，如图 5-105 所示。

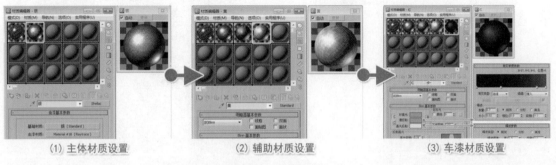

(1) 主体材质设置　　　　(2) 辅助材质设置　　　　(3) 车漆材质设置

图5-105　制作流程

1. 主体材质设置

1 在"材质编辑器"中选择一个空白材质球并设置名称为"金属"，首先在"Blinn 基本参数"卷展栏中设置漫反射颜色为黑色，然后设置高光级别值为 170、光泽度为 45，如图 5-106 所示。

2 切换至"贴图"卷展栏，单击反射后的按钮为其赋予"光线跟踪"程序贴图，调节金属的表面反射效果，如图 5-107 所示。

 使用"光线跟踪"贴图可以提供全部光线跟踪反射和折射，生成的反射和折射比反射 / 折射贴图的更精确。

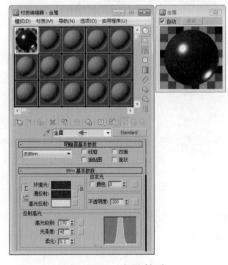

图5-106　金属材质

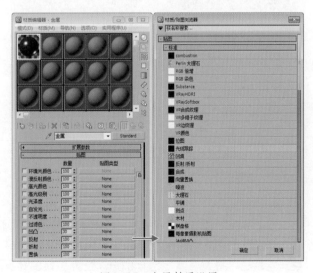

图5-107　金属材质设置

3 设置反射值为 60，降低材质的反射效果，如图 5-108 所示。

4 在"材质编辑器"中选择一个空白材质球并设置名称为"银"，在"Blinn 基本参数"卷展栏中为漫反射设置颜色为灰色，然后设置高光级别值为 180、光泽度为 30，如图 5-109 所示。

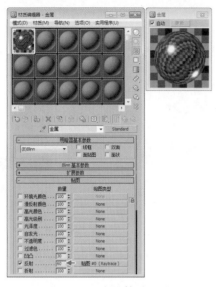

图5-108　金属材质设置

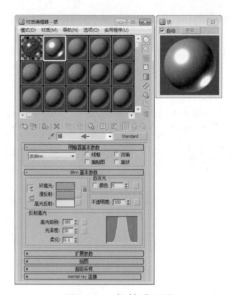

图5-109　银材质设置

5　为漫反射项目赋予"渐变坡度"程序贴图，如图 5-110 所示。

6　在"渐变坡度参数"卷展栏中调节渐变颜色值，再设置噪波的数量为 0.7、大小为 0.02，使银色的效果更加真实，如图 5-111 所示。

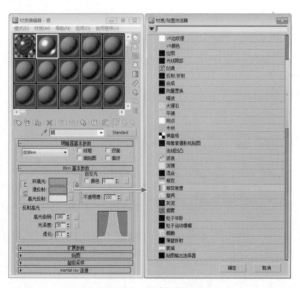

图5-110　银材质设置

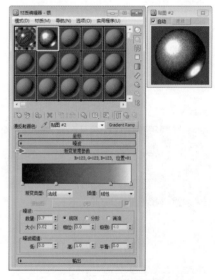

图5-111　银材质设置

7　切换至"贴图"卷展栏，为高光颜色项目赋予"噪波"程序贴图，如图 5-112 所示。

8　添加完成后，在"坐标"卷展栏中设置瓷砖（平铺）X、Y、Z 值为 2，然后在"噪波参数"卷展栏中将大小值设置为 0.05，如图 5-113 所示。

9　为了得到更好的材质效果，单击 Standard（标准）材质按钮，在弹出的"材质／贴图浏览器"中选择"虫漆"类型，准备切换材质的类型，如图 5-114 所示。

10　当切换为"虫漆"材质类型时，会弹出替换材质对话框，选择"将旧材质保存为子材质"选项，将刚才设置的"银"材质保存为基本材质，如图 5-115 所示。

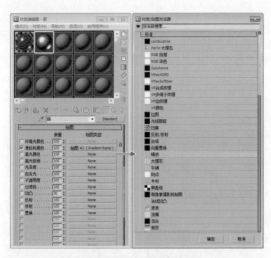

图5-112　添加噪波贴图

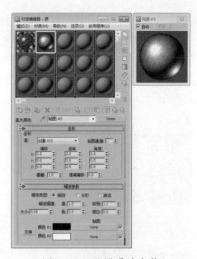

图5-113　设置噪波参数

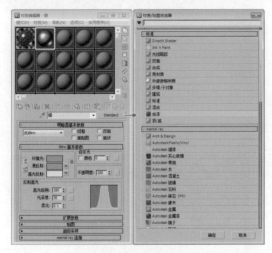

图5-114　切换材质类型

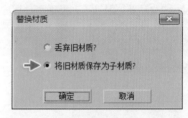

图5-115　保持材质

11 单击"虫漆"材质后的按钮，在弹出的材质/贴图浏览器中选择"光线跟踪"材质类型，如图 5-116 所示。

12 在"光线跟踪基本参数"卷展栏中设置漫反射颜色为黑色、高光级别值为 120、光泽度值为 85，如图 5-117 所示。

13 切换至"贴图"卷展栏，为反射项目赋予"衰减"程序贴图，如图 5-118 所示。

14 切换至"衰减参数"卷展栏，再设置衰减颜色并切换衰减为"菲涅耳"类型，如图 5-119 所示。

15 转到"银"材质的父对象，然后在"虫漆基本参数"卷展栏中设置虫漆颜色混合值为 75，如图 5-120 所示。

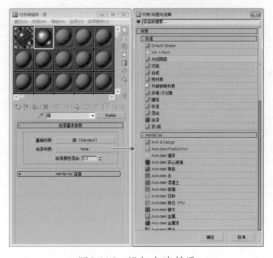

图5-116　添加虫漆材质

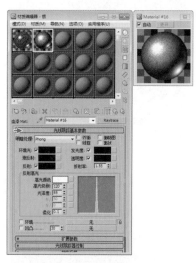

图5-117　参数设置

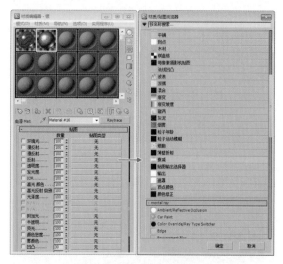

图5-118　添加衰减贴图

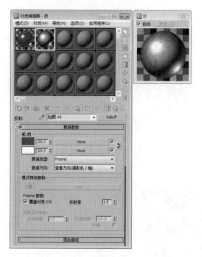

图5-119　设置衰减参数

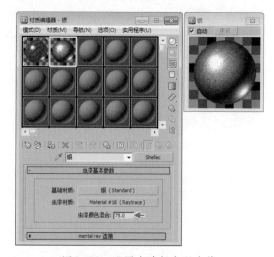

图5-120　设置虫漆颜色混合值

2. 辅助材质设置

1　在"材质编辑器"中选择一个空白材质球并设置名称为"灰",在"Blinn 基本参数"卷展栏中设置漫反射颜色为深蓝色,然后设置高光级别值为 70,如图 5-121 所示。

2　为"银"材质的漫反射项目赋予"烟雾"程序贴图,如图 5-122 所示。

3　切换至"烟雾参数"卷展栏,分别设置"颜色 1"与"颜色 2"的颜色,如图 5-123 所示。

4　在"材质编辑器"中选择一个空白材质球并设置名称为"黄",在"Blinn 基本参数"卷展栏设置漫反射颜色为土黄色并单击后方的按钮,然后在"材质/贴图浏览器"中选择"位图",再设置高光级别值为 70、光泽度为 20,如图 5-124 所示。

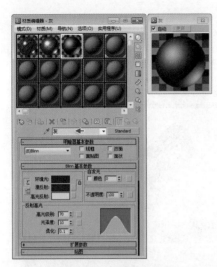

图5-121　设置基本参数

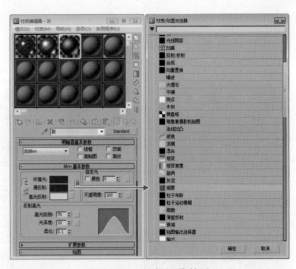

图5-122　添加烟雾材质

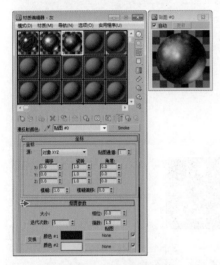

图5-123　设置烟雾参数

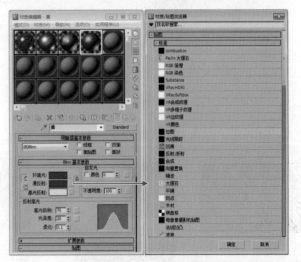

图5-124　添加位图

5　在弹出的"选择位图图像文件"对话框中选择本书配套光盘中的"S5.jpg"贴图，如图5-125所示。

6　调节后的材质球最终效果，如图5-126所示。

7　将调节好的材质分别赋予相对应的模型，然后单击主工具栏中的 渲染按钮，渲染场景的材质效果，如图5-127所示。

3. 车漆材质设置

1　在"材质编辑器"中选择一个空白材质球并设置名称为"红"。在"Blinn基本参数"卷展栏中设置高光级别值为125、光泽度为30，然

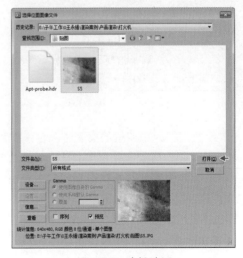

图5-125　选择贴图

后为漫反射项添加"渐变坡度",设置颜色由深红向红色渐变,再为高光反射项添加"噪波",并设置颜色 1 为黑色、颜色 2 为红色,如图 5-128 所示。

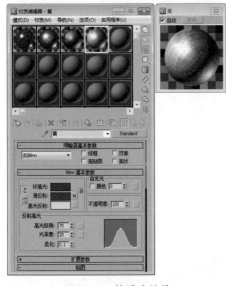

图5-126 材质球效果

图5-127 渲染材质效果

[2] 单击 Standard(标准)材质按钮,在弹出的"材质/贴图浏览器"中选择"虫漆"类型,准备切换材质类型,如图 5-129 所示。

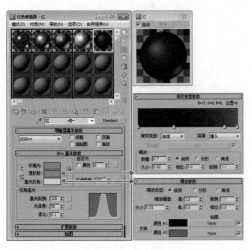

图5-128 红材质

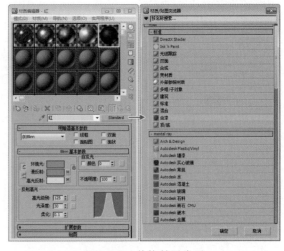

图5-129 替换材质类型

[3] 当切换为虫漆材质类型时,会弹出替换材质对话框,选择"将旧材质保存为子材质"项,将设置的"红"材质保存为基本材质,如图 5-130 所示。

[4] 在"虫漆基本参数"卷展栏中单击"虫漆材质"后面的按钮,为其添加"光线跟踪"材质,如图 5-131 所示。

[5] 在"光线跟踪基本参数"卷展栏中设置漫反射颜色为黑色、高光级别值为 160、光泽度值为 93,然后为反射项目赋予"衰减"程序贴图并设置衰减类型为"菲涅耳",如图 5-132 所示。

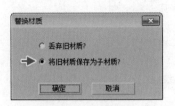

图5-130 保持材质

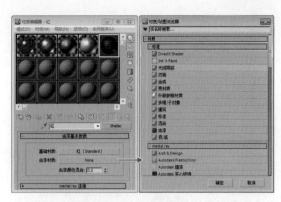

图5-131 添加光线跟踪材质

⑥ 转到"红"材质的父对象，在"虫漆基本参数"卷展栏中设置虫漆颜色混合值为85，如图 5-133 所示。

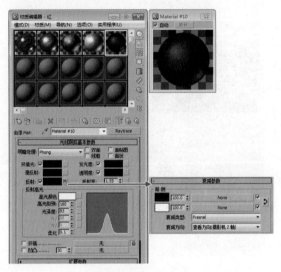

图5-132 材质设置

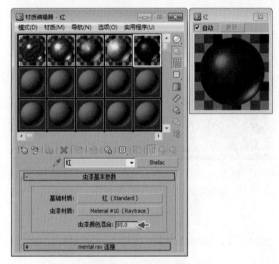

图5-133 虫漆材质设置

⑦ 在"材质编辑器"中选择一个空白材质球设置名称为"蓝"。在"Blinn 基本参数"卷展栏中设置高光级别值为 125、光泽度为 30；然后为漫反射项添加"渐变坡度"，设置颜色由深蓝向蓝色渐变，再为高光反射项添加"噪波"，并设置颜色 1 为黑色、颜色 2 为蓝色，如图 5-134 所示。

⑧ 单击 Standard（标准）材质按钮，在弹出的"材质／贴图浏览器"中选择"虫漆"类型，准备切换材质类型，如图 5-135 所示。

⑨ 在"虫漆基本参数"卷展栏中单击"虫漆材质"后面的按钮，为其添加"光线跟踪"材质，如图 5-136 所示。

⑩ 在"光线跟踪基本参数"卷展栏中设置漫反射颜色为黑色、高光级别值为 160、光泽度值为 95，然后为反射项目赋予"衰减"程序贴图并设置衰减类型为"菲涅耳"，如图 5-137 所示。

⑪ 转到"蓝"材质的父对象，在"虫漆基本参数"卷展栏中设置虫漆颜色混合值为 75，如图 5-138 所示。

⑫ 单击主工具栏中的 渲染按钮，渲染场景材质效果，如图 5-139 所示。

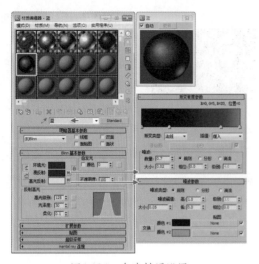

图5-134 车漆材质设置

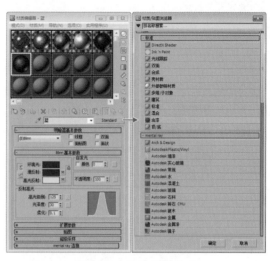

图5-135 切换材质类型

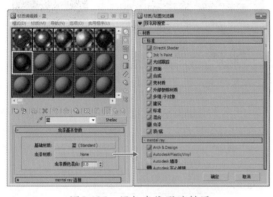

图5-136 添加光线跟踪材质

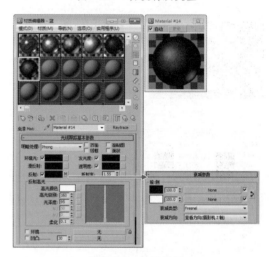

图5-137 材质设置

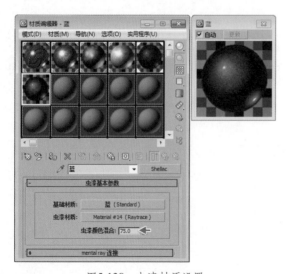

图5-138 虫漆材质设置

图5-139 渲染景深效果

↗ 5.3.4　场景渲染器设置

"场景渲染器设置"的制作流程分为 3 部分，包括：①采样设置；②光线跟踪设置；③聚焦与环境设置，如图 5-140 所示。

（1）采样设置　　　　　　（2）光跟踪设置　　　　　　（3）聚焦与环境设置

图5-140　制作流程

1. 采样设置

1　单击主工具栏中的 渲染设置按钮，打开"渲染设置"对话框，首先在"全局调试参数"卷展栏中设置软阴影精度（倍增）值为 2，然后在渲染器选项的"采样质量"卷展栏中设置每像素采样数的最小值为 1、最大值为 4、过滤器类型为"Mitchell"方式，采用位于像素中心的曲线对采样进行处理，如图 5-141 所示。

> 提示
>
> "最小"值主要用来设置最小采样率，此值代表每像素采样数，大于等于 1 的值代表对每个像素进行一次或多次采样。"最大"主要用来设置最大采样率，如果邻近的采样通过对比度加以区分，而这些对比度已经超出对比度限制，则包含这些对比度的区域将通过"最大"值被细分为指定的深度。

2　单击主工具栏中的 渲染按钮，渲染场景效果，如图 5-142 所示。

图5-141　采样设置

图5-142　渲染效果

2. 光线跟踪设置

1 单击主工具栏中的 渲染设置按钮，打开"渲染设置"对话框，在间接照明选项的"渲染算法"卷展栏中设置"光线跟踪加速"大小值为 10，深度值为 40，如图 5-143 所示。

> **提示** mental ray 渲染器提供了两种不同的方法，用于加速光线追踪过程。第一种方法为 BSP（二进制空间分区），这种方法在大多数情况下性能都最佳；第二种方法为 BSP2，这种方法在场景和情景数量比较多但内存有限的情况下具有较好的性能。

2 单击主工具栏中的 渲染按钮渲染效果，如图 5-144 所示。

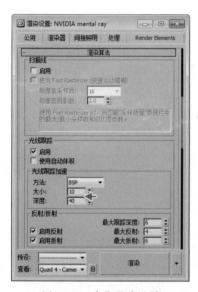

图5-143 光线跟踪设置

图5-144 渲染效果

3. 聚焦与环境设置

1 单击主工具栏中的 渲染设置按钮，打开"渲染设置"对话框，在间接照明选项的"最终聚焦"卷展栏中设置最终聚焦精度预设值为高，初始最终聚集点密度值为 1.5，每最终聚集点光线数目值为 500，如图 5-145 所示。

2 在菜单栏中选择【渲染】→【环境】命令，然后在弹出的"环境和效果"对话框中单击添加本书配套光盘提供的"环境"贴图，作为场景的背景图像，如图 5-146 所示。

3 单击主工具栏中的 渲染按钮，渲染场景的最终效果，如图 5-147 所示。

图5-145 最终聚焦设置

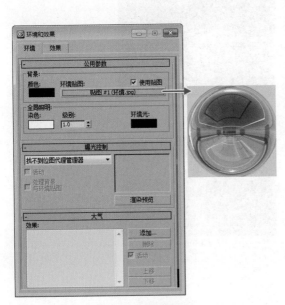

图5-146　环境设置

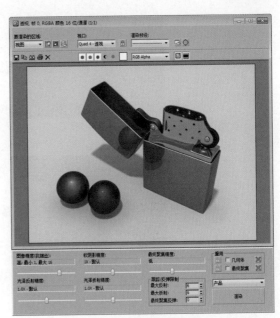

图5-147　最终渲染效果

5.4　范例——弯月刀

"弯月刀"范例主要使用多边形建立模型，并运用 mr 灯光与"各向异性"明暗器、Metal（金属）程序贴图和"Arch & Design"材质类型，再配合 Mental Ray 渲染器进行渲染操作，最终效果，如图 5-148 所示。

图5-148　范例效果

【制作流程】

"弯月刀"范例的制作流程分为4部分，包括：①场景模型制作；②场景材质设置；③场景灯光设置；④场景渲染器设置，如图5-149所示。

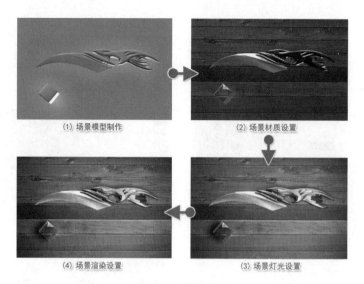

(1) 场景模型制作　　　　　　　　　(2) 场景材质设置

(4) 场景渲染设置　　　　　　　　　(3) 场景灯光设置

图5-149　制作流程

↗ 5.4.1　场景模型制作

"场景模型制作"的制作流程分为3部分，包括：①刀把模型制作；②其他模型制作；③摄影机设置，如图5-150所示。

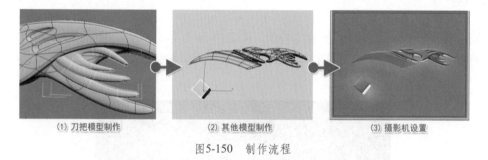

(1) 刀把模型制作　　　　　　(2) 其他模型制作　　　　　　(3) 摄影机设置

图5-150　制作流程

1. 刀把模型制作

⎡1⎤ 在场景中创建"长方体"并搭配"编辑多边形"修改命令，制作刀把的模型，如图5-151所示。

⎡2⎤ 选择刀把模型并切换至 修改面板，然后在修改器列表中选择"网格平滑"命令，如图5-152所示。

⎡3⎤ 添加网格平滑命令后，观察模型效果，如图5-153所示。

2. 其他模型制作

⎡1⎤ 在场景中创建"圆柱体"并搭配"编辑多边形"修改命令，创建刀把上的装饰模型，并且添加"网格平滑"命令，如图5-154所示。

⎡2⎤ 创建"长方体"并搭配"编辑多边形"修改命令，制作刀把装饰模型，如图5-155所示。

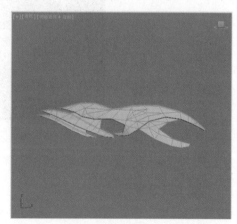

图5-151　创建刀把模型

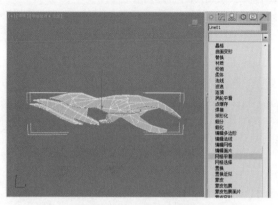

图5-152　添加网格平滑

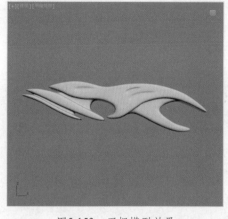

图5-153　刀把模型效果

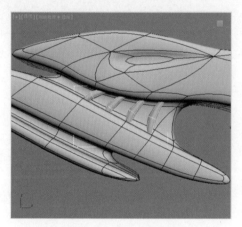

图5-154　制作刀把模型

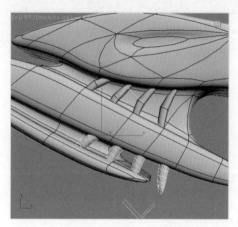

图5-155　制作刀把模型

3　创建"长方体"并搭配"编辑多边形"修改命令，制作刀把侧面装饰模型，为刀把添加细节，如图 5-156 所示。

4　在场景创建"长方体"并搭配"编辑多边形"修改命令，再结合"FFD（长方体）"命令制作刀刃模型，如图 5-157 所示。

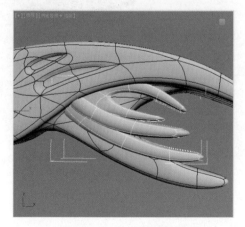

图5-156　制作刀把模型

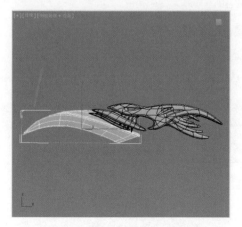

图5-157　刀刃模型制作

5 在弯月刀模型后面创建"平面"，作为场景背景，如图 5-158 所示。

6 在场景中创建"长方体"并搭配"编辑多边形"修改命令，制作出场景装饰模型，如图 5-159 所示。

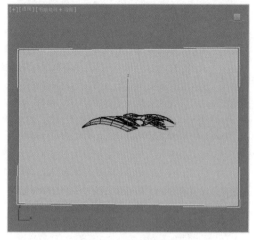

图5-158　创建平面

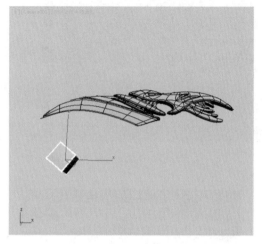

图5-159　制作立方体

3. 摄影机设置

1 进入 创建面板的 摄影机子面板并单击"目标"按钮，然后在视图中拖拽建立目标摄影机，再切换至"透视图"并选择视图菜单中的"从视图创建摄影机"命令，也可以使用快捷键"Ctrl+C"的方式匹配摄影机，如图 5-160 所示。

2 在"透视图"左上角的文字上单击鼠标右键，在弹出的菜单中选择"显示安全框"，如图 5-161 所示。

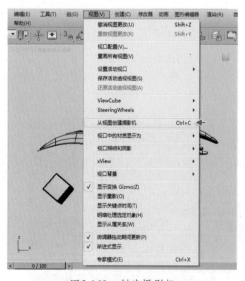

图5-160　创建摄影机

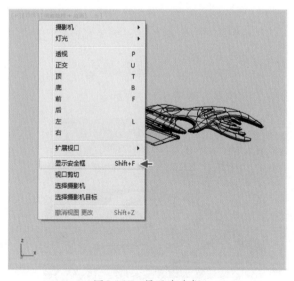

图5-161　显示安全框

3 使用快捷键"C"切换至摄影机视角，如图 5-162 所示

4 单击主工具栏中的 渲染按钮，渲染模型效果，如图 5-163 所示。

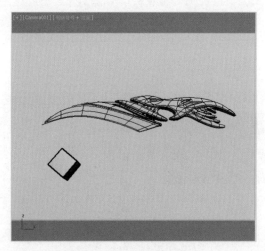

图5-162　切换摄影机视图

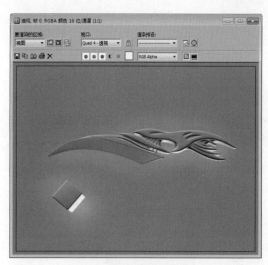

图5-163　渲染模型效果

5.4.2　场景材质设置

"场景材质设置"的制作流程分为 3 部分，包括：①刀把材质设置；②刀刃材质设置；③其他材质设置，如图 5-164 所示。

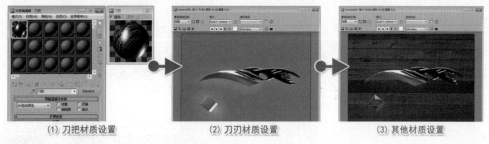

(1) 刀把材质设置　　　　(2) 刀刃材质设置　　　　(3) 其他材质设置

图5-164　制作流程

1. 刀把材质设置

1 单击主工具栏中的 渲染设置按钮，在弹出的渲染设置对话框的"指定渲染器"卷展栏中设置渲染器为 mental ray，如图 5-165 所示。

2 在"材质编辑器"中选择一个空白材质球并设置名称为"刀把"，然后在"明暗器基本参数"下拉列表中选择"各向异性"类型，如图 5-166 所示。

图5-165　指定渲染器

 提示

"各向异性"明暗器使用椭圆，主要创建具有高光形状的表面。

③ 切换至"各向异性基本参数"卷展栏，单击漫反射后按钮为其赋予 Metal（金属）程序贴图，如图 5-167 所示。

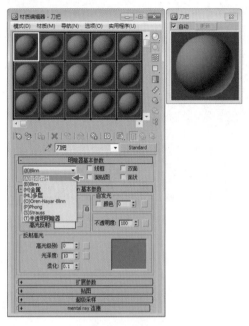

图5-166　切换明暗器

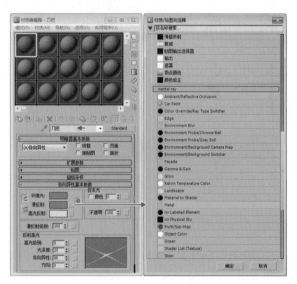

图5-167　添加程序贴图

④ 在"Metal 参数"卷展栏中设置 Surface Material（表面材质）颜色为浅蓝色，然后将 Samples（采样）值设为 20，如图 5-168 所示。

⑤ 转到"刀把"材质的父对象，然后在"各向异性基本参数"卷展栏中设置反射高光的高光级别值为 125、光泽度值为 25，如图 5-169 所示。

图5-168　设置Metal参数

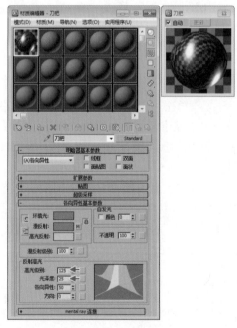

图5-169　基本参数设置

2. 刀刃材质设置

[1] 在"材质编辑器"中选择一个空白材质球并设置名称为"刀",在"Blinn 基本参数"卷展栏设置反射高光的高光级别为 30、光泽度为 25,如图 5-170 所示。

[2] 切换至"贴图"卷展栏,单击漫反射项目后的按钮,在弹出的"材质／贴图浏览器"对话框中选择"位图",如图 5-171 所示。

[3] 在弹出的"选择位图图像文件"对话框中选择本书配套光盘中的"Maps 刀"贴图,如图 5-172。

[4] 切换至"贴图"卷展栏,然后在漫反射项目后的按钮上单击鼠标右键,在弹出的菜单中选择复制命令,将漫反射贴图复制到剪切板中,如图 5-173 所示。

[5] 将复制的贴图粘贴到凹凸中,如图 5-174 所示。

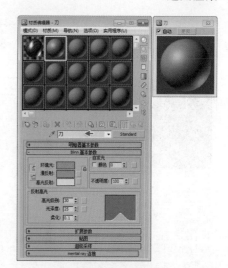

图5-170　材质设置

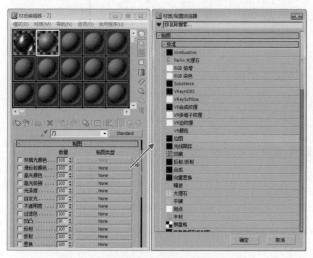

图5-171　添加位图

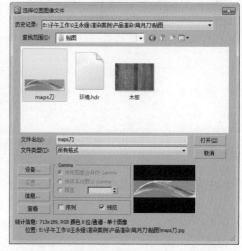

图5-172　选择贴图

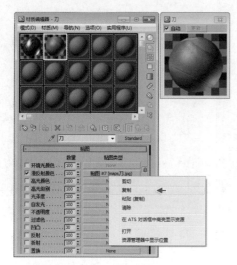

图5-173　复制刀刃贴图

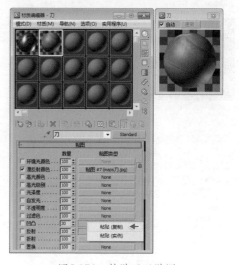

图5-174　粘贴刀刃贴图

[6] 单击"反射"后的按钮,为其赋予"光线跟踪"程序贴图,如图 5-175 所示。

[7] 设置凹凸值为 15、反射值为 80,使其更加有质感,如图 5-176 所示。

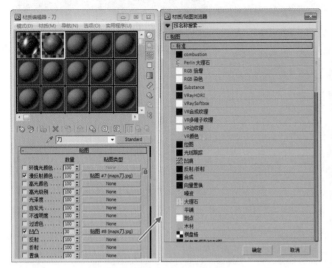

图5-175 添加光线跟踪

图5-176 设置贴图数值

[8] 在"材质编辑器"中选择一个空白材质球并将材质类型由 Standard(标准)材质类型改为"Arch & Design"材质类型,如图 5-177 所示。

> 提示 mental ray 建筑与设计材质可以改善建筑渲染的图像质量,增进总体工作流程和性能以及有光泽曲面的性能(尤其是地板)。其特殊功能包含自发光、反射率和透明度的高级选项、环境光阻光设置以及使作为渲染效果的锐角和边变圆的功能。

[9] 将材质赋予模型,选择设置好的材质球并在场景内选择相应的模型,然后单击主工具栏中的 渲染按钮,渲染场景材质效果,如图 5-178 所示。

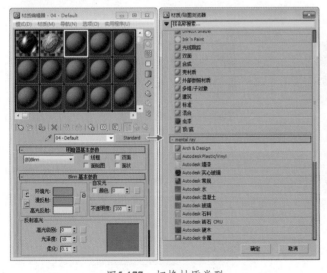

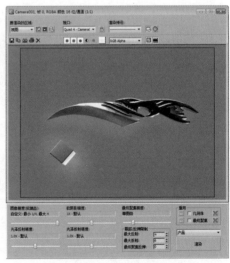

图5-177 切换材质类型

图5-178 渲染材质效果

3. 其他材质设置

1 设置材质球名称为"晶体",然后切换至"主要材质参数"卷展栏,再设置折射颜色为浅绿色、反射率值为 0.5、透明度值为 1,如图 5-179 所示。

2 在"材质编辑器"中选择一个空白材质球并设置名称为"底",选择"Blinn 基本参数"卷展栏并设置反射高光的光泽度为 20,然后在"贴图"卷展栏中为漫反射颜色与凹凸项目赋予本书配套光盘中"木板"贴图并设置凹凸值为 40,得到木板纹理效果,如图 5-180 所示。

3 将材质分别赋予物体后,然后单击主工具栏中的 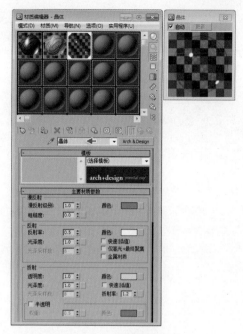 渲染按钮,渲染场景材质最终效果,如图 5-181 所示。

图5-179 设置晶体材质

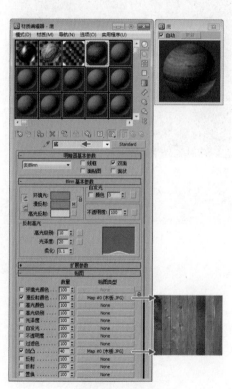

图5-180 底材质

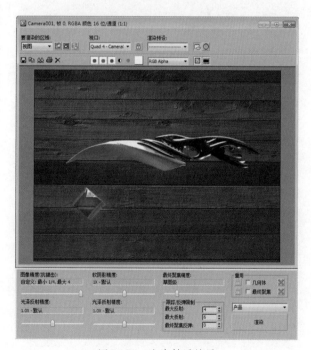

图5-181 渲染材质效果

↗ 5.4.3 场景灯光设置

"场景灯光设置"的制作流程分为 3 部分,包括:①聚光灯参数设置;②灯光倍增设置;③灯光颜色设置,如图 5-182 所示。

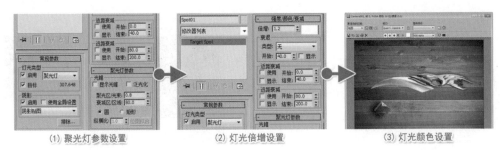

(1) 聚光灯参数设置　　　　　(2) 灯光倍增设置　　　　　(3) 灯光颜色设置

图5-182　制作流程

1. 聚光灯参数设置

[1] 在　创建面板中单击　灯光面板下的"目标聚光灯"按钮，然后在视图中拖拽建立灯光，如图 5-183 所示。

[2] 单击主工具栏中的　渲染按钮，渲染场景的灯光效果，如图 5-184 所示。

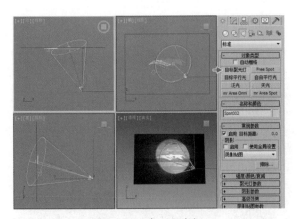

图5-183　建立聚光灯

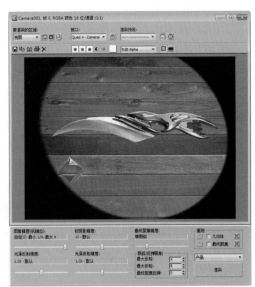

图5-184　渲染灯光效果

[3] 在　修改面板中"常规参数"卷展栏中启用阴影项目并设置类型为"阴影贴图"，在"强度／颜色／衰减"卷展栏中设置倍增值为1，在"聚光灯"参数卷展栏中设置聚光区／光束值为0.8、衰减区／区域值为80，如图 5-185 所示。

[4] 单击主工具栏中的　渲染按钮，渲染场景的灯光效果，如图 5-186 所示。

2. 灯光倍增设置

[1] 在"强度／颜色／衰减"卷展栏中设置倍增值为 1.2，增加场景灯光亮度，使灯光效果更加明显，如图 5-187 所示。

[2] 单击主工具栏中的　渲染按钮，渲染场景的灯光效果，如图 5-188 所示。

3. 灯光颜色设置

[1] 在"强度／颜色／衰减"卷展栏中设置灯光颜色为浅黄色，如图 5-189 所示。

[2] 单击主工具栏中的　渲染按钮，渲染场景的灯光效果，如图 5-190 所示。

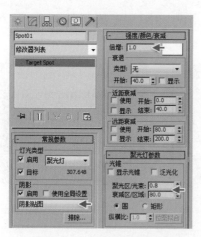

图5-185 设置聚光灯参数

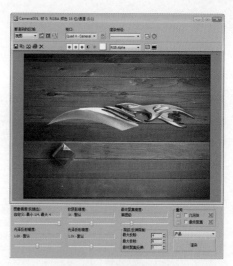

图5-186 渲染灯光效果

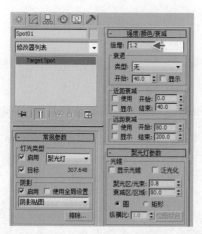

图5-187 设置倍增值

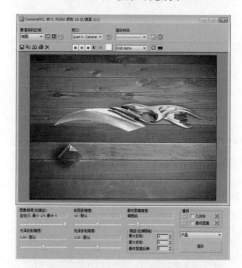

图5-188 渲染灯光效果

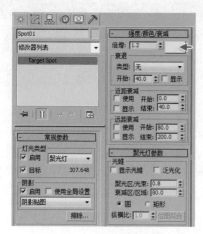

图5-189 灯光颜色设置

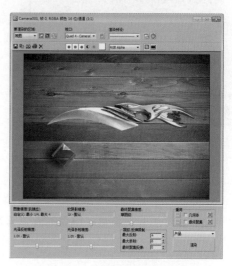

图5-190 渲染灯光最终效果

↗ 5.4.4 场景渲染器设置

"场景渲染器设置"的制作流程分为 3 部分，包括：①软阴影精度设置；②采样设置；③最终聚焦设置，如图 5-191 所示。

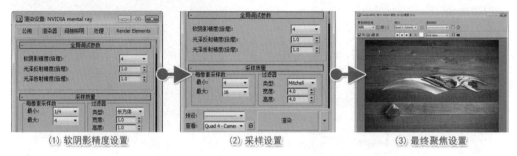

（1）软阴影精度设置　　　　（2）采样设置　　　　（3）最终聚焦设置

图5-191　制作流程

1. 软阴影精度设置

1　单击主工具栏中的 渲染设置按钮，打开"渲染设置"对话框，首先在"全局调试参数"卷展栏中设置软阴影精度（倍增）值为 4，如图 5-192 所示。

2　单击主工具栏中的 渲染按钮，渲染场景效果，如图 5-193 所示。

图5-192　软阴影精度设置

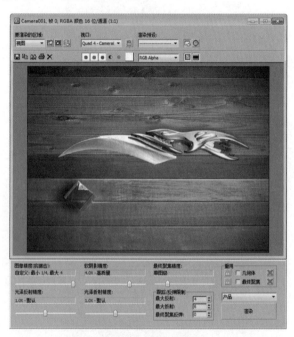

图5-193　渲染效果

2. 采样设置

1　单击主工具栏中的 渲染设置按钮，打开"渲染设置"对话框，在渲染器选项的"采样质量"卷展栏中设置每像素采样数的最小值为 4、最大值为 16、过滤器类型为"Mitchell"方式，采用位于像素中心的曲线对采样进行处理，如图 5-194 所示。

2　单击主工具栏中的 渲染按钮，渲染场景效果，如图 5-195 所示。

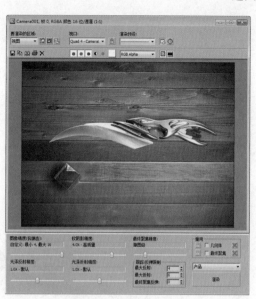

图5-194 采样质量设置　　　　　　图5-195 渲染场景效果

3. 最终聚焦设置

　1 单击主工具栏中的 渲染设置按钮，打开"渲染设置"对话框，在间接照明选项的"最终聚焦"卷展栏中设置"最终聚焦精度预设"值为"中"级别，再设置初始最终聚集点密度值为0.8，每最终聚集点光线数目值为 250，如图 5-196 所示。

 最终聚集是一项真实模拟技术，用于模拟指定点的全局照明。

　2 单击主工具栏中的 渲染按钮，渲染场景最终效果，如图 5-197 所示。

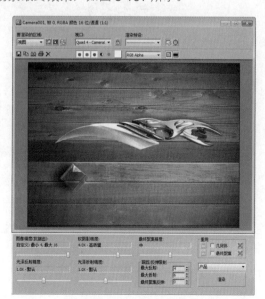

图5-196 最终聚焦设置　　　　　　图5-197 场景最终效果

5.5 范例——休闲餐桌

"休闲餐桌"范例主要使用多边形建立模型，并运用 mr 灯光配合 Mental Ray 渲染器进行渲染，最终效果，如图 5-198 所示。

图5-198 范例效果

【制作流程】

"休闲餐桌"范例的制作流程分为4部分，包括：①场景模型制作；②场景材质设置；③场景灯光设置；④场景渲染器设置，如图5-199所示。

(1) 场景模型制作   (2) 场景材质设置

(4) 场景渲染器设置   (3) 场景灯光设置

图5-199 制作流程

5.5.1 场景模型制作

"场景模型制作"的制作流程分为 3 部分，包括：①建立主体模型；②添加装饰模型；③添加环境模型，如图 5-200 所示。

(1) 建立主体模型　　(2) 添加装饰模型　　(3) 添加环境模型

图5-200　制作流程

1. 建立主体模型

1 在场景中创建"长方体"并搭配"编辑多边形"修改命令，搭建餐桌模型，如图5-201 所示。

2 使用⚪几何体并配合"编辑多边形"命令，然后在"透视图"中创建出玻璃杯模型，如图 5-202 所示。

3 使用⚪几何体并配合"编辑多边形"命令，然后在"透视图"中创建出餐具模型，如图 5-203 所示。

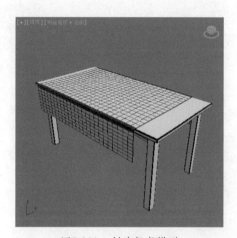

图5-201　创建餐桌模型

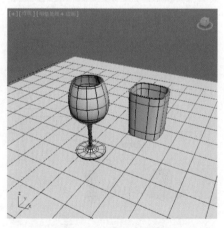

图5-202　创建玻璃杯模型

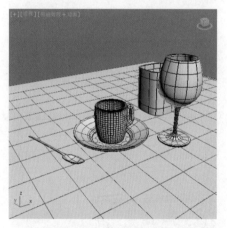

图5-203　创建餐具模型

2. 添加装饰模型

1 使用⚪几何体并配合"编辑多边形"命令，然后在"透视图"中创建出笔模型与纸模型，如图 5-204 所示。

2 使用⚪几何体并配合"编辑多边形"命令，然后在"透视图"中创建出饰物模型，如图5-205 所示。

图5-204 创建模型

图5-205 创建饰物模型

3. 添加环境模型

1 使用◯几何体并配合"编辑多边形"命令，然后在"透视图"中创建出椅子模型，如图5-206所示。

2 在视图中创建平面作为场景中的背景，如图5-207所示。

3 调节视图的角度，观察场景模型最终效果，如图5-208所示。

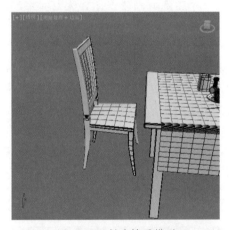

图5-206 创建椅子模型

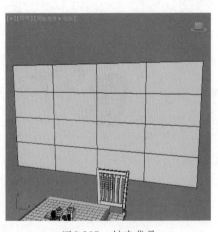

图5-207 创建背景

图5-208 模型效果

↗ 5.5.2 场景材质设置

"场景材质设置"的制作流程分为3部分，包括：①桌子材质设置；②器皿材质设置；③装饰材质设置，如图5-209所示。

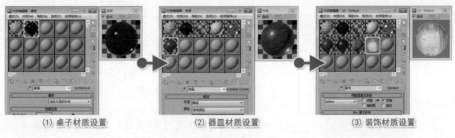

(1) 桌子材质设置　　　　(2) 器皿材质设置　　　　(3) 装饰材质设置

图5-209　制作流程

1. 桌子材质设置

⬚1 单击主工具栏中的 🔲 渲染设置按钮，在弹出的"渲染设置"对话框的"指定渲染器"卷展栏中设置渲染器为 mental ray 渲染器，如图5-210 所示。

⬚2 在"材质编辑器"中选择一个空白材质球并设置名称为"布料"，展开"标准"材质按钮切换至"光线跟踪"材质类型，然后在"光线跟踪基本参数"卷展栏中为漫反射项添加本书配套光盘中的"布料"贴图，再为凹凸项添加本书配套光盘中的"布料凹凸"贴图，并设置反射高光的高光级别值为 16、光泽度值为 8，最后将其赋予场景中的桌面布料模型，如图 5-211 所示。

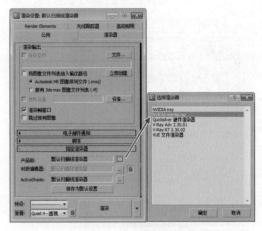

图5-210　指定渲染器

⬚3 选择一个空白材质球并设置名称为"桌面"，展开标准材质按钮切换至"建筑"材质类型，然后为漫反射贴图项赋予本书配套光盘中的"木料"贴图，最后将其赋予场景中的桌子与椅子模型，如图 5-212 所示。

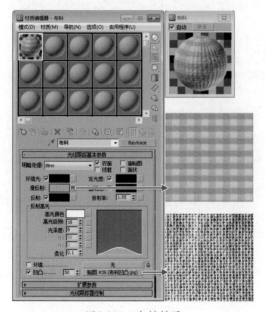

图5-211　布料材质

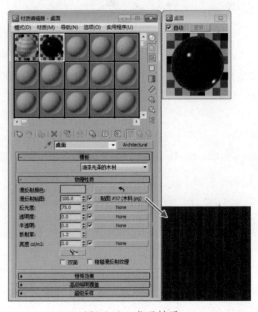

图5-212　桌面材质

"建筑材质"的设置是物理属性，因此在与光度学灯光和光能传递一起使用时，其能够提供最逼真的效果。借助这种功能组合，还可以创建精确性很高的照明研究。

2. 器皿材质设置

1 选择一个空白材质球并设置名称为"玻璃"，设置反射高光的高光级别值为120、光泽度值为70，然后为反射与折射项分别赋予光线跟踪程序贴图，并设置反射数量值为8、折射数量值为90，最后将其赋予场景中的玻璃杯模型，如图5-213所示。

2 单击主工具栏中的 渲染按钮，渲染当前场景的材质效果，如图5-214所示。

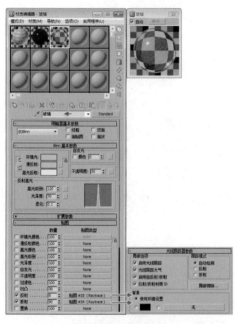

图5-213 玻璃材质

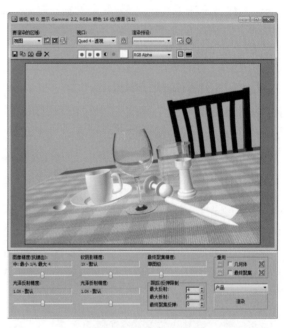

图5-214 渲染材质效果

3 选择一个空白材质球并设置名称为"瓷器"，展开"标准"材质按钮切换至"Autodesk陶瓷"材质类型，然后设置类型为陶瓷、饰面为"强光泽／玻璃"方式，最后将其赋予场景中的杯、碟组合模型，如图5-215所示。

"Autodesk陶瓷"材质类型具有光滑的陶瓷（包括瓷器）外观，更容易模拟出材质的效果。

4 选择一个空白材质球并设置名称为"金属"，设置反射颜色为浅灰色、高光级别值为180及光泽度值为90，最后将其赋予场景中的餐具模型，如图5-216所示。

3. 装饰材质设置

1 选择一个空白材质球并设置名称为"饰品"，展开"标准"材质按钮切换至"Autodesk陶瓷"材质类型，然后设置类型为陶瓷、使用颜色为红色及饰面为"缎光"方式，最后将其赋予场景中的饰物模型，如图5-217所示。

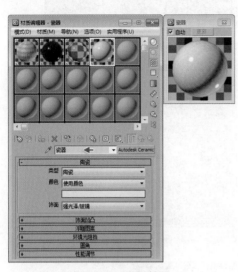

图5-215　瓷器材质

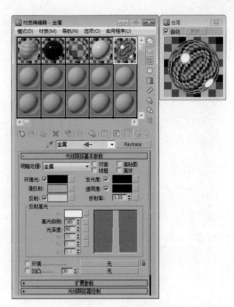

图5-216　金属材质

② 选择一个空白材质球并设置名称为"笔"，展开"标准"材质按钮切换至"Autodesk 陶瓷"材质类型，然后设置类型为陶瓷、使用颜色为黑色及饰面为"缎光"方式，最后将其赋予场景中的笔模型，如图 5-218 所示。

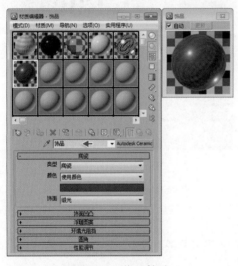

图5-217　饰品材质

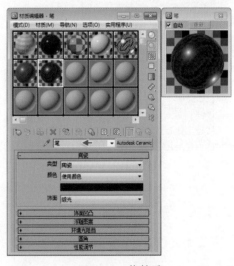

图5-218　笔材质

③ 单击主工具栏中的 ⊘ 渲染按钮，渲染当前场景的材质效果，如图 5-219 所示。

④ 选择一个空白材质球并设置名称为"纸"，然后为漫反射项赋予本书配套光盘中的"纸"贴图，最后将其赋予场景中的纸模型，如图 5-220 所示。

⑤ 选择一个空白材质球并设置名称为"窗帘"，然后在"明暗器基本参数"卷展栏中设置"双面"为勾选状态。在"Blinn 基本参数"卷展栏中为漫反射项赋予本书配套光盘中的"窗帘"贴图并设置自发光值为 70，最后将其赋予场景中的背景平面模型，如图 5-221 所示。

⑥ 单击主工具栏中的 ⊘ 渲染按钮，渲染当前场景的材质最终效果，如图 5-222 所示。

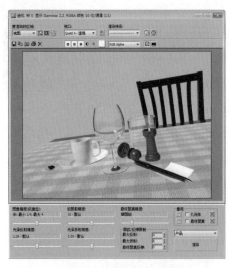

图5-219　渲染材质效果

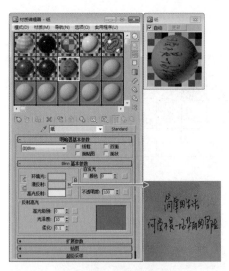

图5-220　纸材质

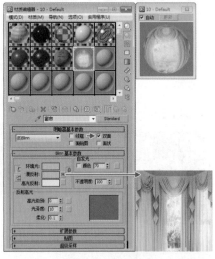

图5-221　窗帘材质

图5-222　渲染材质效果

↗ 5.5.3　场景灯光设置

"场景灯光设置"的制作流程分为3部分，包括：①天光设置；②逆光设置；③摄影机设置，如图 5-223 所示。

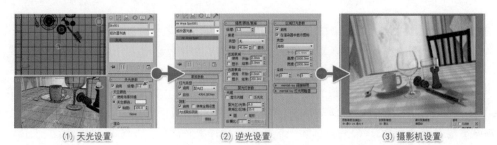

(1) 天光设置　　　　　　(2) 逆光设置　　　　　　(3) 摄影机设置

图5-223　制作流程

1. 天光设置

1 在 创建面板中单击 灯光面板下的 "天光" 按钮，然后在 "顶视图" 中拖拽建立灯光，如图 5-224 所示。

2 单击主工具栏中的 渲染按钮，渲染当前场景的灯光效果，如图 5-225 所示。

提示 "天光" 可以设置天空的颜色或将其指定为贴图，对天空建模作为场景上方的圆屋顶，所以产生的照明更加明亮。

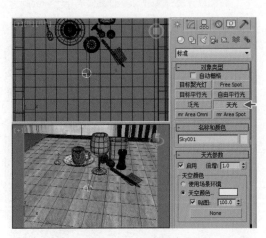

图5-224　创建天光

图5-225　渲染灯光效果

3 保持灯光的选择状态并切换至 修改面板再设置倍增值为 0.2，如图 5-226 所示。

4 单击主工具栏中的 渲染按钮，渲染更改参数后的灯光效果，如图 5-227 所示。

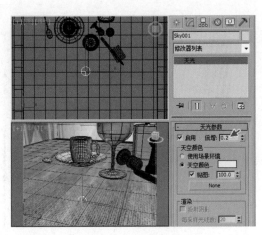

图5-226　设置灯光参数

图5-227　渲染灯光效果

2. 逆光设置

1 在 创建面板中单击 灯光面板下的"mr Area Spot（mr 区域聚光灯）"按钮，然后在视图中拖拽建立灯光，作为场景的主光源，如图 5-228 所示。

2 保持灯光的选择状态并切换至 修改面板，在"强度／颜色／衰减"卷展栏中设置灯光为淡黄色、倍增值为 1.2，在"聚光灯参数"卷展栏中设置聚光区／光束值为 8、衰减区／区域值为 25，在"区域灯光参数"卷展栏中设置高度值为 2000、宽度值为 2000，如图 5-229 所示。

3 单击主工具栏中的 渲染按钮，渲染场景的灯光效果，如图 5-230 所示。

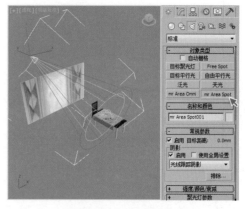

图 5-228　创建主光源

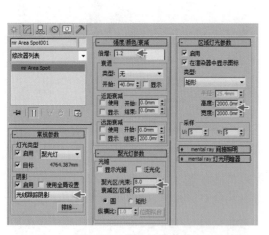

图 5-229　设置灯光参数

图 5-230　渲染灯光效果

3. 摄影机设置

1 进入 创建面板的 摄影机子面板并单击"目标"按钮，然后在场景中拖拽建立目标摄影机，如图 5-231 所示。

2 在视图中使用 移动工具调节摄影机位置，然后使用 旋转工具调节摄影机角度，如图 5-232 所示。

3 单击主工具栏中的 渲染按钮，进行渲染设置，如图 5-233 所示。

4 为了使场景具有景深的层次效果，在 修改面板中启用"景深"项目，并设置为"景深（mental ray/iray）"类型、目标距离值为 525mm，最后在

图 5-231　创建摄影机

"景深参数"卷展栏中设置 f 制光圈值为 4.0，如图 5-234 所示。

 提示 f 制光圈值的大小会直接影响景深效果，值越小代表光圈越大，也就越容易产生近实远虚的效果。

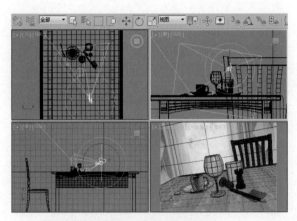

图5-232 调节摄影机

图5-233 渲染效果

5 单击主工具栏中的 渲染按钮，渲染摄影机景深效果，如图 5-235 所示。

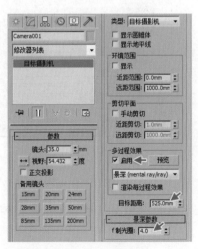

图5-234 参数设置

图5-235 渲染景深效果

↗ 5.5.4 场景渲染器设置

"场景渲染器设置"的制作流程分为 3 部分，包括：①环境与采样设置；②最终聚焦设置；③

焦散与全局设置，如图 5-236 所示。

| (1) 环境与采样设置 | (2) 最终聚焦设置 | (3) 焦散与全局设置 |

图5-236　制作流程

1. 环境与采样设置

1 在菜单栏中选择【渲染】→【环境】命令，然后在弹出的"环境和效果"对话框中添加配套光盘提供的"环境"贴图，作为场景的背景图像，如图 5-237 所示。

2 单击主工具栏中的 渲染设置按钮，打开"渲染设置"对话框，在"渲染器"选项的"采样质量"卷展栏中设置每像素采样数的最小值为 1、最大值为 4、过滤器类型为"Mitchell"方式，采用位于像素中心的曲线对采样进行处理，如图 5-238 所示。

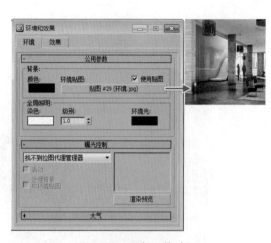

图5-237　添加环境贴图

图5-238　采样设置

2. 最终聚焦设置

1 在"间接照明"选项的"最终聚集"卷展栏中设置最终聚集精度预设为"中"，如图 5-239 所示。

2 单击主工具栏中的 渲染按钮，渲染效果如图 5-240 所示。

3. 焦散与全局设置

1 在"间接照明"选项的"焦散和全局照明（GI）"卷展栏中启用全局照明（GI）并设置倍增值为 1.5，如图 5-241 所示。

图5-239　设置最终聚集

图5-240　渲染效果

2 在"公用"选项的"公用参数"卷展栏中设置输出大小的宽度值为 1600、高度值为 1200，如图 5-242 所示。

3 单击主工具栏中的 渲染按钮，渲染场景最终效果，如图 5-243 所示。

图5-241　启用全局照明

图5-242　设置输出大小

图5-243　最终渲染效果

5.6　范例——沙盘小景

"沙盘小景"范例主要模拟日式风格场景，将三维模型与材质贴图进行整合，目的是掌握通过贴图展现场景模型细节的技法，提升三维场景的制作效果，如图 5-244 所示。

图5-244　范例效果

☑【制作流程】

　　"沙盘小景"范例的制作流程分为4部分，包括：①场景模型制作；②场景灯光设置；③基础材质设置；④主体材质设置，如图5-245所示。

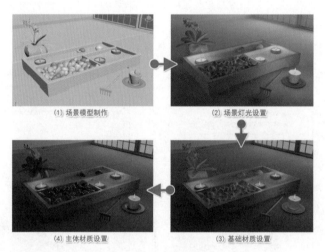

(1) 场景模型制作　　　　　(2) 场景灯光设置

(4) 主体材质设置　　　　　(3) 基础材质设置

图5-245　制作流程

↗ 5.6.1　场景模型制作

　　"场景模型制作"的制作流程分为3部分，包括：①建立场景模型；②建立主体模型；③添加装饰模型，如图5-246所示。

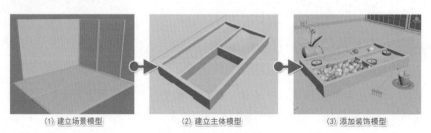

(1) 建立场景模型　　　　(2) 建立主体模型　　　　(3) 添加装饰模型

图5-246　制作流程

1. 建立场景模型

1 使用 ▓ 创建面板 ◯ 几何体中标准基本体的"长方体"命令，在"透视图"中搭建榻榻米地铺的模型，如图 5-247 所示。

2 选择场景中的榻榻米模型，然后配合"Shift + 移动"键将榻榻米模型进行复制，再将其放置到平行的位置，如图 5-248 所示。

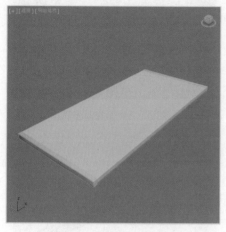

图5-247　建立地铺模型

图5-248　复制地铺模型

3 选择 ▓ 创建面板 ◯ 几何体中标准基本体的"长方体"命令，在"透视图"中创建墙体的模型，如图 5-249 所示。

4 选择 ▓ 创建面板 ◿ 图形中样条线的"矩形"命令绘制出窗框的图形，然后在 ◪ 修改面板添加"倒角"命令完成窗框的制作；再通过标准基本体的"立方体"命令搭建出窗楞模型，如图 5-250 所示。

图5-249　创建墙体

图5-250　制作窗框模型

5 选择 ▓ 创建面板 ◯ 几何体中标准基本体的"平面"命令，依据窗框的大小建立模型，通过长方体进一步丰富推拉窗模型，如图 5-251 所示。

6 选择制作好的推拉窗模型，然后配合"Shift + 移动"键将推拉窗模型进行复制并放置到平行的位置，如图 5-252 所示。

图5-251　丰富推拉窗模型

图5-252　复制推拉窗模型

2. 建立主体模型

 1 选择 ▓ 创建面板 ○ 几何体中标准基本体的"长方体"命令，结合"编辑多边形"命令在"透视图"中制作出沙盘木框的模型，如图 5-253 所示。

 2 在 ▓ 创建面板 ○ 几何体中选择标准基本体的"平面"命令，然后为其添加"编辑多边形"命令并丰富模型段数，调节出沙子模型的起伏变化，如图 5-254 所示。

 3 选择 ▓ 创建面板 ○ 几何体中标准基本体的"管状体"命令，制作出蜡烛的金属边模型，然后通过圆柱体并结合"编辑多边形"命令制作出蜡烛的模型，如图 5-255 所示。

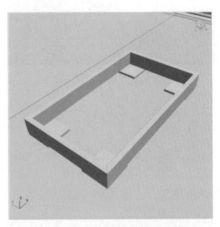

图5-253　制作沙盘木框模型

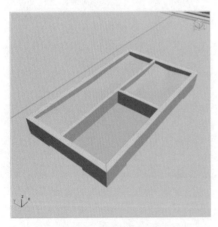

图5-254　丰富木框模型

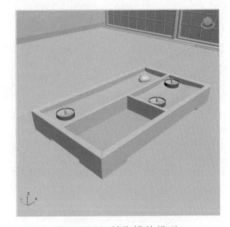

图5-255　制作蜡烛模型

3. 添加装饰模型

 1 选择 ▓ 创建面板 ○ 几何体中标准基本体的"长方体"命令，并为其添加"编辑多边形"

命令制作出花盆的模型，然后运用"平面"与"噪波"命令制作出花盆里的土壤，再通过"球体"命令与"编辑多边形"命令的结合编辑出鹅卵石模型，如图 5-256 所示。

２ 在　创建面板　几何体中，选择标准基本体的"长方体"命令，结合"编辑多边形"与"网格平滑"命令制作出花瓣与叶子的模型，如图 5-257 所示。

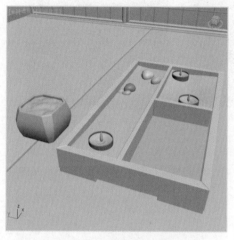

图5-256　制作花盆模型

图5-257　制作花模型

３ 选择　创建面板　图形中样条线的"线"命令绘制蜡烛盘的图形，然后在　修改面板的修改器列表中选择"车削"命令制作出蜡烛盘模型，再运用长方体配合"编辑多边形"命令，制作出沙耙的模型，如图 5-258 所示。

４ 选择　创建面板　几何体中标准基本体的"球体"命令，并添加"编辑多边形"命令将模型调节成卵形，并复制多个放置到沙盘中，如图 5-259 所示。

 本例准备使用 V-Ray 渲染器进行处理，所以在模型处理上要严格准确地匹配，避免出现模型漏光或破面的效果。

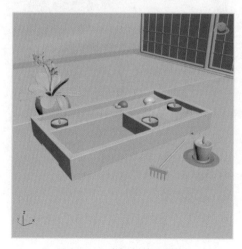

图5-258　沙耙与烛盘模型

图5-259　模型效果

↗ 5.6.2　场景灯光设置

"场景灯光设置"的制作流程分为 3 部分，包括：①建立摄影机；②主体照明设置；③添加场景补光，如图 5-260 所示。

(1) 建立摄影机　　　　　(2) 主体照明设置　　　　　(3) 添加场景补光

图5-260　制作流程

1. 建立摄影机

1️⃣ 选择 ▦ 创建面板 ▦ 摄影机中标准的"目标"命令，然后在场景中拖拽创建目标摄影机，如图 5-261 所示。

2️⃣ 在"透视图"中调整视角，然后在菜单中选择【视图】→【从视图创建摄影机】命令，或直接使用快捷键"Ctrl+C"将摄影机匹配到当前视角，如图 5-262 所示。

3️⃣ 在"透视图"左上角的文字上单击鼠标右键，在弹出的菜单中选择【摄影机】→【Camera001】命令，或直接使用快捷键"C"将"透视图"切换至"摄影机视图"，如图 5-263 所示。

图5-261　建立摄影机

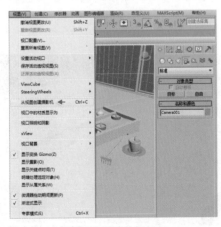

图5-262　匹配摄影机

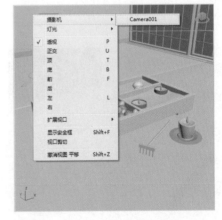

图5-263　切换摄影机视图

2. 主体照明设置

1️⃣ 为了得到更好的渲染效果，接下来准备切换 VR 渲染器。选择【菜单】→【渲染设置】命令，如图 5-264 所示。

2 在弹出的"渲染设置"对话框中，将"指定渲染器"卷展栏中的渲染器设置为 V-Ray 渲染器，如图 5-265 所示。

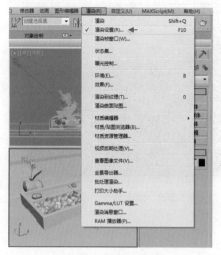

图5-264　选择渲染设置

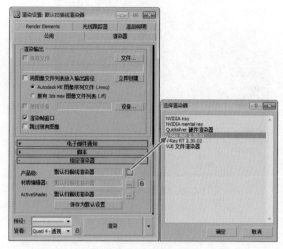

图5-265　设置渲染器

3 在 ✳ 创建面板 ◁ 灯光中选择 VRay 下的"VR 灯光"命令按钮，然后在"左视图"中建立并放置到推拉窗的内侧位置，如图 5-266 所示。

4 在 ◿ 修改面板中设置倍增值为 3、颜色为淡蓝色，然后设置长度与宽度，如图 5-267 所示。

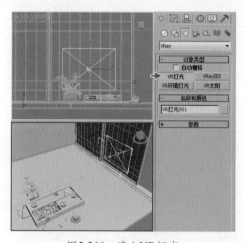

图5-266　建立VR灯光

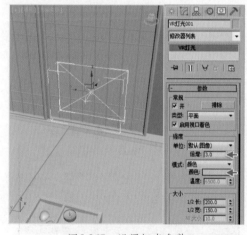

图5-267　设置灯光参数

5 选择建立的 VR 灯光，为了对以后灯光的设置与管理更加方便，配合"Shift＋移动"键将灯光以"实例"的方式进行复制并放置到平行位置，如图 5-268 所示。

对于以"实例"方式进行复制的灯光来说，如果对其中任意灯光进行设置，相对应复制的灯光也会同样进行设置，从而减少了工作量。

6 单击主工具栏中的 ◻ 渲染按钮，渲染建立 VR 灯光后的场景效果，可以看到场景已经有了明显的光影效果，如图 5-269 所示。

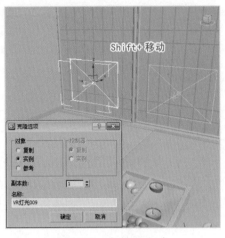

图5-268　复制VR灯光

图5-269　渲染灯光效果

3. 添加场景补光

1　在创建面板灯光中选择VRay下的"VR灯光"命令,然后在场景中建立,并在"参数"卷展栏中设置类型为"球体"、倍增值为10及颜色为桔色,再将其放置到蜡烛上方模拟烛光的照明效果,如图5-270所示。

2　选择建立的VR灯光,配合"Shift+移动"键将灯光以"实例"的方式进行复制并放置到其他蜡烛的上方位置,如图5-271所示。

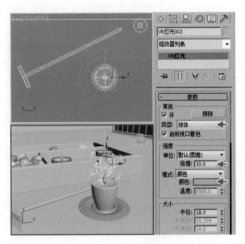

图5-270　建立VR灯光

图5-271　复制VR灯光

3　单击主工具栏中的渲染按钮,渲染建立VR灯光后的场景效果,可以看到场景的光影效果更加丰富了,如图5-272所示。

4　在创建面板灯光中选择VRay下的"VR灯光"命令,然后在场景中建立,在"参数"卷展栏中设置参数并将其放置到场景的外侧位置,作为补光对场景的暗部进行照明,如图5-273所示。

5　在创建面板灯光中选择VRay下的"VR灯光"命令,然后在场景中建立,在"参数"卷展栏中设置参数并将其放置到模型的边缘处,作为场景暗部的照明,如图5-274所示。

6　单击主工具栏中的渲染按钮,渲染场景灯光效果,如图5-275所示。

图5-272　渲染灯光效果

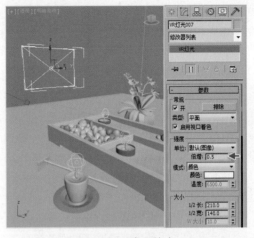

图5-273　建立补光

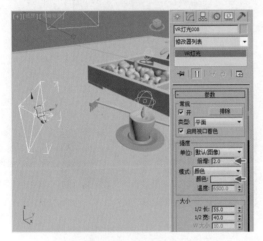

图5-274　建立补光

图5-275　渲染灯光效果

↗ 5.6.3　基础材质设置

"基础材质设置"的制作流程分为 3 部分，包括：①房屋材质设置；②纸类材质设置；③蜡烛材质设置，如图 5-276 所示。

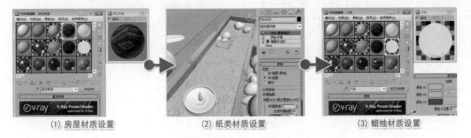

（1）房屋材质设置　　　　（2）纸类材质设置　　　　（3）蜡烛材质设置

图5-276　制作流程

1. 房屋材质设置

1　在主工具栏中单击 ▣ 材质编辑器按钮，选择一个空白材质球并设置名称为"乳胶漆"；

单击"标准"材质按钮切换至"VR材质"类型，然后在"基本参数"卷展栏中设置漫反射颜色为白色，如图5-277所示。

2 在"材质编辑器"中选择一个空白材质球并设置名称为"榻榻米"，展开"标准"材质按钮切换至"VR材质"类型，然后在"贴图"卷展栏中为漫反射项添加本书配套光盘中的"榻榻米.jpg"贴图，为凹凸项添加配套光盘中的"榻榻米_凹凸贴图.jpg"黑白贴图，再设置凹凸数量值为20，最后将设置完成的材质赋予场景中地面的榻榻米模型，如图5-278所示。

3 在"材质编辑器"中选择一个空白材质球并设置名称为"木纹"，展开"标准"材质按钮切换至"VR材质"类型，然后在"基本参数"卷展栏中为漫反射项添加本书配套光盘中的墙面"木纹.jpg"贴图，再为反射项添加"衰减"贴图并设置高光光泽度值为0.75、反射光泽度值为0.85及细分值为8，最后将设置完成的材质赋予场景中沙盘木框及其他木质模型，如图5-279所示。

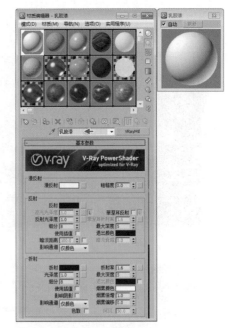

图5-277 乳胶漆材质

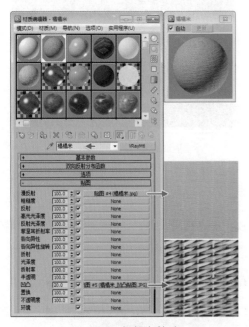

图5-278 榻榻米材质

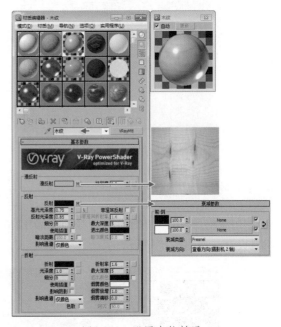

图5-279 设置木纹材质

4 在"材质编辑器"中选择一个空白材质球并设置名称为"封边布条"，展开"标准"材质按钮切换至"VR材质"类型，然后在"基本参数"卷展栏中为漫反射项添加本书配套光盘中的墙面"封边条.jpg"贴图，设置反射光泽度值为1，最后将设置完成的材质赋予场景中封边条模型，如图5-280所示。

5 将设置的材质赋予相应的物体后，单击主工具栏中的 渲染按钮，渲染赋予材质后的场景效果，如图5-281所示。

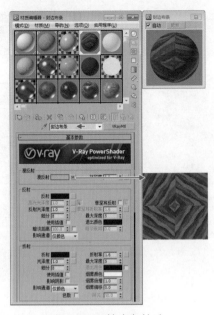

图5-280　封边条材质

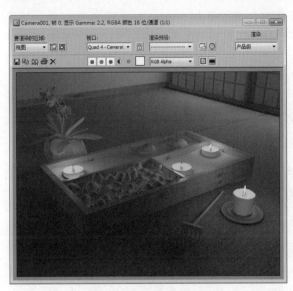

图5-281　渲染材质效果

2. 纸类材质设置

1 在"材质编辑器"中选择一空白材质球并设置名称为"章子纸"。然后在"Blinn 基本参数"卷展栏中设置漫反射颜色为淡蓝色、自发光值为 50，最后将设置完成的材质赋予至场景中窗模型，如图 5-282 所示。

2 在"材质编辑器"中选择一个空白材质球并设置名称为"沙子 01"，展开"标准"材质按钮切换至"VR 材质"类型，然后在"贴图"卷展栏中为漫反射项与凹凸项添加配套光盘中的"沙子 .jpg"贴图，设置凹凸数量值为 50，最后将设置完成的材质赋予场景中沙盘中的沙子模型，如图 5-283 所示。

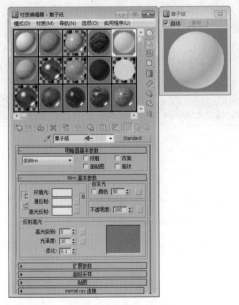

图5-282　章子纸材质

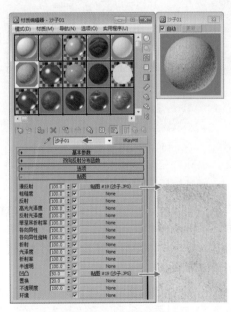

图5-283　沙子材质

3 选择赋予沙子材质的沙子模型，在🖊️修改面板中为模型添加"Vray置换模式"命令，然后在"参数"卷展栏中为纹理贴图项添加配套光盘中的"黑白置换.jpg"贴图，再设置数量值为2，如图5-284所示。

> **提示** 置换贴图可以使曲面的几何体产生置换，与凹凸贴图不同，置换实际上更改了曲面的几何体或面片细分。在2D图像中，较亮的颜色比较暗的颜色更多地向外突出，导致几何体的3D置换。

图5-284 添加置换贴图

4 选择沙子的模型，在🖊️修改面板中为模型添加"Vray置换模式"命令，然后在"参数"卷展栏中为纹理贴图项添加配套光盘中的"黑白置换02.jpg"贴图，再设置数量值为2，如图5-285所示。

5 通过给模型添加"Vray置换模式"命令以贴图形式制作出模型的起伏变化，使三维效果更加逼真，然后单击主工具栏中的🖊️渲染按钮，渲染置换后的沙子模型效果，如图5-286所示。

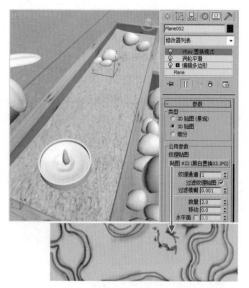

图5-285 添加置换贴图

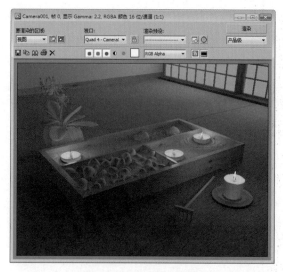

图5-286 渲染材质效果

3. 蜡烛材质设置

1 在"材质编辑器"中选择一个空白材质球并设置名称为"金属蜡烛杯"，再展开"标准"材质按钮切换至"VR材质"类型，然后在"基本参数"卷展栏中设置漫反射颜色为深灰色、反射颜色为墨绿色及反射光泽度值为0.7，最后将设置完成的材质赋予场景中蜡烛的金属边模型，如图5-287所示。

2 在"材质编辑器"中选择一个空白材质球并设置名称为"蜡烛"，展开"标准"材质按钮切换至"VR材质"类型。在"基本参数"卷展栏中为漫反射项添加"渐变"贴图，并分别设置渐变颜色，然后为反射项添加"衰减"贴图再设置反射光泽度值为 0.86，最后将设置完成的材质赋予场景中的蜡烛模型，如图 5-288 所示。

 提示 "反射光泽度"主要用于控制反射的光泽程度，数值越小光泽效果越为强烈。

③ 在"材质编辑器"中选择一个空白材质球并设置名称为"蜡烛芯"。然后在"Blinn 基本参数"卷展栏中设置漫反射颜色为灰色，作为蜡烛芯的材质，最后将设置完成的材质赋予场景中的烛芯模型，如图 5-289 所示。

④ 在"材质编辑器"中选择一个空白材质球并设置名称为"火焰"，展开"标准"材质按钮切换至"VR 灯光材质"类型。在"参数"卷展栏中为漫反射项添加"渐变"贴图并分别设置渐变颜色，然后为不透明度项添加"渐变"贴图并设置颜色，再设置倍增值为 1.5，最后将设置完成的材质赋予场景中蜡烛上方的火焰模型，如图 5-290 所示。

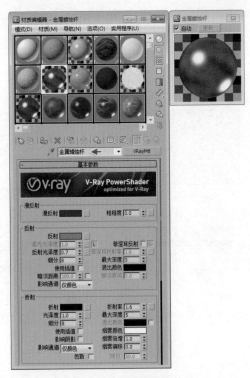

图5-287　金属蜡烛杯材质

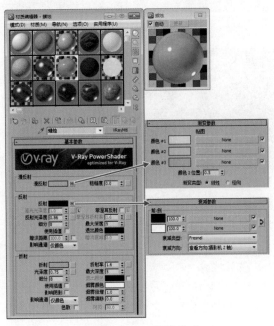

图5-288　设置蜡烛材质

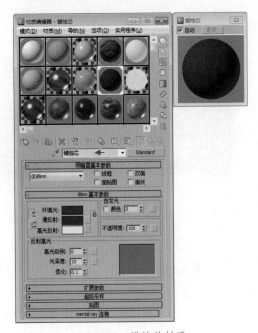

图5-289　蜡烛芯材质

 提示 "VR 灯光材质"类型是一种特殊的自发光材质，其中拥有倍增功能，可以通过调节自发光的明暗来产生强弱不同的光效。

5 将设置的材质赋予相应的物体后，单击主工具栏中的 🖱 渲染按钮，渲染赋予材质后的场景效果，如图 5-291 所示。

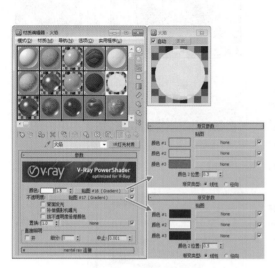

图5-290　火焰材质　　　　　　　　　图5-291　渲染材质效果

↗ 5.6.4　主体材质设置

"主体材质设置"的制作流程分为 3 部分，包括：①纹理材质设置；②石子材质设置；③装饰材质设置，如图 5-292 所示。

(1) 纹理材质设置　　　　　　(2) 石子材质设置　　　　　　(3) 装饰材质设置

图5-292　制作流程

1. 纹理材质设置

1 在"材质编辑器"中选择一个空白材质球并设置名称为"金属盘"，再展开"标准"材质按钮切换至"VR 材质"类型，然后在"基本参数"卷展栏中设置漫反射颜色为深灰色、反射颜色为咖啡色及反射光泽度值为 0.7，最后将设置完成的材质赋予场景中蜡烛底部的盘模型，如图 5-293 所示。

2 在"材质编辑器"中选择一个空白材质球并设置名称为"木纹_深色"，展开"标准"材质按钮切换至"VR 材质"类型。在"基本参数"卷展栏中为漫反射项添加本书配套光盘中的"木纹_深色 .jpg"贴图，然后为反射项添加"衰减"贴图，再设置高光光泽度值为 0.65、反射光泽度值为 0.7，最后将设置完成的材质赋予场景中的沙耙模型，如图 5-294 所示。

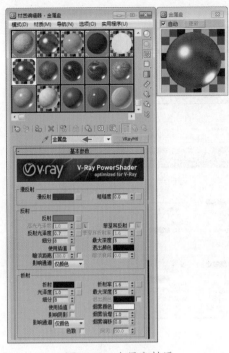

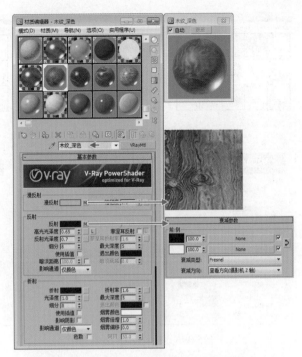

图5-293　金属盘材质

图5-294　木纹材质

③ 将设置的材质赋予相应的物体后，单击主工具栏中的 🖱 渲染按钮，渲染赋予材质后的场景效果，如图 5-295 所示。

2. 石子材质设置

① 选择一个空白材质球并设置名称为"石头"，展开"标准"材质按钮切换至"VR材质"类型。在"基本参数"卷展栏中为漫反射项添加本书配套光盘中的"石头 02.jpg"贴图，然后为反射项添加"衰减"贴图，再设置高光光泽度值为 0.75、反射光泽度值为 0.86，最后将设置完成的材质随机赋予场景中的部分鹅卵石模型，如图 5-296 所示。

图5-295　渲染材质效果

 "高光光泽度"主要控制材质高光的效果。默认状态为不可用，单击旁边的"L"按钮可以解除锁定，调节高光的光泽度效果。

② 选择一个空白材质球并设置名称为"石头 02"，展开"标准"材质按钮切换至"VR材质"类型。在"基本参数"卷展栏中为漫反射项添加本书配套光盘中的"石头 01.jpg"贴图，然后为反射项添加"衰减"贴图，再设置高光光泽度值为 0.72、反射光泽度值为 0.88，最后将设置完成的材质随机赋予场景中的部分鹅卵石模型，如图 5-297 所示。

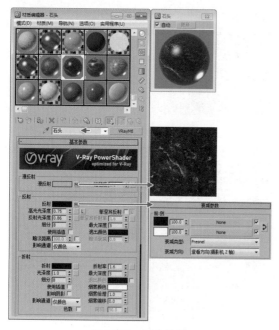

图5-296 石头材质

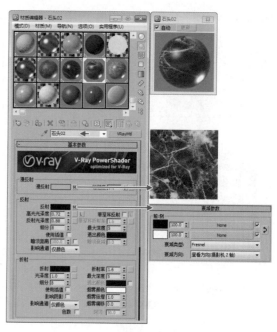

图5-297 木纹材质

③ 选择一个空白材质球并设置名称为
"石头03"，展开"标准"材质按钮切换至
"VR材质"类型。在"基本参数"卷展栏中为
漫反射项添加本书配套光盘中的"石头03.jpg"
贴图，然后为反射项添加"衰减"贴图，再
设置高光光泽度值为0.71、反射光泽度值为
0.88，最后将设置完成的材质随机赋予场景中
的部分鹅卵石模型，如图5-298所示。

④ 选择一个空白材质球并设置名称为
"石头04"，展开"标准"材质按钮切换至
"VR材质"类型。在"基本参数"卷展栏中为
漫反射项添加本书配套光盘中的"石头04.jpg"
贴图，然后为反射项添加"衰减"贴图，再
设置高光光泽度值为0.77、反射光泽度值为
0.87，最后将设置完成的材质随机赋予场景中
的部分鹅卵石模型，如图5-299所示。

⑤ 选择不同位置的鹅卵石模型为其随机

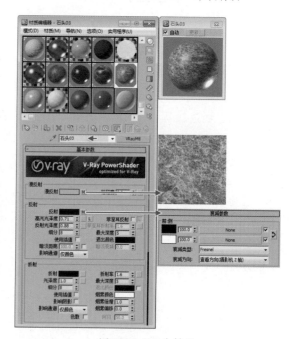

图5-298 石头材质

赋予材质后，单击主工具栏中的 渲染按钮，渲染赋予材质后的鹅卵石效果，如图5-300所示。

3. 装饰材质设置

① 在"材质编辑器"中选择一个空白材质球并设置名称为"瓷器"，再展开"标准"材质按
钮切换至"VR材质"类型，然后在"基本参数"卷展栏中设置漫反射颜色为白色、反射颜色为
灰色，最后将设置完成的材质赋予场景中的花盆模型，如图5-301所示。

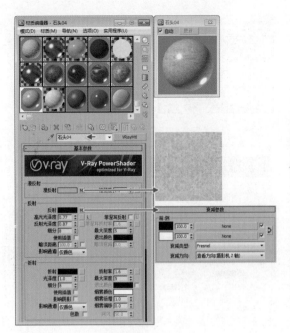

图5-299　石头材质

图5-300　渲染材质效果

2 在"材质编辑器"中选择一个空白材质球并设置名称为"枝干",然后在"Blinn基本参数"卷展栏中设置漫反射颜色为绿色,再设置高光级别值为42、光泽度值为36,最后将设置完成的材质赋予场景中花的枝干模型,如图5-302所示。

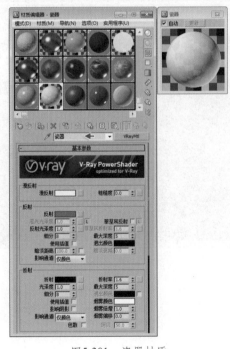

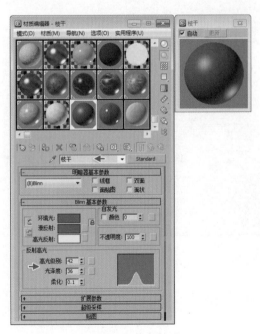

图5-301　瓷器材质

图5-302　枝干材质

3 选择一个空白材质球并设置名称为"叶子",展开"标准"材质按钮切换至"VR材质"类型。在"基本参数"卷展栏中为漫反射项添加本书配套光盘中的"叶子01.jpg"贴图,然后为

反射项添加"衰减"贴图，再设置反射光泽度值为 0.83，最后将设置完成的材质赋予场景中的叶子模型，如图 5-303 所示。

4 选择一个空白材质球并设置名称为"花瓣"。在"Blinn 基本参数"卷展栏中设置自发光值为 5，然后在"贴图"卷展栏中为漫反射颜色项添加"falloff（衰减）"贴图并增加本书配套光盘中的"花瓣 .jpg"贴图；为凹凸项增加本书配套光盘中的"花瓣 _ 凹凸 .jpg"贴图并设置凹凸数量值为 80，最后将设置完成的材质赋予场景中的花瓣模型，如图 5-304 所示。

5 将设置的材质赋予相应的物体后，单击主工具栏中的 ◎ 渲染按钮，渲染场景的最终效果，如图 5-305 所示。

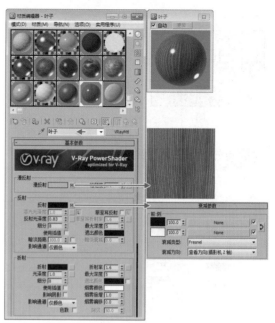

图5-303　叶子材质

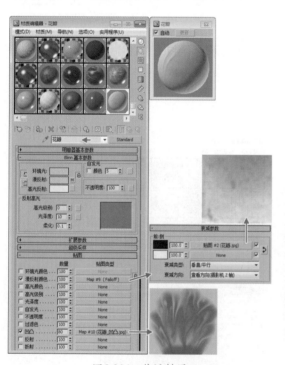

图5-304　花瓣材质

图5-305　渲染最终效果

5.7　范例——白色跑车

"白色跑车"范例主要使用多边形建立模型，运用标准灯光配合 VR 灯光营造出场景中的灯光效果，并通过"虫漆"材质类型与"VR 材质"类型的匹配，然后使用 VRay 渲染器进行渲染，最终效果，如图 5-306 所示。

图5-306　范例效果

【制作流程】

　　"白色跑车"范例的制作流程分为4部分，包括：①场景模型制作；②场景灯光设置；③场景材质设置；④场景渲染设置，如图5-307所示。

(1) 场景模型制作	(2) 场景灯光设置
(4) 场景渲染设置	(3) 场景材质设置

图5-307　制作流程

↗ 5.7.1　场景模型制作

　　"场景模型制作"的制作流程分为 3 部分，包括：①汽车模型制作；②场景模型制作；③视图匹配设置，如图 5-308 所示。

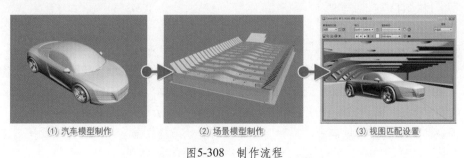

(1) 汽车模型制作　　　　(2) 场景模型制作　　　　(3) 视图匹配设置

图5-308　制作流程

1. 汽车模型制作

1 在❈创建面板○几何体中选择标准基本体的"圆柱体"命令，然后在视图中建立并配合"编辑多边形"命令，制作出汽车的车轮模型，如图5-309所示。

2 在❈创建面板○几何体中选择标准基本体的"长方体"命令，然后在视图中建立并配合"编辑多边形"命令，制作出汽车的底盘模型，如图5-310所示。

图5-309　创建车轮模型

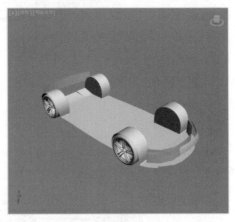

图5-310　创建底盘模型

3 在❈创建面板○几何体中选择标准基本体的"长方体"命令，然后在视图中建立并配合"编辑多边形"命令，制作出汽车的内饰模型，如图5-311所示。

4 在❈创建面板○几何体中选择标准基本体的"长方体"命令，然后在视图中建立并配合"编辑多边形"命令，制作出汽车的外壳模型，如图5-312所示。

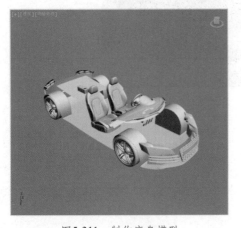

图5-311　制作底盘模型

图5-312　制作车身模型

2. 场景模型制作

1 使用○几何体中的"平面"与"长方体"，配合搭建出场景的地面模型，如图5-313所示。

2 在❈创建面板○几何体中选择标准基本体的"长方体"命令，然后在视图中建立并配合"编辑多边形"命令，制作出场景的支撑梁模型，如图5-314所示。

3 在❈创建面板○几何体中选择标准基本体的"长方体"命令，然后在视图中建立并配合"编辑多边形"命令，制作出场景中的墙壁模型，如图5-315所示。

图5-313　制作地面模型

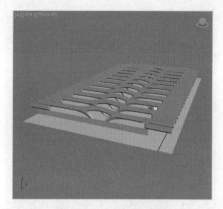

图5-314　支撑梁模型

4 在 创建面板 几何体中选择标准基本体的"平面"命令，然后在视图中建立并配合"编辑多边形"命令，制作出场景中的屋顶模型，如图 5-316 所示。

图5-315　创建墙壁模型

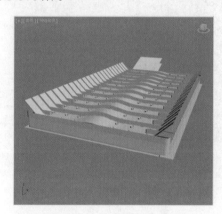

图5-316　创建屋顶模型

3. 视图匹配设置

1 进入 创建面板的 摄影机子面板并单击"目标"按钮，然后在视图中拖拽建立目标摄影机，再切换至"透视图"并配合"Ctrl+C"键进行匹配，如图 5-317 所示。

2 对摄影机位置进行调节后，在视图左上角的提示文字处单击鼠标右键，从弹出的菜单中选择【摄影机】→【摄影机 001】命令，将视图切换至"摄影机视图"，如图 5-318 所示。

3 摄影机视角的效果，如图 5-319 所示。

4 在"顶视图"中选择摄影机图标，然后切换至 修改面板，在"参数"卷展栏中设置镜头值为 20，调节摄影机广角效果，如图 5-320 所示。

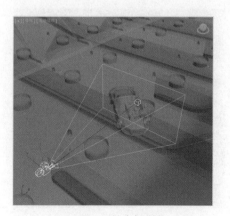

图5-317　创建摄影机

5 在视图左上角的提示文字处单击鼠标右键，从弹出的菜单中选择"显示安全框"命令，显示渲染的指定区域，如图 5-321 所示。

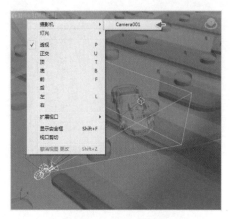

图5-318　切换摄影机视图

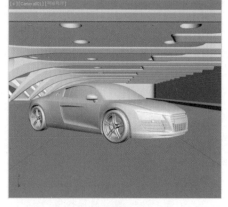

图5-319　摄影机视角效果

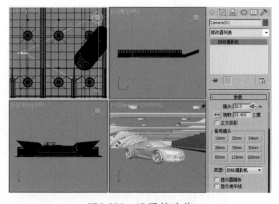

图5-320　设置镜头值

图5-321　显示安全框

6 最终的摄影机视角效果显示，如图 5-322 所示。

7 单击主工具栏中的 渲染按钮，渲染场景模型最终效果，如图 5-323 所示。

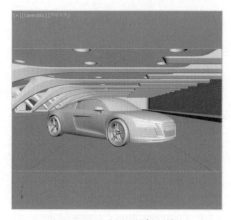

图5-322　显示渲染区域

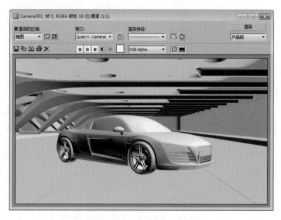

图5-323　渲染模型效果

5.7.2　场景灯光设置

"场景灯光设置"的制作流程分为 3 部分，包括：①主体照明设置；②补光照明设置；③环境照明设置，如图 5-324 所示。

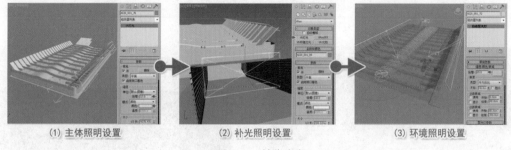

(1) 主体照明设置　　　　　(2) 补光照明设置　　　　　(3) 环境照明设置

图5-324　制作流程

1. 主体照明设置

1 单击主工具栏中的 渲染设置按钮，在弹出的渲染设置对话框的"指定渲染器"卷展栏中设置渲染器为 V-Ray，如图 5-325 所示。

2 在 创建面板中单击 灯光面板下的"目标平行光"按钮，然后在视图中拖拽建立灯光，如图 5-326 所示。

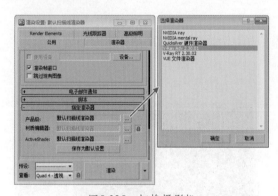

图5-325　切换摄影机

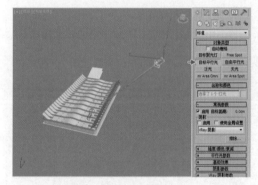

图5-326　创建平行光

3 在 修改面板的"常规参数"卷展栏中启用阴影项目并设置类型为"VRay 阴影"，在"强度 / 颜色 / 衰减"卷展栏中设置倍增值为 0.5，在"平行光参数"卷展栏中设置光锥为泛光化类型，然后设置衰减区 / 区域值为 8195，如图 5-327 所示。

4 单击主工具栏中的 渲染按钮，渲染场景灯光照明效果，如图 5-328 所示。

图5-327　设置灯光参数

图5-328　渲染灯光效果

5 在 ✷ 创建面板 💡 灯光中选择 VRay 类型下的 "VR 灯光" 命令按钮，然后在场景侧面建立 VR 灯光作为场景补光，再设置倍增值为 10，如图 5-329 所示。

6 单击主工具栏中的 🖎 渲染按钮，渲染场景灯光照明效果，如图 5-330 所示。

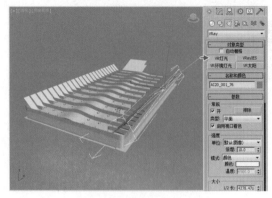

图5-329　创建灯光照明

图5-330　渲染灯光效果

7 保持灯光的选择状态，然后切换至 📐 修改面板，在 "参数" 卷展栏中设置颜色为浅蓝色、倍增值为 17，如图 5-331 所示。

8 单击主工具栏中的 🖎 渲染按钮，渲染场景灯光照明效果，如图 5-332 所示。

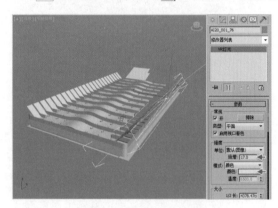

图5-331　设置灯光参数

图5-332　渲染灯光效果

2. 补光照明设置

1 使用 "Shift+ 移动" 键对顶部的灯光进行复制操作，如图 5-333 所示。

2 在 ✷ 创建面板 💡 灯光中选择 VRay 类型下的 "VR 灯光" 命令按钮，然后在入口处建立 VR 灯光作为场景补光，再设置倍增值为 18，如图 5-334 所示。

3 单击主工具栏中的 🖎 渲染按钮，渲染场景灯光照明效果，如图 5-335 所示。

4 在 ✷ 创建面板中单击 💡 灯光面板下的 "自由聚光灯" 按钮，然后在视图中拖拽建立灯光，如图 5-336 所示。

图5-333　复制灯光

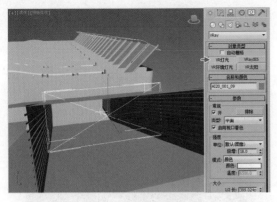

图5-334　创建场景补光

图5-335　渲染灯光效果

⑤ 在 修改面板中 "常规参数" 卷展栏中启用阴影项目并设置类型为 "VRay 阴影"，在 "强度／颜色／衰减" 卷展栏中设置颜色为橘黄色、倍增值为 0.5，在 "聚光灯参数" 卷展栏中设置聚光区／光束值为 100、衰减区／区域值为 160，如图 5-337 所示。

图5-336　创建灯光

图5-337　设置灯光参数

⑥ 使用 "Shift＋移动" 键将创建的灯光以实例的方式进行复制，模拟场景的内部照明，如图 5-338 所示。

⑦ 单击主工具栏中的 渲染按钮，渲染场景内部灯光照明效果，如图 5-339 所示。

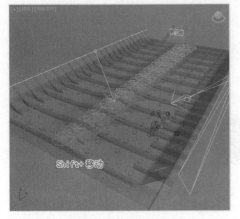

图5-338　复制灯光

图5-339　渲染灯光效果

3. 环境照明设置

□1□ 选择场景中的内部灯光，然后切换至 📝 修改面板，在"强度／颜色／衰减"卷展栏中设置倍增值为 65，如图 5-340 所示。

□2□ 单击主工具栏中的 ⬚ 渲染按钮，渲染场景内部灯光照明效果，如图 5-341 所示。

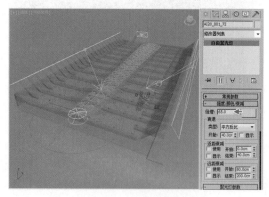

图5-340　设置灯光参数

图5-341　设置灯光参数

□3□ 使用"Shift＋移动"键复制出内部的灯光，如图 5-342 所示。

□4□ 单击主工具栏中的 ⬚ 渲染按钮，渲染场景灯光最终效果，如图 5-343 所示。

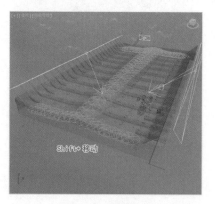

图5-342　复制灯光

图5-343

↗ 5.7.3　场景材质设置

"场景材质设置"的制作流程分为 3 部分，包括：①车身材质设置；②附件材质设置；③环境材质设置，如图 5-344 所示。

（1）车身材质设置　　　（2）附件材质设置　　　（3）环境材质设置

图5-344　制作流程

1. 车身材质设置

$\boxed{1}$ 为了得到更理想的材质效果，在主工具栏中单击 材质编辑器按钮，选择一个空白材质球并单击"标准"材质按钮切换至"VR 材质"类型，如图 5-345 所示。

$\boxed{2}$ 设置材质球名称为"车身"，然后单击漫反射项目后的按钮，在弹出的"材质 / 贴图浏览器"中选择"衰减"程序贴图，如图 5-346 所示。

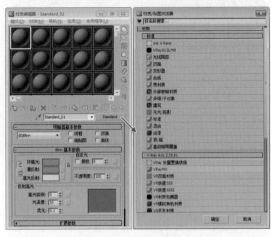

图5-345　切换材质类型

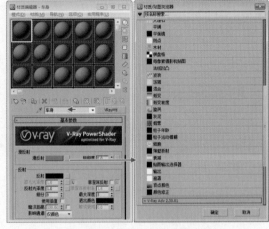

图5-346　添加衰减贴图

$\boxed{3}$ 添加完成后在"衰减参数"卷展栏中设置"前：侧"的前方颜色为浅灰色，如图 5-347 所示。

$\boxed{4}$ 在"基本参数"卷展栏中设置高光光泽度值为 0.96、反射光泽度值为 0.7、细分值为 32，如图 5-348 所示。

"细分"项目主要控制模糊反射的品质，较高的取值范围可以得到较平滑的效果。

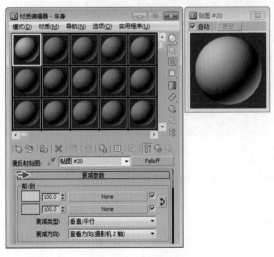

图5-347　材质设置

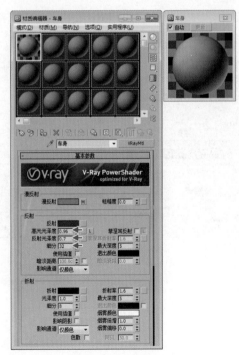

图5-348　材质设置

⑤ 单击"VR 材质"按钮切换至"虫漆"类型，准备调节车漆材质效果，如图 5-349 所示。

⑥ 单击"虫漆材质"后的按钮，在弹出的"材质／贴图"浏览器中选择"VR 材质"类型，如图 5-350 所示。

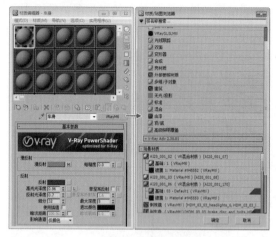

图5-349　切换材质类型

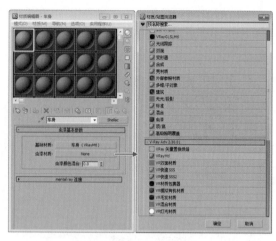

图5-350　设置VR材质

⑦ 单击反射后的按钮，在弹出的"贴图／材质浏览器"卷展栏中选择"衰减"程序贴图，准备调节材质反射效果，如图 5-351 所示。

⑧ 在"衰减参数"卷展栏中设置前侧的颜色为浅灰色与深灰色，然后设置衰减类型为"菲涅耳"，如图 5-352 所示。

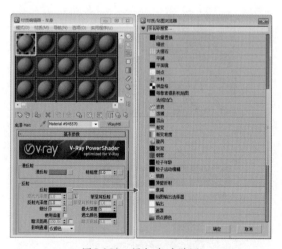

图5-351　添加衰减贴图

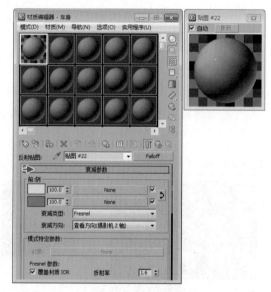

图5-352　设置衰减参数

⑨ 在"虫漆基本参数"卷展栏中设置虫漆颜色混合值为 75，调节出基本材质与虫漆材质的混合程度，如图 5-353 所示。

⑩ 选择一个空白材质球并设置名称为"车身黑"，然后单击"标准"材质按钮切换至"VR 材质"类型。在"基本参数"卷展栏中设置高光光泽度值为 0.9、反射光泽度值为 0.8，然后为反射项目添加"衰减"程序贴图并设置"前：侧"的颜色，如图 5-354 所示。

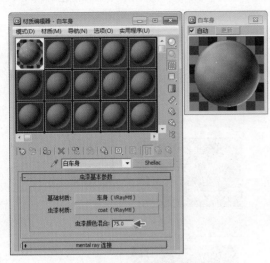

图5-353 参数设置

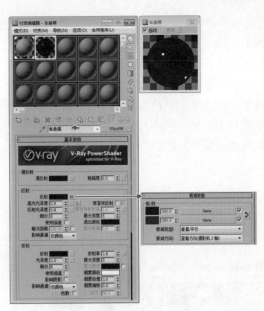

图5-354 车身黑材质

2. 附件材质设置

⬚1 选择一个空白材质球并设置名称为"金属灰"，单击"标准"材质按钮切换至"VR材质"类型。在"基本参数"卷展栏中设置漫反射颜色为深灰色、反射颜色为灰色、高光光泽度值为0.7、反射光泽度值为 0.75，如图 5-355 所示。

⬚2 选择一个空白材质球并设置名称为"车胎"，单击"标准"材质按钮切换至"VR材质"类型。在"基本参数"卷展栏中为漫反射项目赋予本书配套光盘中的"车胎"贴图，然后设置反射光泽度值为 0.7、细分值为 12，如图 5-356 所示。

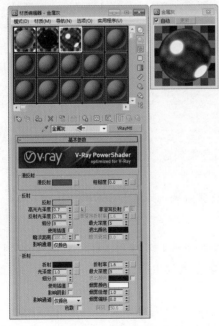

图5-355 金属灰材质

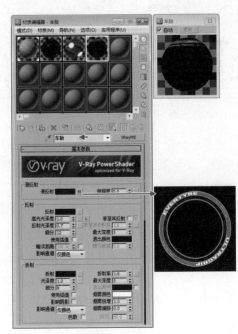

图5-356 车胎材质

⬚3 选择一个空白材质球并设置名称为"轮毂"，单击"标准"材质按钮切换至"VR材质"类型。在"基本参数"卷展栏中为漫反射赋予"衰减"程序贴图并设置"前：侧"颜色，然后设置高光光泽度值为0.8、反射光泽度值为0.77、细分值为20，如图5-357所示。

⬚4 选择一个空白材质球并设置名称为"刹车盘"，单击"标准"材质按钮切换至"VR材质"类型。在"基本参数"卷展栏中设置反射光泽度值为0.84、细分值为20，然后为漫反射、高光光泽度与凹凸项目分别赋予本书配套光盘中的"刹车盘"贴图，最后为反射项目赋予"衰减"程序贴图并设置"前：侧"的颜色为深灰色与灰色，如图5-358所示。

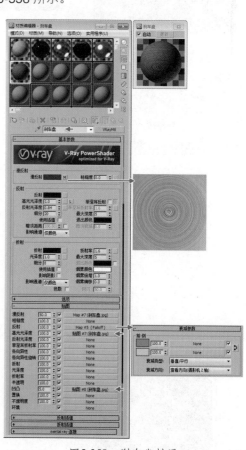

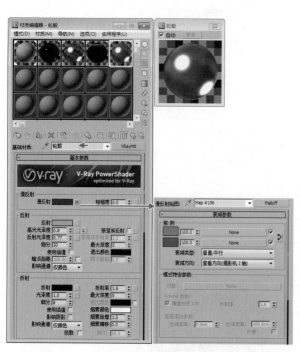

图5-357 轮毂材质　　　　　　　　图5-358 刹车盘材质

⬚5 选择一个空白材质球并设置名称为"车灯玻璃"。在"基本参数"卷展栏中设置漫反射颜色为深灰色、反射颜色为白色、折射颜色为灰色，然后分别勾选"菲涅耳反射"与"影响阴影"项，如图5-359所示。

⬚6 单击主工具栏中的⬚渲染按钮，渲染场景车体材质效果，如图5-360所示。

3. 环境材质设置

⬚1 选择一个空白材质球并设置名称为"地面"，单击"标准"材质按钮切换至"VR材质"类型。在"基本参数"卷展栏中为漫反射项目赋予本书配套光盘中的"地面"贴图，然后设置反射光泽度值为0.5、细分值为24，如图5-361所示。

⬚2 选择一个空白材质球并设置名称为"柱"，单击"标准"材质按钮切换至"VR材质"类型。在"基本参数"卷展栏中设置漫反射颜色为白色、反射光泽度值为0.5、细分值为24，如图5-362所示。

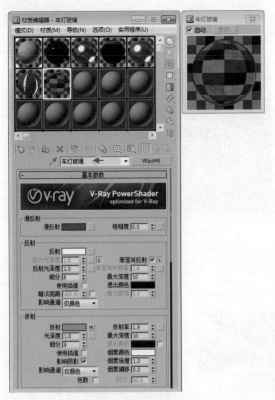

图5-359　车灯玻璃材质

图5-360　渲染材质效果

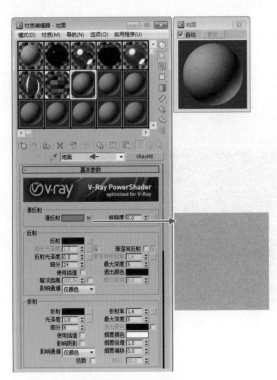

图5-361　地面材质

图5-362　柱材质

③ 单击主工具栏中的 渲染按钮，渲染场景最终材质效果，如图 5-363 所示。

↗ 5.7.4 场景渲染设置

"场景渲染设置"的制作流程分为 3 部分，包括：①图像采样设置；②颜色贴图设置；③间接照明设置，如图 5-364 所示。

1. 图像采样设置

1 单击主工具栏中的 渲染设置按钮，打开"渲染设置"对话框，在 VRay 选项的"图像采样器（反锯齿）"卷展栏中设置抗锯齿过滤器为"Mitchell-Netravali"类型，如图 5-365 所示。

图5-363　渲染材质效果

（1）图像采样设置　　　　　（2）颜色贴图设置　　　　　（3）间接照明设置

图5-364　制作流程

2 单击主工具栏中的 渲染按钮，渲染场景效果，如图 5-366 所示。

图5-365　渲染设置

图5-366　渲染效果

2. 颜色贴图设置

1 在"颜色贴图"卷展栏中设置类型为"指数"、暗色倍增值为 1.3、亮度倍增值为 1.5，可以快速得到合理的曝光效果，如图 5-367 所示。

 "暗色倍增"项目主要在线性倍增模式下，控制暗部色彩的倍增。"亮度倍增"项目主要在线性倍增模式下，控制亮部色彩的倍增。

2 单击主工具栏中的 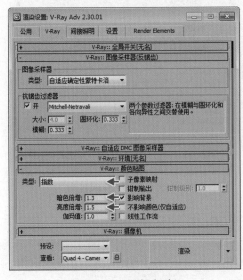 渲染按钮，渲染场景效果，如图 5-368 所示。

图5-367 设置颜色贴图

图5-368 渲染效果

3. 间接照明设置

1 在"渲染设置"对话框的间接照明选项中，设置"间接照明（GI）"卷展栏中全局照明焦散为开启状态、二次反弹的全局照明引擎为"灯光缓存"类型，如图 5-369 所示。

 "灯光缓存"是一种近似于场景中全局光照明的技术，与光子贴图类似，但是没有其他的许多局限性。

2 在"发光图 [无名]"卷展栏中设置当前预置为"中"级别，并激活选项的"显示计算相位"与"显示直接光"选项，如图 5-370 所示。

3 在间接照明选项中设置"灯光缓存"卷展栏中的计算参数的细分值为 800，再激活"显示计算相位"选项，提高渲染器计算的图像画质，如图 5-371 所示。

图5-369 开启间接照明

4 在"渲染设置"对话框的设置选项中，在"DMC 采样器"卷展栏中设置噪波阈值为 0.002，使渲染器控制区域内噪点尺寸能得到更加细腻的处理，然后在"系统"卷展栏下设置光线计算参数的动态内存限制为 2000，使系统可以调用更多的内存进行计算，如图 5-372 所示。

图5-370　设置发光图

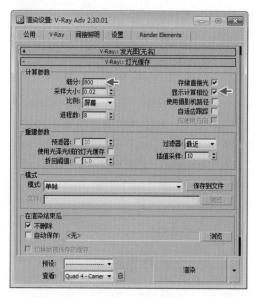

图5-371　设置灯光缓存

5　单击主工具栏中的 渲染按钮，渲染场景最终效果，如图 5-373 所示。

图5-372　设置DMC采样器

图5-373　范例效果

5.8 习题

下面将制作"农业机器"模型。

制作流程如图 5-374 所示。制作完成的"农业机器"渲染效果，如图 5-375 所示。

> 说明　在制作模型时应先制作拖拉机车体模型、车轮模型、辅助模型，然后将建立完成的模型组合，设置场景的主照明灯光和环境灯光，最后通过材质、渲染和合成使道具置身在场景中更加完整。

(1) 拖拉机车体模型制作　　(2) 车轮模型制作　　(3) 辅助模型制作

(6) 环境灯光设置　　(5) 主照明灯光设置　　(4) 拖拉机模型组合

(7) 场景模型制作　　(8) 拖拉机主体材质设置　　(9) 场景辅助材质设置

(12) 模型与背景合成　　(11) 背景环境修饰　　(10) 场景渲染设置

图5-374　农业机器的制作流程

图5-375　农业机器的渲染效果

第 6 章
角色渲染

本章首先介绍了三维动画电影中的角色形象设计知识，然后通过范例"飞翔企鹅"、"月光童年"和"低边角色"详细介绍了三维动画电影中角色渲染的方法和技巧。

6.1 角色形象设计

角色形象可以使用在各种场所和宣传载体上，如电视、网站、宣传片、宣传册和礼品等。一个设计精美并独特的动画角色形象可能会带给企业数以亿计的财富，想象一下多啦 A 梦、SNOOPY、瑞星的小狮子、蓝猫等，若辅以正确的推广和营销，大多数卡通形象将给企业带来可观的收益，2007 年，全球卡通形象授权产业总值达到惊人的 2000 亿美元。

从宏观上看，现代角色形象设置是一个系统的文化产业，它的发展与繁荣在很大程度上，取决于社会经济水平与大众文化消费观念。因此，如果一个国家的动画事业希望取得快速发展——甚至是赶超世界先进水平，就必须首先从建立完善的产业链条开始做起，逐步实现动画产业投入与产出的良性循环。

通过欣赏、分析优秀的角色形象，了解角色形象的基本设计方法，学习运用夸张、变形、幽默的设计手法，可以尝试临摹或创作一个自己喜欢的角色形象，如图 6-1 所示。

图6-1　角色形象设计

↗ 6.1.1　角色贴图绘制

三维软件模拟物体真实的效果主要靠材质来表现，而材质中有很多通道来储存纹理，这里的纹理就是贴图。一般有颜色通道、透明通道、凹凸通道、高光通道、反射通道和折射通道等，而法线只是运用到凹凸通道里的一种贴图，一个物体要模拟出真实效果，通道的组合越真实就会越好。

通过将模型在非透视图中显示，以抓图或线框方式将三维模型输出，然后在 Photoshop 等平面设计软件中按照模型的结构和线框位置绘制平面贴图，最后将平面贴图赋予三维模型，可以提升角色模型的效果，如图 6-2 所示。

还可以通过局部模型贴图的方式提升效果，只需在建立模型时将每一元素单独制作，然后将单独的每一元素按照平面、柱体、球体、立方体等 UVW 贴图坐标进行处理，再为每一元素单独赋予局部贴图即可，如图 6-3 所示。

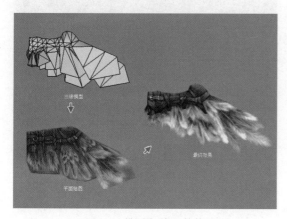

图6-2　模型与贴图转换

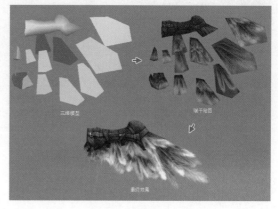

图6-3　局部模型贴图

↗ 6.1.2 角色模型UV

编辑模型的 UV 的工作很复杂，但却十分重要，如果编辑的 UV 效果不理想，材质附到模型上时就容易出现不平均分布的现象。在编辑模型的 UV 时需要先将所有点平铺开，然后将与模型面所对应的 UV 点进行调整，编辑到与贴图的位置满意为止。

在将贴图坐标应用于对象后，通过 UVW Maps（贴图坐标）修改器可以控制在对象曲面上显示贴图材质和程序材质以及指定将位图投影到对象上的方式。UVW 坐标系与 XYZ 坐标系相似，位图的 U 和 V 轴对应于 X 和 Y 轴，对应于 Z 轴的 W 轴一般仅用于程序贴图。可以在材质编辑器中将位图坐标系切换到 VW 或 WU，如图 6-4 所示。

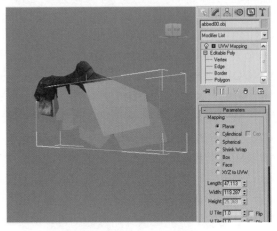

图6-4　模型贴图坐标

Unwrap UVW（展开坐标）中的实例化功能可以使在多个对象间贴图纹理变得更加简单，只需在进行选择后，应用展开坐标命令即可。在打开编辑器时，可以看到所有包含修改器实例的选定对象的贴图坐标，编辑器会显示每个对象的线框颜色，这样就可以区分不同的对象，如图 6-5 所示。

在编辑 UVW 对话框中可以显示 UVW 面和 UVW 顶点组成的晶格，每个 UVW 面有 3 个或多个顶点，与网格中的面相对应。视图窗口中显示栅格上叠加的贴图与空间中的 UVW，与显示在图像空间中一样，较粗的栅格线显示纹理贴图边界。在该窗口中，通过选择晶格顶点、边或面可操纵相对于贴图的 UVW 坐标并进行变换，如图 6-6 所示。

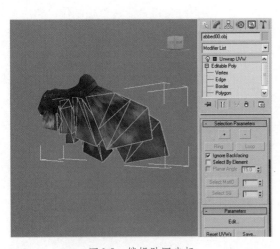

图6-5　编辑贴图坐标

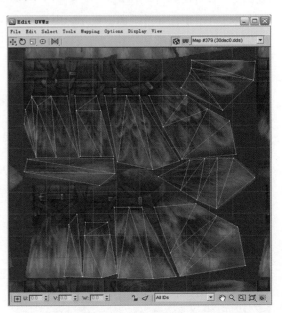

图6-6　编辑UVW对话框

6.2 范例——飞翔企鹅

"飞翔企鹅"范例主要使用系统中的 Biped（两足 CS 骨骼）和 Bones（骨骼）两种方式建立骨骼，然后通过 Physique（体格）、Blizzard（暴风雪）、PCloud（粒子云）、HI Solver（HI 解算器）等功能完成制作，最终效果如图 6-7 所示。

图6-7　范例效果

【制作流程】

"飞翔企鹅"范例的制作流程分为4部分，包括：①角色模型制作；②角色材质设置；③动作与灯光设置；④场景渲染设置，如图6-8所示。

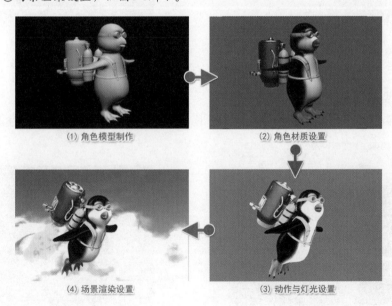

(1) 角色模型制作　　　　(2) 角色材质设置

(4) 场景渲染设置　　　　(3) 动作与灯光设置

图6-8　制作流程

↗ 6.2.1 角色模型制作

"角色模型制作"的制作流程分为 3 部分，包括：①角色模型制作；②道具模型制作；③模型整合设置，如图 6-9 所示。

(1) 角色模型制作　　　　　　(2) 道具模型制作　　　　　　(3) 模型整合设置

图6-9　制作流程

1. 角色模型制作

⬚1 使用标准基本体并配合 Edit Poly（编辑多边形）命令制作企鹅模型，然后进行网格光滑处理，如图 6-10 所示。

⬚2 为模型添加眼镜、腰带和吊带等辅助模型，如图 6-11 所示。

图6-10　企鹅模型

图6-11　辅助模型

⬚3 单击主工具栏中的 ⬚ 快速渲染按钮，渲染观察企鹅模型的效果，如图 6-12 所示。

2. 道具模型制作

⬚1 使用标准基本体和 Edit Poly（编辑多边形）命令建立喷射器主体的模型，如图 6-13 所示。

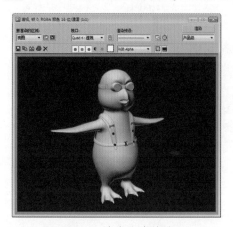

图6-12　角色渲染效果

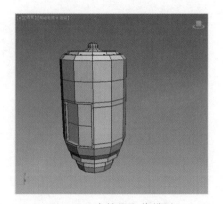

图6-13　喷射器主体模型

⬚2 使用标准基本体中的"长方体"命令制作燃料罐支架模型，如图 6-14 所示。

⬚3 使用标准基本体中的"圆柱体"命令制作燃料罐及附加模型，如图 6-15 所示。

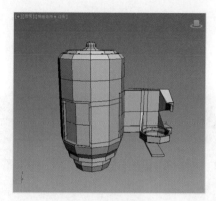

图6-14　支架模型

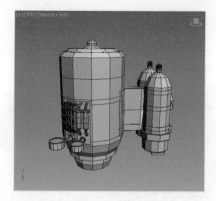

图6-15　燃料罐模型

$\boxed{4}$　使用"圆柱体"并配合 Edit Poly（编辑多边形）命令制作其他辅助模型，如图 6-16 所示。

$\boxed{5}$　单击主工具栏中的 ![icon] 快速渲染按钮，渲染观察喷射器整体的模型效果，如图 6-17 所示。

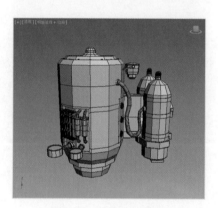

图6-16　其他辅助模型

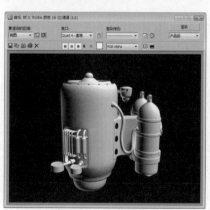

图6-17　渲染喷射器效果

3. 模型整合设置

$\boxed{1}$　将制作完成的喷射器模型添加到企鹅主体模型的后背位置，将零散的模型部分整合到一起，如图 6-18 所示。

$\boxed{2}$　单击主工具栏中的 ![icon] 快速渲染按钮，渲染观察模型的整体效果，如图 6-19 所示。

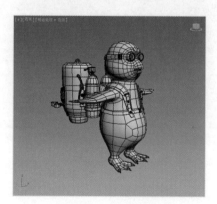

图6-18　整合模型

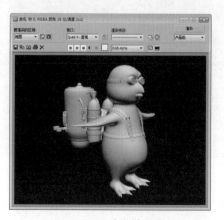

图6-19　渲染整体效果

↗ 6.2.2 角色材质设置

"角色材质设置"的制作流程分为 3 部分，包括：①角色 UV 设置；②身体材质设置；③其他材质设置，如图 6-20 所示。

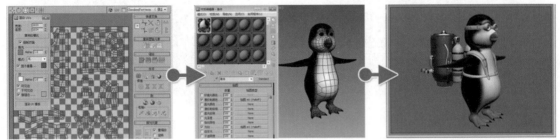

(1) 角色 UV 设置　　　　(2) 身体材质设置　　　　(3) 其他材质设置

图6-20　制作流程

1. 角色UV设置

1 切换视图至"透视图"，在 修改面板为企鹅主体模型增加"编辑多边形"修改命令，将模型的半侧模型删除，方便编辑贴图坐标，然后为模型的头、身体、翅膀、脚和脚趾分别设置 ID 值，如图 6-21 所示。

 设置 ID 用于向选定的面片分配特殊的材质 ID 编号，以供多维 / 子对象材质和其他应用使用。

2 设置 ID 值后，为模型增加"UVW 贴图"和"UVW 展开"命令，如图 6-22 所示。

 "UVW 展开"修改器可以为子对象选择指定贴图坐标，以及编辑这些选择的 UVW 坐标。还可以使用它来展开和编辑对象上已有的 UVW 坐标。

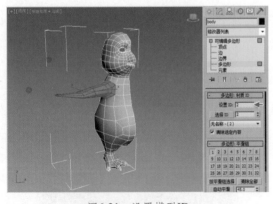

图6-21　设置模型ID

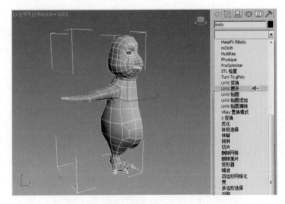

图6-22　添加UVW命令

3 在编辑 UV 卷展栏中单击"打开 UV 编辑器"按钮，准备调整模型的 UVW 坐标，如图 6-23 所示。

4 在编辑 UVW 对话框中将角色的头部 UV、身体 UV、翅膀 UV、脚掌 UV 分别拆解，便于贴图的绘制与赋予操作，如图 6-24 所示。

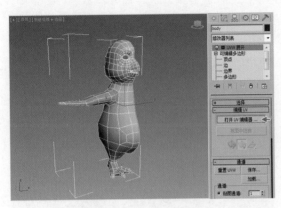

图6-23　打开UV编辑器

图6-24　编辑UVW

5 打开编辑 UVW 对话框的【工具】→【渲染 UVW 模板】命令，然后在弹出的浮动对话框中设置渲染的宽度与高度，如图 6-25 所示。

> **提示**　为游戏和其他实时 3D 引擎创建纹理贴图时，需要确保两个尺寸均为 2 的倍数，常用的有 256、512、1024 等分辨率。

6 将编辑的 UVW 渲染输出后，使用 Adobe Photoshop 软件绘制企鹅的平面贴图，如图 6-26 所示。

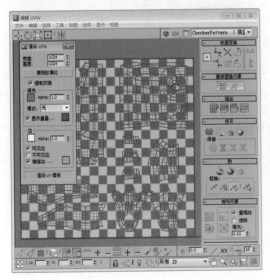

图6-25　渲染尺寸设置

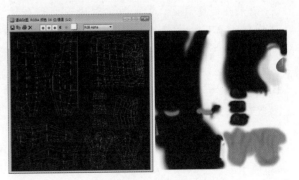

图6-26　绘制贴图

7 在 修改面板为企鹅主体模型增加"对称"修改命令,将贴图坐标进行对称复制操作,如图 6-27 所示。

8 在 修改面板继续为模型增加"编辑多边形"修改命令,完成角色 UV 的设置操作,如图 6-28 所示。

 提示 在编辑 UV 的基础上添加"编辑多边形"命令,其目的为塌陷以往的命令操作,避免在蒙皮等操作时影响到 UV 效果。

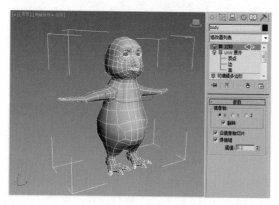

图6-27 对称操作

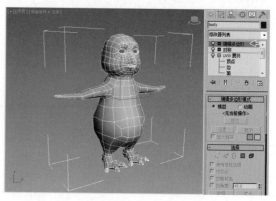

图6-28 添加命令

2. 身体材质设置

1 在主工具栏中单击 材质编辑器按钮,选择一个空白材质球并设置名称为"身体"。在"明暗器基本参数"卷展栏中设置为各向异性,在"各向异性基本参数"卷展栏中设置反射高光的高光级别值为 22、光泽度值为 23、各向异性值为 83,最后将设置完成的材质赋予场景中的身体模型,如图 6-29 所示。

 提示 各向异性明暗器使用椭圆,"各向异性"高光在创建表面,如头发、玻璃或磨砂金属建模时很有用。这些基本参数与 Blinn 或 Phong 明暗处理的基本参数相似,但"反射高光"参数和"漫反射级别"控件除外,如 Oren-Nayar-Blinn 明暗处理中的"反射高光"参数和"漫反射级别"控制就不同。

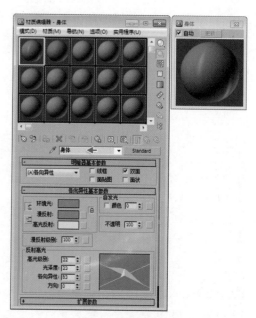

图6-29 明暗器设置

2 在材质的"贴图"卷展栏中单击漫反射颜色的 None(无)按钮,然后在弹出的材质贴图浏览器中选择"衰减"贴图类型,如图 6-30 所示。

提示

"衰减"贴图基于几何体曲面上面法线的角度衰减来生成从白到黑的值，用于指定角度衰减的方向会随着所选的方法而改变。然而，根据默认设置，贴图会在法线从当前视图指向外部的面上生成白色，而在法线与当前视图相平行的面上生成黑色。

③ 在漫反射的"衰减"贴图中为其赋予本书配套光盘中的"身体"贴图，如图 6-31 所示。

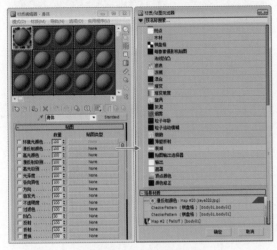

图6-30　添加衰减贴图

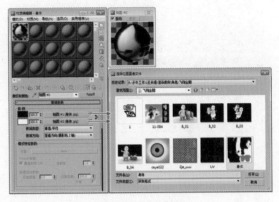

图6-31　赋予材质

④ 在材质的"贴图"卷展栏中继续为方向与反射赋予"衰减"贴图类型，如图 6-32 所示。

⑤ 在材质的"贴图"卷展栏中单击凹凸的 None（无）按钮，然后在弹出的材质贴图浏览器中选择"斑点"贴图类型，如图 6-33 所示。

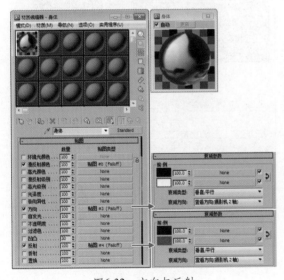

图6-32　方向与反射

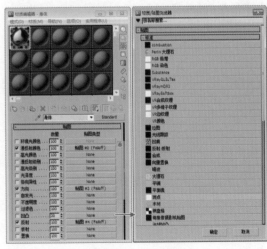

图6-33　添加斑点贴图

⑥ 在材质"贴图"卷展栏的凹凸项目中设置数量值为 1，如图 6-34 所示。

⑦ 角色的材质设置完成后，在视图中的显示如图 6-35 所示。

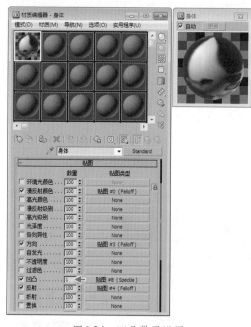

图6-34　凹凸数量设置

图6-35　视图材质效果

8 单击主工具栏中的 ⊙ 快速渲染按钮，渲染材质贴图后的效果，如图 6-36 所示。

9 选择一个空白材质球并设置名称为"眼珠"。在"Blinn 基本参数"卷展栏中设置反射高光的高光级别值为 0、光泽度值为 10，再为漫反射项目赋予本书配套光盘中的贴图，如图 6-37 所示。

图6-36　渲染身体效果

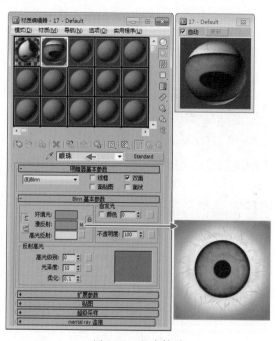

图6-37　眼珠材质

3. 其他材质设置

1 选择一个空白材质球并设置名称为"喷射器"，然后单击 Standard（标准）按钮切换为

Raytrace（光线跟踪）类型。为漫反射项目赋予
"渐变坡度"贴图，为反射项目赋予"衰减"贴
图，如图 6-38 所示。

> **提示** "光线跟踪"材质还可以用于创建完全光
> 线跟踪的反射和折射，以及支持雾、颜
> 色密度、半透明、荧光和其他特殊效果。

[2] 选择一个空白材质球并设置名称为"金
属"。在"明暗器基本参数"卷展栏中设置为金属
类型，在"金属基本参数"卷展栏中设置高光级
别值为 321、光泽度值为 73，再为漫反射颜色赋
予"衰减"贴图，为反射项目赋予"光线跟踪"
贴图，如图 6-39 所示。

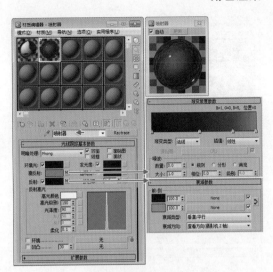

图6-38　喷射器材质

[3] 选择一个空白材质球并设置名称为"黄塑料"，然后设置漫反射颜色为黄色，再赋予喷射
器的黄色塑料模型，如图 6-40 所示。

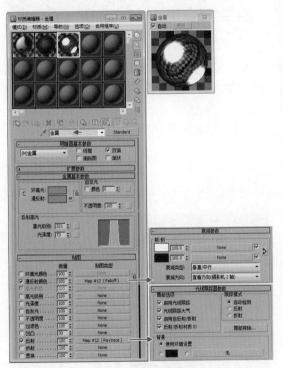

图6-39　金属材质

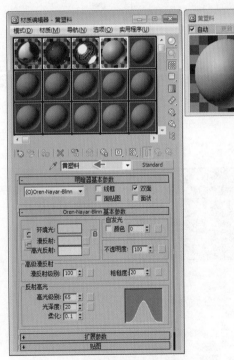

图6-40　黄塑料材质

[4] 选择一个空白材质球并设置名称为"玻璃"，然后设置漫反射颜色为淡绿色，设置高光级
别值为 165、光泽度值为 80，再为反射与折射项目赋予"光线跟踪"贴图，如图 6-41 所示。

[5] 选择一个空白材质球并设置名称为"金属支架"，然后设置漫反射项目并赋予本书配套光
盘中的贴图，如图 6-42 所示。

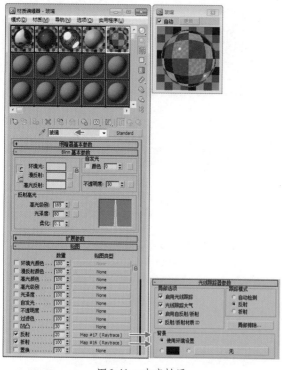

图6-41 玻璃材质

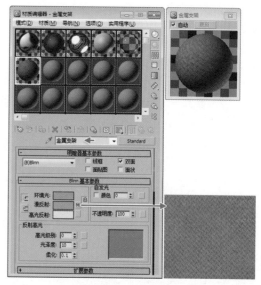

6-42 金属支架材质

⑥ 选择一个空白材质球并设置名称为"橡胶"。在"明暗器基本参数"卷展栏中设置为各向异性，在"各向异性基本参数"卷展栏中设置高光级别值为85、光泽度值为30、各向异性值为50，最后设置漫反射的颜色为深灰色，如图6-43所示。

⑦ 单击主工具栏中的 渲染按钮，渲染设置喷射器的材质效果，如图6-44所示。

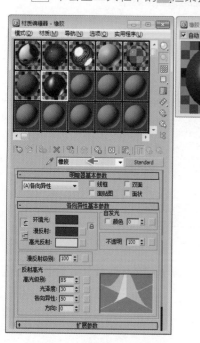

图6-43 橡胶材质

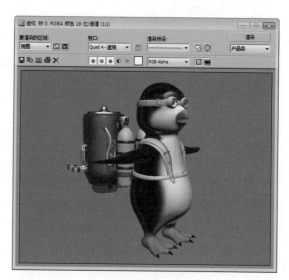

图6-44 渲染效果

↗ 6.2.3　动作与灯光设置

"动作与灯光设置"的制作流程分为 3 部分，包括：①骨骼与动作设置；②场景聚光灯设置；③场景天光设置，如图 6-45 所示。

（1）骨骼与动作设置　　　　　（2）场景聚光灯设置　　　　　（3）场景天光设置

图6-45　制作流程

1. 骨骼与动作设置

　1　在创建面板中选择系统的 Biped（两足 CS 骨骼）命令，然后在"透视图"由脚至头建立骨骼，如图 6-46 所示。

　2　选择 CS 骨骼的至心点，在运动面板中开启 Biped 卷展栏的骨骼编辑模式，然后在轨迹选择卷展栏中选择移动控制按钮，将 CS 骨骼移动至企鹅模型中心的位置，再按角色体型特征进行骨骼比例调节。选择企鹅模型并单击修改面板，为模型添加 Physique（体格）命令，然后单击体格下的按钮，再选择盆骨内的至心点，在弹出的对话框中设置链接之间混合为两个链接并单击初始化完成蒙皮操作，如图 6-47 所示。

提示　"体格"与"蒙皮"修改命令的作用完全相同，只是区别于操作方式。

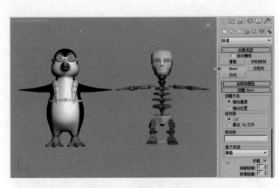

图6-46　建立CS骨骼

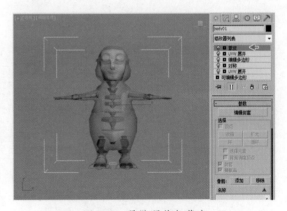

图6-47　骨骼调节与蒙皮

　3　设置完成链接间的混合效果，然后选择骨骼并使用旋转工具进行旋转测试，测试蒙皮操作后的匹配，如图 6-48 所示。

　4　调整主体模型的骨骼动作，使骨骼为飞翔状态，如图 6-49 所示。

图6-48　骨骼测试

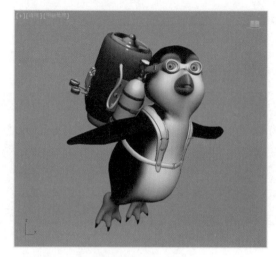

图6-49　动作效果

2. 场景聚光灯设置

1　在 ▨ 创建面板中单击 ▨ 灯光面板下的 "目标聚光灯" 按钮，在 "透视图" 的右侧至角色位置拖拽建立，然后调整其位置，作为场景的灯光照明，如图 6-50 所示。

2　在 ▨ 修改面板的 "常规参数" 卷展栏中启用 "阴影" 项并设置类型为 "阴影贴图"，在 "强度／颜色／衰减" 卷展栏中设置倍增值为 0.5，在 "聚光灯参数" 卷展栏中设置聚光区／光束值为 50、衰减区／区域值为 52，如图 6-51 所示。

3　单击主工具栏中的 ▨ 渲染按钮，渲染为场景增加主光照明后的效果，如图 6-52 所示。

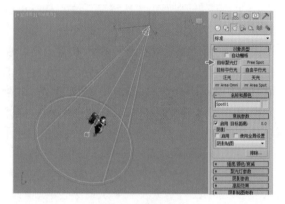

图6-50　建立灯光

图6-51　灯光设置

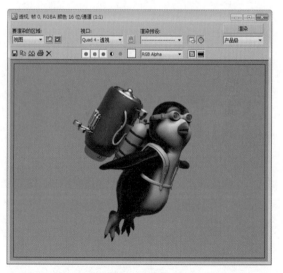

图6-52　渲染主光效果

4 在 创建面板中单击 灯光面板下的 "目标聚光灯" 按钮，在 "透视图" 的左侧位置拖拽建立并调整其位置，作为场景的背部补光照明，如图 6-53 所示。

 补光的作用为弥补主光照明产生的强烈暗部对比。

5 单击主工具栏中的 渲染按钮，渲染场景增加补光照明后的效果，如图 6-54 所示。

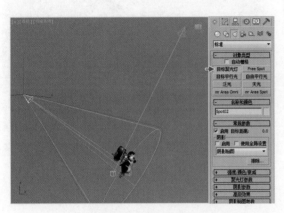

图6-53 建立灯光

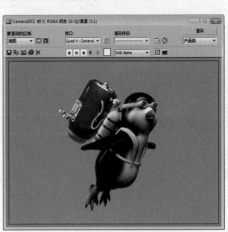

图6-54 渲染补光效果

3. 场景天光设置

1 在 创建面板中单击 灯光面板下的 "天光" 按钮，在 "透视图" 中建立并调整其位置，作为场景的天光照明，如图 6-55 所示。

 "天光" 灯光可以建立日光的模型，可以与光跟踪器一起使用，还可以设置天空的颜色或将其指定为贴图，常被应用于天空场景上方的圆屋顶。

2 单击主工具栏中的 渲染按钮，渲染天光产生的效果，如图 6-56 所示。

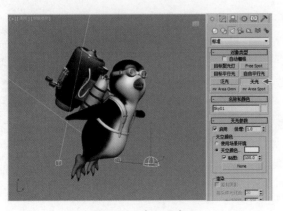

图6-55 建立天光

图6-56 渲染天光效果

③ 在 🖉 修改面板的"天光参数"卷展栏中设置倍增值为 1.1，然后设置天空颜色为淡蓝色，如图 6-57 所示。

④ 单击主工具栏中的 🖉 渲染按钮，渲染天光产生的效果如图 6-58 所示。

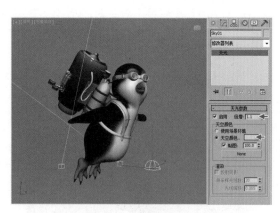

图6-57　天光参数设置

图6-58　渲染天光效果

↗ 6.2.4　场景渲染设置

"场景渲染设置"的制作流程分为 3 部分，包括：①粒子云设置；②粒子火焰设置；③场景渲染设置，如图 6-59 所示。

(1) 粒子云设置　　　　　(2) 粒子火焰设置　　　　　(3) 场景渲染设置

图6-59　制作流程

1. 粒子云设置

① 在 🖉 创建面板 ◎ 几何体中选粒子系统，然后单击"粒子云"命令并创建，如图 6-60 所示。

提示　如果希望使用"粒子云"填充特定的体积，可使用粒子云粒子系统，可以使用提供的基本体积（长方体、球体或圆柱体）限制粒子，也可以使用场景中任意可渲染对象作为体积，只要该对象具有深度即可。

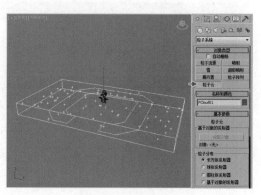

图6-60　创建粒子云

2 在 创建面板 几何体中选标准几何体，然后单击"球体"命令并创建，作为粒子拾取的物体，如图 6-61 所示。

3 为球体设置云雾效果材质，使用标准材质，主要为自发光与不透明度项目赋予衰减贴图，如图 6-62 所示。

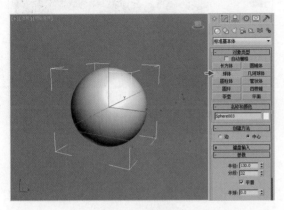

图6-61　创建球体

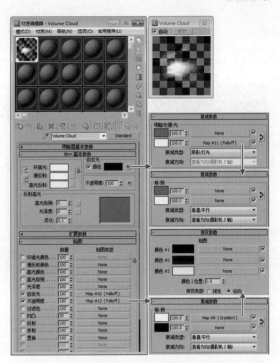

图6-62　云雾材质

4 选择粒子云的发射器，然后在"粒子生成"卷展栏中设置粒子数量的使用总数为 50，控制粒子的数量，如图 6-63 所示。

"使用速率"用于指定每帧发射的固定粒子数，"使用总数"用于指定在系统使用寿命内产生的总粒子数。

5 在粒子类型卷展栏中设置为"实例几何体"类型，如图 6-64 所示。

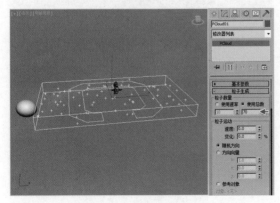

图6-63　粒子数量设置

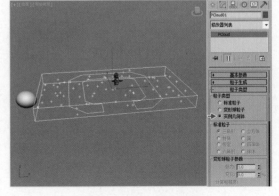

图6-64　粒子类型设置

6 在实例参数中单击"拾取对象"按钮并拾取球体，使粒子云以球体的方式进行喷射，如图 6-65 所示。

7 单击主工具栏中的 快速渲染按钮，渲染观察拾取对象的效果，如图 6-66 所示。

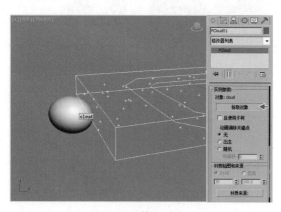

图6-65　拾取对象

图6-66　渲染效果

2. 粒子火焰设置

1 在 创建面板 几何体中选择粒子系统下的"暴风雪"命令，然后在视图中喷射器的尾部位置建立，如图6-67所示。

2 切换至 修改面板并设置"基本参数"卷展栏中的显示图标宽度为18、长度为18，然后将粒子数百分比的数值设置为100，如图6-68所示。

提示 粒子数百分比是以渲染粒子数百分比的形式指定视图中显示的粒子数。如果要看到与场景中将渲染的粒子数相同的粒子数，可以将显示百分比设置为100%。不过，这样可能会大大减慢视图的显示速度。

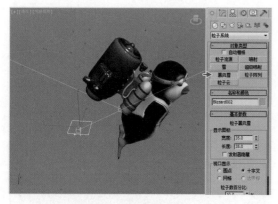

图6-67　建立粒子

图6-68　调节粒子基本参数

3 将粒子生成卷展栏中的粒子数量设置为10，设置粒子计时项目的寿命为40、粒子大小为25、增长耗时为7、衰减耗时为7，然后在"粒子类型"卷展栏中设置标准粒子为面方式，如图6-69所示。

粒子系统中的"变化"项目可以使粒子按百分比产生随机变化。

4 为球体设置火焰效果材质，使用标准材质主要为漫反射颜色、自发光与不透明度项目赋予 Partide Age（粒子年龄）贴图，如图 6-70 所示。

 "粒子年龄"贴图用于粒子系统。通常，可以将"粒子年龄"贴图指定为漫反射贴图，或在"粒子流"中指定为材质动态操作符。

图6-69　调节粒子参数

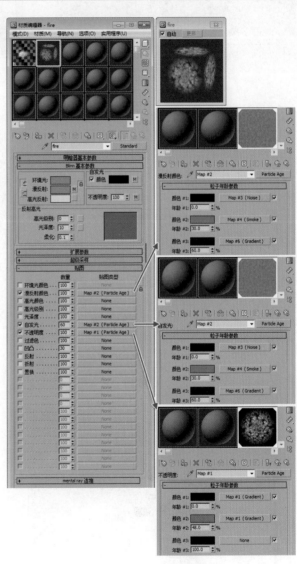

图6-70　火焰材质

5 设置粒子发射器的准确位置，如图 6-71 所示。

6 单击主工具栏中的 快速渲染按钮，渲染观察添加粒子的效果，如图 6-72 所示。

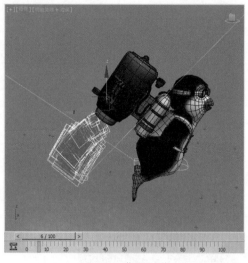

图6-71　位置调节

图6-72　渲染粒子效果

3. 场景渲染设置

　1　在菜单中选择【渲染】→【环境】命令，然后在弹出的渲染环境颜色对话框中单击None（无）按钮，再为其赋予渐变的天空材质，如图6-73所示。

　2　单击主工具栏中的 ![icon] 快速渲染按钮，渲染查看更改环境色的效果，如图6-74所示。

　3　单击主工具栏中的 ![icon] 渲染设置按钮打开"渲染设置"对话框，然后在渲染器项目中设置过滤器与全局超级采样的类型，如图6-75所示。

图6-73　环境贴图

图6-74　渲染环境效果

图6-75　渲染器设置

Mitchell-Netravali 过滤器中包括两个参数的过滤器，可以在模糊、圆环化和各向异性之间交替使用。如果圆环化的值设置为大于 0.5，则将影响图像的 Alpha 通道。

4 在"高级照明"选项的"选择高级照明"卷展栏中选择光跟踪器方式，在"参数"卷展栏中设置全局倍增值为 1、光线／采样数值为 300，如图 6-76 所示。

5 单击主工具栏中的 ⊙ 渲染按钮，渲染企鹅范例的最终效果，如图 6-77 所示。

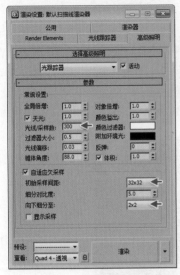

图6-76　光跟踪器设置

图6-77　最终效果

6.3　范例——月光童年

"月光童年"范例主要使用系统中的 Bones（骨骼）命令，按身体的生长方式和层次关系建立模型，配合辅助物体中的 Dummy（虚拟对象）设置主控制，然后使用 Skin（蒙皮）将模型和骨骼进行匹配，最终效果如图 6-78 所示。

图6-78　范例效果

【制作流程】

"月光童年"范例的制作流程分为4部分,包括:①角色模型制作;②场景灯光设置;③场景材质设置;④场景渲染设置,如图6-79所示。

图6-79 制作流程

↗ 6.3.1 角色模型制作

"角色模型制作"的制作流程分为3部分,包括:①制作角色模型;②制作环境模型;③创建摄影机,如图 6-80 所示。

图6-80 制作流程

1. 制作角色模型

1 在 ■ 创建面板 ○ 几何体中选择标准基本体的"长方体"命令,然后使用"编辑多边形"修改命令制作角色的头部模型,如图6-81 所示。

2 使用几何体与"编辑多边形"修改命令编辑制作角色的身体模型，如图 6-82 所示。

3 为角色添加飞行帽模型，如图 6-83 所示。

4 在 ☀创建面板 ◯ 几何体中选择标准基本体的"圆柱体"与"球体"命令，然后对"球体"进行缩薄操作，再将物体进行组合，得到棒棒糖的模型，如图 6-84 所示。

5 为场景添加装饰味道的气球模型，如图 6-85 所示。

图6-81　头部模型

图6-82　身体模型

图6-83　飞行帽模型

图6-84　棒棒糖模型

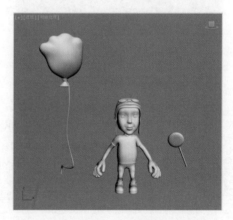

图6-85　气球模型

2. 制作环境模型

1 在 ☀创建面板 ◯ 几何体中选择标准基本体的"长方体"命令，然后在场景中建立作为墙体模型，再建立"半圆"物体并进行编辑复制操作，得到墙体顶部的瓦片模型，如图 6-86 所示。

2 将制作完成的角色与墙体模型进行整合，使角色坐在墙体模型上，使坐在墙头的姿势生动，如图 6-87 所示。

图6-86 墙体模型

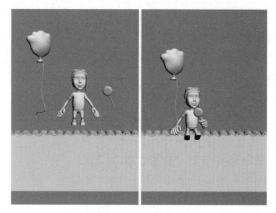

图6-87 调节角色姿势

3 在 ✳ 创建面板 ◯ 几何体中选择标准基本体的"长方体"命令，然后在角色与墙体场景的后部建立，作为环境的贴图物体，如图 6-88 所示。

4 使用标准基本体制作星星与月亮模型，丰富夜景的效果，如图 6-89 所示。

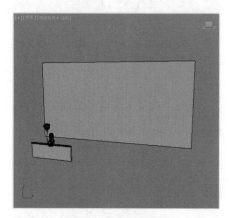

图6-88 环境贴图物体

图6-89 星星与月亮

5 调整场景的构图与模型匹配，主要使用偏斜构图控制画面，如图 6-90 所示。

6 单击主工具栏中的 渲染设置按钮，打开"渲染设置"对话框，在"公用"选项的"公用参数"卷展栏中设置输出大小的宽度值为 1400、高度值为 1600，设置渲染范围，如图 6-91 所示。

带有反射材质效果的材质在渲染时速度较慢，所以在预览时尽量使用较小的尺寸，在最终完成制作并输出时再设置大尺寸渲染。

3. 创建摄影机

1 进入 ✳ 创建面板的 摄影机子面板并单击"目标"按钮，然后在"前视图"中拖拽建立目标摄影机。保持摄影机的选择状态并在菜单中选择【视图】→【从视图创建摄影机】命令，然后在视图左上角的提示文字处单击鼠标右键，从弹出的菜单中选择【摄影机】→【Camera001（摄影机 001）】命令，将视图切换至"摄影机视图"，如图 6-92 所示。

2 在视图左上角的提示文字处单击鼠标右键，从弹出的菜单中选择"显示安全框"命令，使视图显示比例与渲染比例相同，如图 6-93 所示。

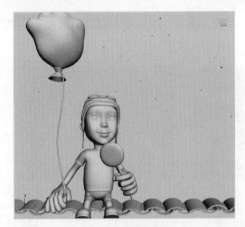

图6-90　构图调节

图6-91　渲染设置

图6-92　建立摄影机

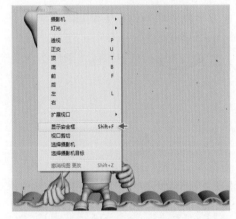

图6-93　显示安全框

3 显示安全框的视图显示，如图 6-94 所示。

4 单击主工具栏中的 🔘 渲染按钮，渲染制作完成的角色场景模型效果，如图 6-95 所示。

图6-94　视图显示

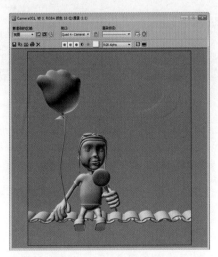

图6-95　渲染模型效果

6.3.2 场景灯光设置

"场景灯光设置"的制作流程分为3部分,包括:①设置场景主光;②创建场景补光;③调节最终灯光效果,如图6-96所示。

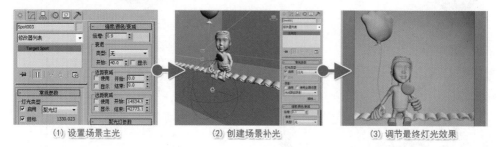

(1) 设置场景主光　　　　　(2) 创建场景补光　　　　　(3) 调节最终灯光效果

图6-96　制作流程

1. 设置场景主光

　1　在 ✳ 创建面板中单击 ⚲ 灯光面板下的"目标聚光灯"按钮,在视图中拖拽建立并调整其位置,如图6-97所示。

　2　单击主工具栏中的 ⟳ 渲染按钮,渲染建立目标聚光灯的效果,如图6-98所示。

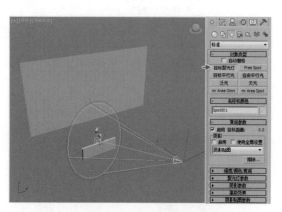

图6-97　建立聚光灯

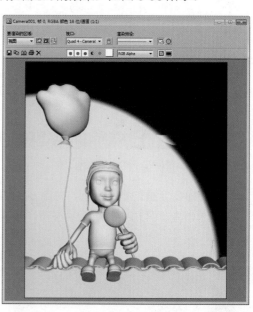

图6-98　渲染灯光效果

　3　在 ⟋ 修改面板的"常规参数"卷展栏中启用"阴影"项并设置类型为"阴影贴图",在"聚光灯参数"卷展栏中设置聚光区/光束值为5、衰减区/区域值为100,在"强度/颜色/衰减"卷展栏中设置倍增值为0.9、灯光颜色为淡蓝色,如图6-99所示。

　4　单击主工具栏中的 ⟳ 渲染按钮,渲染设置灯光后的效果,如图6-100所示。

2. 创建场景补光

　1　在 ✳ 创建面板中单击 ⚲ 灯光面板下的"目标聚光灯"按钮,在视图中拖拽建立并调整其位置,然后在 ⟋ 修改面板的"常规参数"卷展栏中启用"阴影"项并设置类型为"光线跟踪阴影"，在"强度／颜色／衰减"卷展栏中设置倍增值为 0.9、颜色为淡蓝色，作为场景角色的背部补光，如图 6-101 所示。

图6-99　灯光参数设置

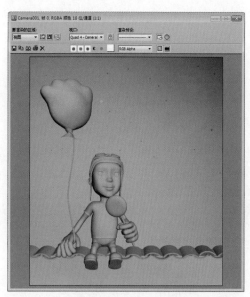

图6-100　渲染灯光效果

 "光线跟踪阴影"是通过跟踪从光源进行采样的光线路径生成的，比经阴影贴图处理的阴影更精确，始终能够产生清晰的边界。

2 在 创建面板中单击 灯光面板下的"泛光灯"按钮，在视图中角色的脚部位置建立，然后在 修改面板的"强度／颜色／衰减"卷展栏中设置倍增值为 0.3、颜色为淡蓝色，作为场景角色的脸部补光，如图 6-102 所示。

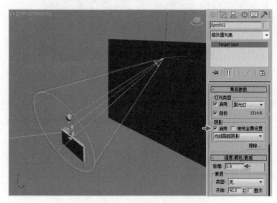

图6-101　建立聚光灯

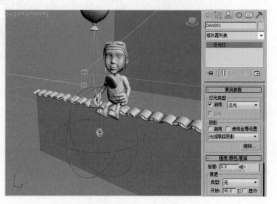

图6-102　建立泛光灯

3. 调节最终灯光效果

1 在 修改面板的"强度／颜色／衰减"卷展栏中开启远距衰减的"使用"项目，然后设置开始项目值为8、结束项目值为92，如图 6-103 所示。

2 单击主工具栏中的 渲染按钮，渲染设置灯光后的效果，如图 6-104 所示。

图6-103　灯光参数设置

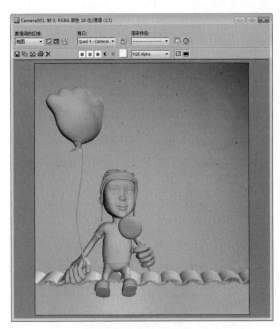

图6-104　渲染灯光效果

↗ 6.3.3　场景材质设置

"场景材质设置"的制作流程分为3部分，包括：①角色材质设置；②道具材质设置；③环境材质设置，如图6-105所示。

(1) 角色材质设置　　　　　　(2) 道具材质设置　　　　　　(3) 环境材质设置

图6-105　制作流程

1. 角色材质设置

[1] 在主工具栏中单击 ⬚ 材质编辑器按钮，选择一个空白材质球并设置名称为"头"。在"Blinn 基本参数"卷展栏中设置高光反射的颜色为黄色，再开启自发光项目并设置颜色为深棕色，作为角色的皮肤材质，如图 6-106 所示。

[2] 在"Blinn 基本参数"卷展栏中单击漫反射项目的贴图按钮，然后在弹出的"材质贴图浏览器"对话框中选择"位图"命令，如图 6-107 所示。

[3] 在弹出的"选择位图图像文件"对话框中选择本书配套光盘中的"脸"贴图，如图6-108 所示。

[4] 选择一个空白材质球并设置名称为"衣服"。在"Blinn 基本参数"卷展栏中为漫反射项目赋予本书配套光盘中的衣服贴图，如图 6-109 所示。

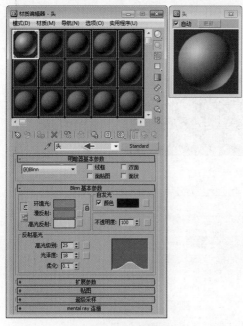

图6-106　头材质

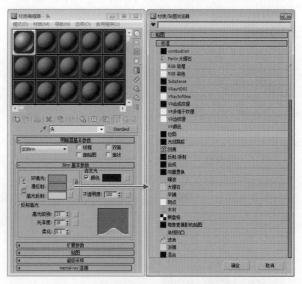

图6-107　赋予位图

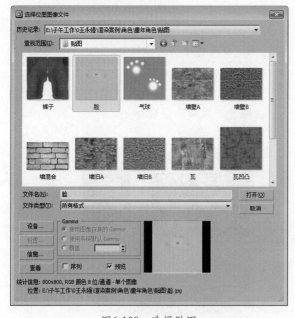

图6-108　选择贴图

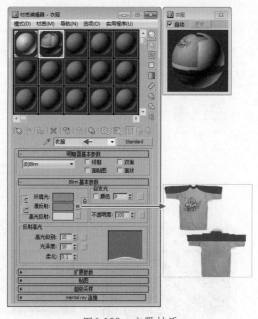

图6-109　衣服材质

5 选择一个空白材质球并设置名称为"手"。在"Blinn 基本参数"卷展栏中为漫反射项目赋予"噪波"程序贴图，然后在"噪波参数"卷展栏中设置噪波类型为"分形"，再设置颜色 1 与颜色 2，使手部的皮肤产生颜色变化，如图 6-110 所示。

提示　"噪波"贴图可以基于两种颜色或材质的交互创建曲面的随机扰动。

6　选择一个空白材质球并设置名称为"裤子"。在"Blinn 基本参数"卷展栏中为漫反射项目赋予本书配套光盘中的裤子贴图，如图 6-111 所示。

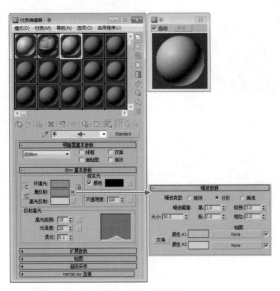

图6-110　手材质

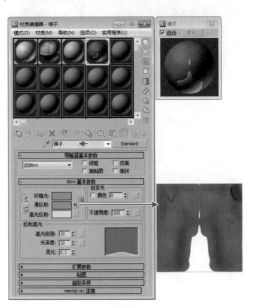

图6-111　裤子材质

7　选择一个空白材质球并设置名称为"鞋子"。单击 Standard（标准）项目按钮切换至 Multi/Sub-Object（多维子物体）材质类型，然后逐一设置 ID1 为内侧颜色、ID2 为外侧颜色、ID3 为鞋底颜色，如图 6-112 所示。

8　选择一个空白材质球并设置名称为"帽子"。在"Blinn 基本参数"卷展栏中设置漫反射颜色为暗蓝色，然后在"贴图"卷展栏中为凹凸项目赋予"噪波"呈现贴图，再在"噪波参数"卷展栏中设置噪波类型为"分形"、大小值为 10，如图 6-113 所示。

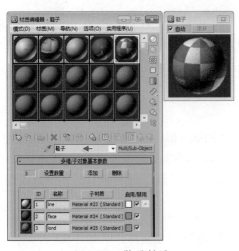

图6-112　鞋子材质

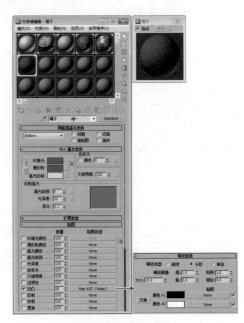

图6-113　帽子材质

[9] 选择一个空白材质球并设置名称为"眼睛带"。在"Blinn 基本参数"卷展栏中设置漫反射颜色为黄色,再设置高光级别为 30、光泽度为 25,如图 6-114 所示。

[10] 单击主工具栏中的 ☕ 渲染按钮,渲染设置角色的材质效果,如图 6-115 所示。

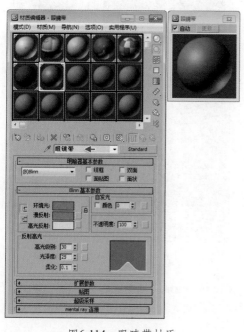

图6-114　眼睛带材质

图6-115　渲染角色材质效果

2. 道具材质设置

[1] 在主工具栏中单击 🔲 材质编辑器按钮,选择一个空白材质球并设置名称为"糖"。在"Blinn 基本参数"卷展栏中开启自发光项目并设置颜色为深棕色,作为棒棒糖的基础材质,如图 6-116 所示。

[2] 在"Blinn 基本参数"卷展栏中为漫反射项目赋予"漩涡"程序贴图,使材质内部产生纹理效果,如图 6-117 所示。

> **提示**　"旋涡"是一种 2D 程序的贴图,它生成的图案类似于两种口味冰淇淋的外观。如同其他双色贴图一样,任何一种颜色都可用其他贴图替换,举例来说,大理石与木材也可以生成旋涡。

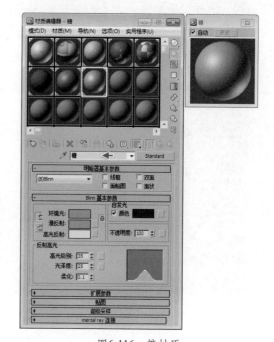

图6-116　糖材质

[3] 在"旋涡"程序贴图的"旋涡参数"卷展栏中先设置基本颜色为粉色、旋涡颜色为白色,然后设置颜色对比度值为 0.65、旋涡强度值为 4、旋涡量值为 0.4,再设置旋涡外观的扭曲值为 15、恒定细节值为 10,如图 6-118 所示。

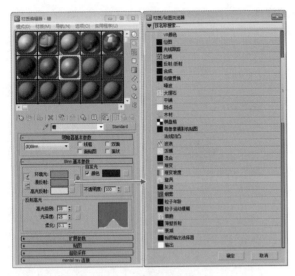

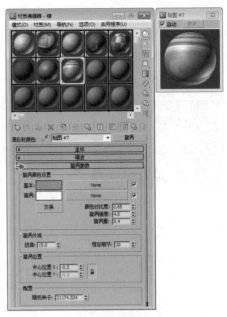

图6-117　添加旋涡程序贴图　　　　　　　　图6-118　旋涡参数设置

4 选择一个空白材质球并设置名称为"气球"。单击 Standard（标准）项目按钮切换至 Arch & Design（建筑）材质类型，再为漫反射颜色赋予本书配套光盘中的气球贴图，设置折射的颜色为紫色，如图 6-119 所示。

5 单击主工具栏中的 渲染按钮，渲染设置道具的材质效果，如图 6-120 所示。

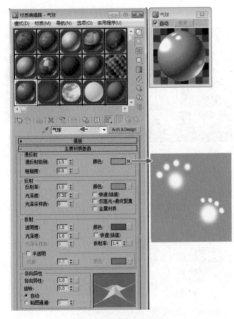

图6-119　气球材质　　　　　　　　图6-120　渲染道具材质效果

3. 环境材质设置

1 选择一个空白材质球并设置名称为"天空"。在"Blinn 基本参数"卷展栏中为漫反射项目赋予本书配套光盘中的天空贴图，再设置自发光值为 25，使其产生微弱的自发光效果，如图 6-121 所示。

[2] 选择一个空白材质球并设置名称为"月亮"。在"Blinn 基本参数"卷展栏中为漫反射项目赋予本书配套光盘中的月亮贴图，再设置自发光值为 100，如图 6-122 所示。

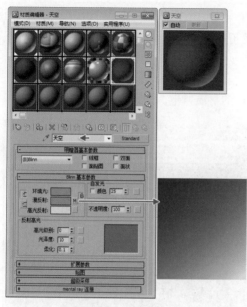

图6-121　天空材质

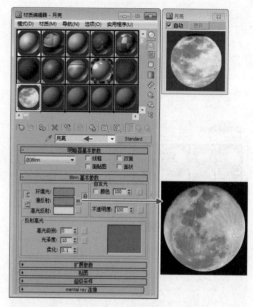

图6-122　月亮材质

[3] 选择一个空白材质球并设置名称为"星星"。在"Blinn 基本参数"卷展栏中设置漫反射的颜色为乳黄色，再设置自发光值为 74，如图 6-123 所示。

[4] 选择一个空白材质球并设置名称为"瓦"。在"Blinn 基本参数"卷展栏中为漫反射项目赋予本书配套光盘中的瓦片贴图，再设置高光级别值为 15、光泽度值为 10，如图 6-124 所示。

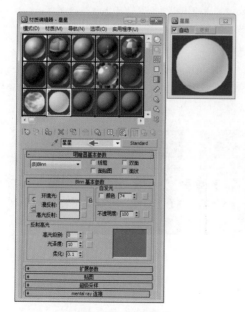

图6-123　星星材质

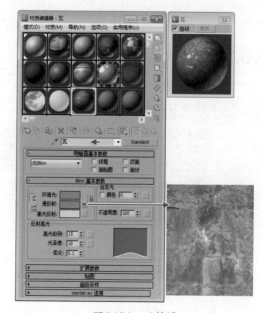

图6-124　瓦材质

⑤ 选择一个空白材质球并设置名称为"墙"。单击 Standard（标准）项目按钮切换至 Blend（混合）材质类型，然后设置材质 1 与材质 2 的贴图，再为遮罩项目赋予本书配套光盘中的黑白砖墙贴图，如图 6-125 所示。

> **提示** "混合量"主要控制混合的比例。其值为 0 时意味着只有颜色 1 在曲面上可见，其值为 1 时意味着只有颜色 2 为可见。也可以使用贴图而不是混合值。两种颜色会根据贴图的强度以大一些或小一些的程度混合。

⑥ 单击主工具栏中的 🗘 渲染按钮，渲染设置环境的材质效果，如图 6-126 所示。

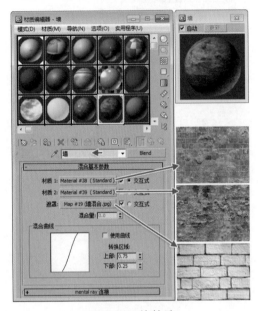

图6-125　墙材质

图6-126　渲染环境材质效果

6.3.4　场景渲染设置

"场景渲染设置"的制作流程分为 3 部分，包括：①环境效果设置；②采样器设置；③最终聚焦设置，如图 6-127 所示。

(1) 环境效果设置　　　　(2) 采样器设置　　　　(3) 最终聚焦设置

图6-127　制作流程

1. 环境效果设置

① 单击主工具栏中的 🖳 渲染设置按钮，在弹出的"渲染设置"对话框的"指定渲染器"卷

展栏中设置渲染器为 mental ray 渲染器，如图 6-128 所示。

②进入 ✱ 创建面板辅助对象的大气装置项目，然后选择"长方体 Gizmo"命令并在视图中角色与背景之间建立，再设置长度值为 750、宽度值为 1500、高度值为 2000，如图 6-129 所示。

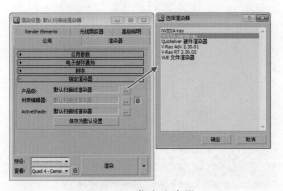

图6-128　指定渲染器

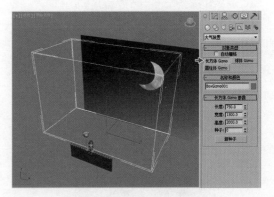

图6-129　建立长方体Gizmo

③在 ☑ 修改面板的"大气和效果"卷展栏中单击添加按钮，然后在弹出的"添加大气"对话框中选择"体积雾"项目，如图 6-130 所示。

 使用修改面板中的"大气和效果"卷展栏可以直接在 Gizmo 中添加和设置大气。

④添加"体积雾"项目完成后，再单击面板底部的"设置"按钮，如图 6-131 所示。

图6-130　添加体积雾

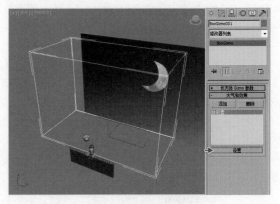

图6-131　开启设置

⑤在弹出的"环境和效果"面板中设置"体积雾参数"卷展栏的体积密度值为 0.8、步长大小值为 1、最大步数值为 55，再设置噪波的类型为分形、大小值为 450、相位值为 3.2、风力强度值为 1，如图 6-132 所示。

 噪波有 3 种类型，其中规则为标准的噪波图案，分形为迭代分形噪波图案，湍流为迭代湍流图案。

⑥单击主工具栏中的 🔲 渲染按钮，渲染设置体积雾的效果，如图 6-133 所示。

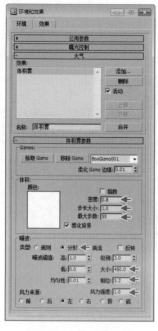

图6-132　体积雾设置

图6-133　渲染体积雾效果

2. 采样器设置

1 单击主工具栏中的 📷 渲染设置按钮，在弹出的"渲染设置"对话框的"全局调试参数"卷展栏中设置软阴影精度（倍增）值为 2，再设置"采样质量"卷展栏中的每像素采样数最大值为 16，过滤器的类型为 Mitchell，如图 6-134 所示。

2 单击主工具栏中的 ○ 渲染按钮，渲染设置渲染器的效果，如图 6-135 所示。

图6-134　全局与采样设置

图6-135　渲染器设置效果

3. 最终聚焦设置

1 在"最终聚焦"卷展栏中设置最终聚焦精度预设为"中"，提升渲染器的运算速度，如图 6-136 所示。

2 在"焦散和全局照明（GI）"卷展栏中设置全局照明（GI）为"启用"状态，再设置倍增值为 0.3、颜色为淡蓝色，如图 6-137 所示。

3 单击主工具栏中的 渲染按钮，渲染设置渲染器的效果，如图 6-138 所示。

图6-136 最终聚焦设置　　　　图6-137 全局照明设置　　　　图6-138 最终渲染效果

6.4　范例——低边角色

"低边角色"范例主要使用车削、自由变形、编辑多边形等修改命令对标准几何体进行调节，再使用"材质编辑器"为模型赋予质感，其对比效果如图 6-139 所示。

图6-139 范例效果

【制作流程】

"低边角色"范例的制作流程分为4部分，包括：①角色模型设置；②场景灯光设置；③角色材质设置；④环境效果设置，如图6-140所示。

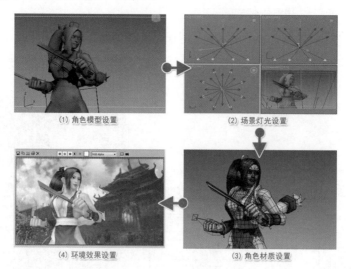

(1) 角色模型设置　　　　　　(2) 场景灯光设置

(4) 环境效果设置　　　　　　(3) 角色材质设置

图6-140　制作流程

6.4.1　角色模型设置

"角色模型设置"的制作流程分为3部分，包括：①角色模型制作；②角色动作设置；③摄影机与环境，如图6-141所示。

(1) 角色模型制作　　　　(2) 角色动作设置　　　　(3) 摄影机与环境

图6-141　制作流程

1. 角色模型制作

1 在场景中创建"长方体"并搭配"编辑多边形"修改命令制作低边形的角色面部模型，如图6-142所示。

2 在场景中创建"球体"并放置到角色眼部位置，如图6-143所示。

3 在场景中创建"平面"物体并搭配"编辑多边形"修改命令制作头发模型，如图6-144所示。

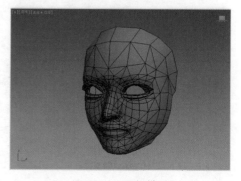

图6-142　面部模型

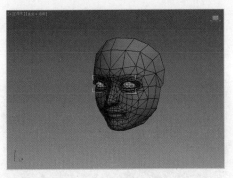

图6-143　眼睛模型

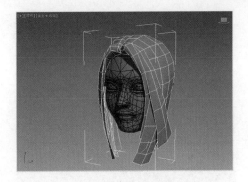

图6-144　头发模型

4 创建"平面"物体并搭配"编辑多边形"修改命令制作辫子模型，如图 6-145 所示。

5 使用"编辑多边形"修改命令制作角色的身体模型，如图 6-146 所示。

 提示

角色的每个身体结构都为单独的模型，目的为更好地控制贴图 UV 设置。

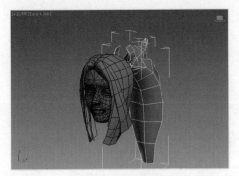

图6-145　辫子模型

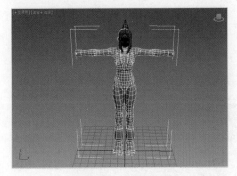

图6-146　身体模型

6 使用"编辑多边形"修改命令制作角色的手部模型，然后将其与身体手臂位置相匹配，如图 6-147 所示。

7 在场景中创建"平面"物体并搭配"编辑多边形"修改命令制作角色的衣服与装饰模型，如图 6-148 所示。

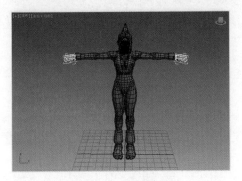

图6-147　手部模型

图6-148　衣服与装饰模型

8 在场景中创建"长方体"与"平面"物体搭建组合扇子模型，如图 6-149 所示。

9 单击主工具栏中的 渲染按钮，渲染当前场景的低边角色效果，如图 6-150 所示。

图6-149　扇子模型

图6-150　渲染角色模型效果

2. 角色动作设置

1 选择角色模型，然后在 修改面板中为其添加"UVW 贴图"与"UVW 展开"修改命令，使模型可以正确匹配材质贴图，如图 6-151 所示。

2 单击"UVW 展开"修改命令的"打开 UV 编辑器"工具按钮，然后将角色模型的 UV 正确梳理，使贴图可以按照此 UV 进行绘制，如图 6-152 所示。

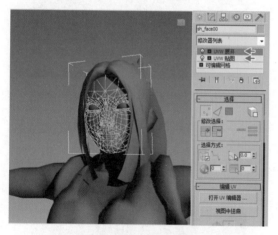

图6-151　UVW设置

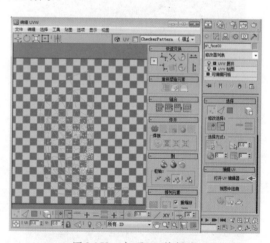

图6-152　打开UV编辑器

3 在 创建面板中选择 系统的 Biped（两足 CS 骨骼）命令，然后在"透视图"由脚至头建立骨骼，如图 6-153 所示。

4 选择 CS 骨骼的至心点，在 运动面板中开启 Biped 卷展栏的 骨骼编辑模式，然后在"轨迹选择"卷展栏中选择 移动控制按钮，将 CS 骨骼移动至角色模型中心的位置，再按角色体型特征进行骨骼比例调节，如图 6-154 所示。

5 选择角色模型并单击 修改面板，为模型添加 Physique（体格）命令，然后单击体格下的 按钮，再选择盆骨内的至心点，在弹出的对话框中设置链接之间混合为两个链接并单击初始化完成蒙皮操作，如图 6-155 所示。

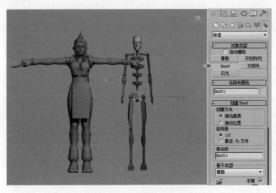

图6-153　建立CS骨骼

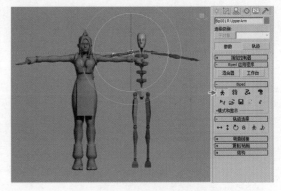

图6-154　调节骨骼

<u>6</u> 设置完成链接之间混合的效果，然后选择骨骼，使用 旋转工具进行动作设置，如图 6-156 所示。

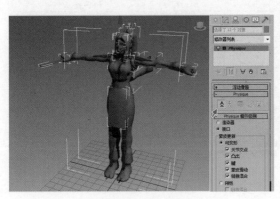

图6-155　蒙皮操作

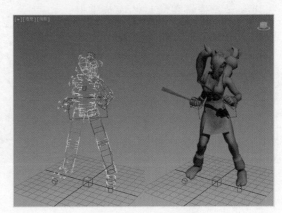

图6-156　动作设置

3. 摄影机与环境

<u>1</u> 进入 创建面板的 摄影机子面板并单击"目标"按钮，然后在"前视图"中拖拽建立目标摄影机，保持摄影机的选择状态并切换至"透视图"，在菜单中选择【视图】→【从视图创建摄影机】命令，将摄影机切换至当前"透视图"调节的角度，如图 6-157 所示。

<u>2</u> 在视图左上角的提示文字处单击鼠标右键，从弹出的菜单中选择【摄影机】→【Camera001（摄影机 001）】命令，将视图切换至"摄影机视图"，如图 6-158 所示。

<u>3</u> 在视图左上角的提示文字处单击鼠标右键，从弹出的菜单中选择"显示安全框"命令，使视图显示比例与渲染比例相同，如图 6-159 所示。

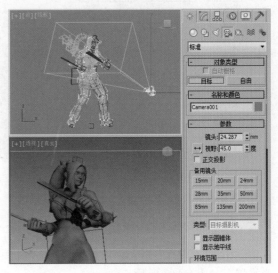

图6-157　建立摄影机

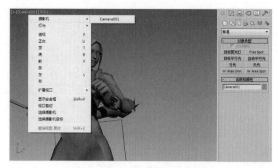

图6-158　切换至摄影机视图

图6-159　显示安全框

4 单击主工具栏中的 ✋ 渲染按钮，渲染制作完成的角色场景模型效果，如图 6-160 所示。

5 在菜单中选择【渲染】→【环境】命令，然后在弹出的对话框中设置环境光为浅灰色，使场景模型的亮度提升，如图6-161 所示。

> **提示** 环境光颜色是处于阴影中的对象的颜色，当由环境光而不是由直接光照明时，这种颜色就是对象反射的颜色，会直接控制场景的亮度。

6 单击主工具栏中的 ✋ 渲染按钮，渲染环境光所产生的效果，如图 6-162 所示。

图6-160　渲染模型效果

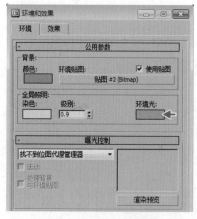

图6-161　环境光设置

图6-162　渲染环境光效果

↗ 6.4.2　场景灯光设置

"场景灯光设置"的制作流程分为 3 部分，包括：①主照明设置；②顶部补光设置；③底部补光设置，如图 6-163 所示。

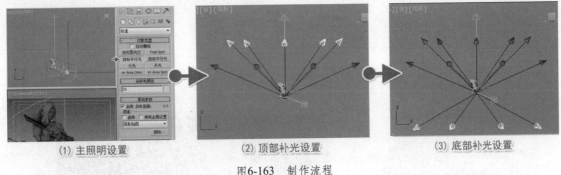

(1) 主照明设置   (2) 顶部补光设置   (3) 底部补光设置

图6-163　制作流程

1. 主照明设置

1 在 ✴ 创建面板中单击 🔦 灯光面板下的"目标聚光灯"按钮，在"前视图"的顶部位置拖拽建立并调整其位置，然后设置倍增值为 0.6、颜色为淡黄色，作为场景的主灯光照明，如图 6-164 所示。

2 在 ✴ 创建面板中单击 🔦 灯光面板下的"目标平行灯"按钮，然后在角色的面部朝向位置建立，如图 6-165 所示。

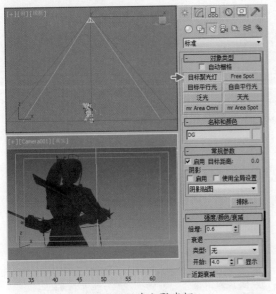

图6-164　建立聚光灯

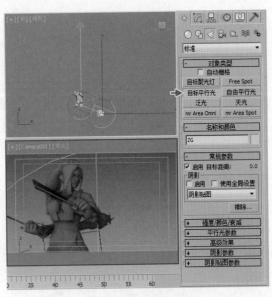

图6-165　建立平行光

3 在 ✏ 修改面板的"常规参数"卷展栏中启用"阴影"项并设置类型为"阴影贴图"，在"强度／颜色／衰减"卷展栏中设置倍增值为 0.6、颜色为淡黄色，如图 6-166 所示。

提示　顶部的灯光组多使用暖光，目的是提升主光的太阳效果。

4 单击主工具栏中的 🗘 渲染按钮，渲染主灯光产生的效果，如图 6-167 所示。

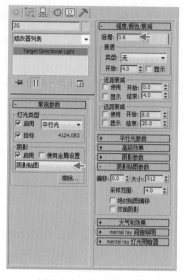

图6-166　平行光设置

图6-167　渲染主灯光效果

2. 顶部补光设置

⌐1⌐ 在 创建面板中单击 灯光面板下的 "Free Spot（自由聚光灯）" 按钮，然后在 "前视图" 中由右上方至角色中心建立灯光，作为场景顶部的补光，如图 6-168 所示。

⌐2⌐ 在 修改面板的 "常规参数" 卷展栏中启用 "阴影" 项并设置类型为 "阴影贴图" 类型，在 "聚光灯参数" 卷展栏中设置聚光区／光束值为 30、衰减区／区域值为 45；在 "强度／颜色／衰减" 卷展栏中设置倍增值为 0.05、颜色为淡蓝色；最后在 "阴影贴图参数" 卷展栏中设置大小值为 750、采样范围值为 20，在 "阴影参数" 卷展栏中设置密度值为 1.1，如图 6-169 所示。

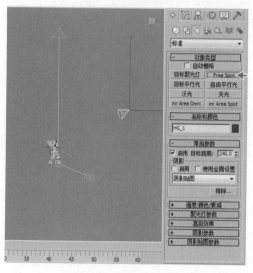

图6-168　建立聚光灯

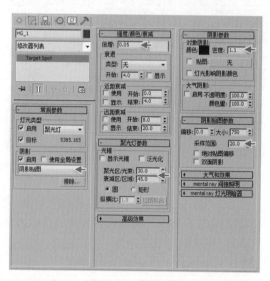

图6-169　参数设置

⌐3⌐ 在 "顶视图" 中选择建立的灯光，然后沿 X 轴与 Y 轴按 "Shift＋移动" 键进行对称复制操作，如图 6-170 所示。

⌐4⌐ 单击主工具栏中的 渲染按钮，渲染灯光产生的效果，如图 6-171 所示。

图6-170　复制灯光

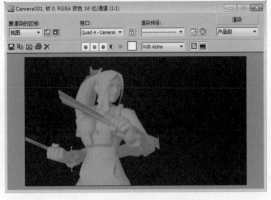

图6-171　渲染灯光效果

⑤ 选择顶部的两个补光，然后按"Shift＋旋转"键进行复制操作，在弹出的"克隆选项"对话框中设置对象方式为"实例"，再设置副本数量为 2，如图 6-172 所示。

⑥ 单击主工具栏中的 📷 渲染按钮，渲染灯光产生的效果，如图 6-173 所示。

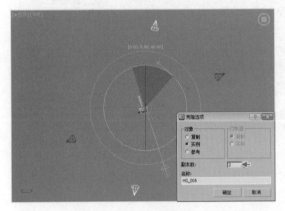

图6-172　旋转复制

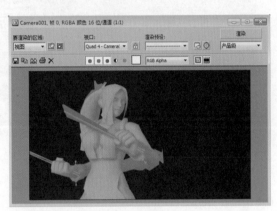

图6-173　渲染灯光效果

⑦ 完成场景的顶部补光照明分布，如图 6-174 所示。

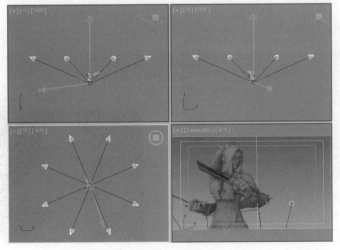

图6-174　灯光分布

⑧ 在 ※ 创建面板中单击 ○ 灯光面板下的"Free Spot（自由聚光灯）"按钮，然后在"前视图"中由右至左拖拽建立灯光，作为场景中顶部的第二组补光，如图 6-175 所示。

⑨ 在 ◿ 修改面板的"常规参数"卷展栏中启用"阴影"项并设置类型为"阴影贴图"类型，在"聚光灯参数"卷展栏中设置聚光区／光束值为 30、衰减区／区域值为 45；在"强度／颜色／衰减"卷展栏中设置倍增值为 0.1、颜色为淡蓝色；最后在"阴影贴图参数"卷展栏中设置大小值为 750、采样范围值为 20，在"阴影参数"卷展栏中设置密度值为 1.1，如图 6-176 所示。

 采样范围决定阴影内平均有多少区域，这将影响柔和阴影边缘的程度。

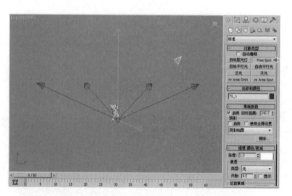

图6-175　建立聚光灯

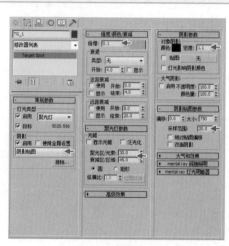

图6-176　参数设置

⑩ 选择顶部补光并按"Shift＋旋转"键进行复制操作，作为场景的第二组补光，如图 6-177 所示。

 灯光矩阵的亮度设置要非常弱，避免因多方向辅助照射而产生曝光过度。

⑪ 单击主工具栏中的 ○ 渲染按钮，渲染灯光产生的效果，如图 6-178 所示。

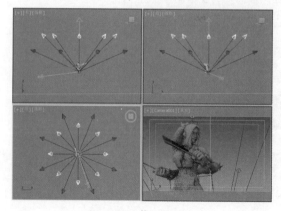

图6-177　第二组补光

图6-178　渲染顶部补光效果

3. 底部补光设置

1 在创建面板中单击灯光面板下的"Free Spot（自由聚光灯）"按钮，然后在"前视图"中由右下侧至角色中心建立灯光，再设置"强度／颜色／衰减"卷展栏中的倍增值为 0.05、颜色为草绿色，作为底部的灯光照明，如图 6-179 所示。

2 在主工具栏单击渲染按钮，渲染建立底部灯光所产生的效果，如图 6-180 所示。

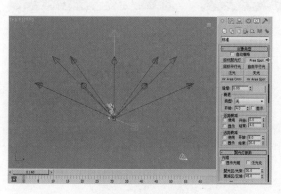

图6-179　建立聚光灯

图6-180　渲染灯光效果

3 与顶部补光复制方式相同，继续复制底部的补光，完成效果如图 6-181 所示。

提示

底部的灯光组多使用冷色，目的是强化暗部的颜色控制，从而产生冷暖的强对比灯光照明。

4 单击主工具栏中的渲染按钮，渲染灯光产生的效果，如图 6-182 所示。

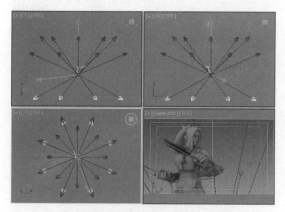

图6-181　场景灯光效果

图6-182　渲染底部补光效果

6.4.3　角色材质设置

"角色材质设置"的制作流程分为 3 部分，包括：①头部材质设置；②身体材质设置；③扇子材质设置，如图 6-183 所示。

(1) 头部材质设置　　　　　(2) 身体材质设置　　　　　(3) 扇子材质设置

图6-183　制作流程

1. 头部材质设置

1 在主工具栏中单击 🔲 材质编辑器按钮，选择一个空白材质球并设置名称为"头部"。在"贴图"卷展栏中为漫反射项目赋予本书配套光盘中的头部贴图，如图6-184所示。

2 单击主工具栏中的 🔲 渲染按钮，渲染赋予反射材质的效果，如图6-185所示。

3 在"贴图"卷展栏中将漫反射项目的头部贴图拖拽至不透明度项目上，进行"实例"方式复制，如图6-186所示。

> 提示 "实例"类型为创建原始对象的完全可交互克隆对象，当修改实例对象时与修改原对象的效果完全相同。

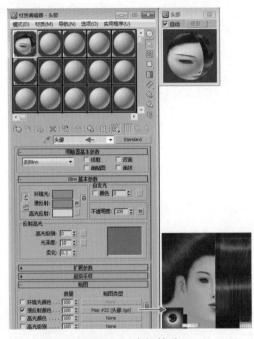

图6-184　头部材质

图6-185　渲染贴图效果

图6-186　复制贴图

4 角色贴图因为使用带有Alpha通道的TGA格式存储，所以在赋予透明贴图时，贴图中的黑色区域将产生透明显示，如图 6-187 所示。

⑤ 单击主工具栏中的 渲染按钮，渲染赋予透明材质的效果，如图 6-188 所示。

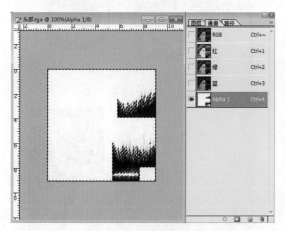

图6-187　黑白通道　　　　　　　　　　　　　图6-188　渲染材质效果

2. 身体材质设置

① 在主工具栏中单击 材质编辑器按钮，选择一个空白材质球并设置名称为"身体"。在"贴图"卷展栏中为漫反射项目赋予本书配套光盘中的身体贴图，如图 6-189 所示。

② 在主工具栏中单击 材质编辑器按钮，选择一个空白材质球并设置名称为"衣服"。在"贴图"卷展栏中为漫反射项目赋予本书配套光盘中的衣服贴图，如图 6-190 所示。

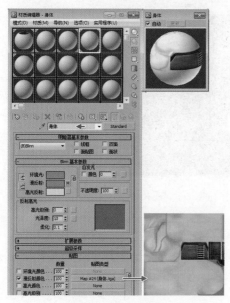

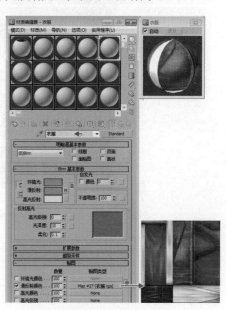

图6-189　身体材质　　　　　　　　　　　　　图6-190　衣服材质

③ 在主工具栏中单击 材质编辑器按钮，选择一个空白材质球并设置名称为"手部"。在"贴图"卷展栏中为漫反射项目赋予本书配套光盘中的手部贴图，如图 6-191 所示。

④ 在主工具栏中单击 材质编辑器按钮，选择一个空白材质球并设置名称为"配饰"。在"贴图"卷展栏中为漫反射项目赋予本书配套光盘中的配饰贴图，如图 6-192 所示。

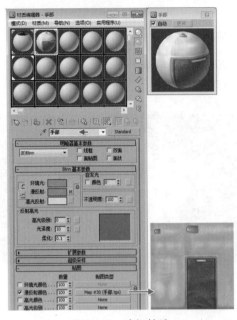

图6-191　手部材质

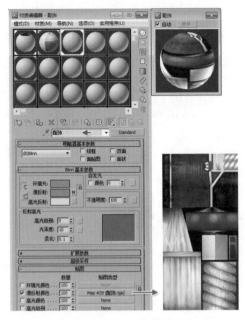

图6-192　配饰材质

⑤ 单击主工具栏中的 🖽 渲染按钮，渲染身体的材质效果，如图 6-193 所示。

图6-193　渲染身体材质效果

3. 扇子材质设置

① 在主工具栏中单击 🔲 材质编辑器按钮，选择一个空白材质球并设置名称为"扇子"，然后设置为"金属"明暗器类型，再设置漫反射的颜色为深，如图 6-194 所示。

　　"金属"明暗处理中提供了效果逼真的金属表面及各种看上去像有机体的材质。

② 在主工具栏中单击 🔲 材质编辑器按钮，选择一个空白材质球并设置名称为"纸"，然后为漫反射项目赋予"噪波"呈现贴图，再设置噪波的参数，如图 6-195 所示。

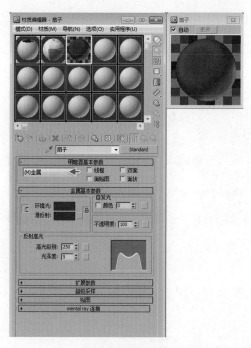

图6-194　扇子材质

图6-195　纸材质

[3] 在"贴图"卷展栏中将漫反射项目的"噪波"贴图拖拽至凹凸项目上，进行"实例"方式复制，如图 6-196 所示。

[4] 单击主工具栏中的渲染按钮，渲染扇子的材质效果，如图 6-197 所示。

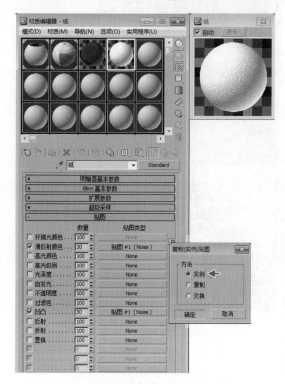

图6-196　复制凹凸贴图

图6-197　渲染扇子材质效果

↗ 6.4.4 环境效果设置

"环境效果设置"的制作流程分为 3 部分，包括：①背景环境设置；②大气装置设置；③雾效果设置，如图 6-198 所示。

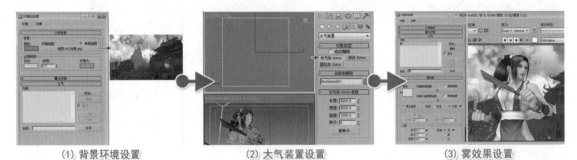

(1) 背景环境设置　　　　　　(2) 大气装置设置　　　　　　(3) 雾效果设置

图6-198　制作流程

1. 背景环境设置

1 在菜单中选择【渲染】→【环境】命令，准备设置背景环境设置，如图 6-199 所示。

2 在弹出的"环境和效果"对话框中为环境贴图项目赋予本书配套光盘中的贴图，如图 6-200 所示。

3 单击主工具栏中的🔘渲染按钮，渲染赋予环境贴图的效果，如图 6-201 所示。

图6-199　选择环境命令

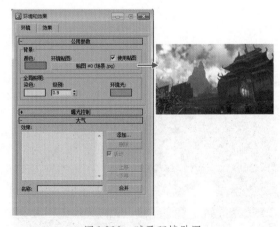

图6-200　赋予环境贴图

图6-201　渲染环境贴图效果

2. 大气装置设置

1 进入 ✴ 创建面板辅助对象的大气装置项目，然后选择"长方体 Gizmo"命令并在视图中角色与背景之间建立，再设置长度值为5000、宽度值为5000、高度值为1000，如图6-202所示。

2 调节建立大气装置的角度，使大气效果按照角色的动作进行匹配，如图6-203所示。

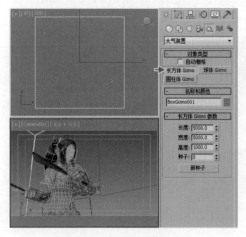

图6-202　建立长方体Gizmo

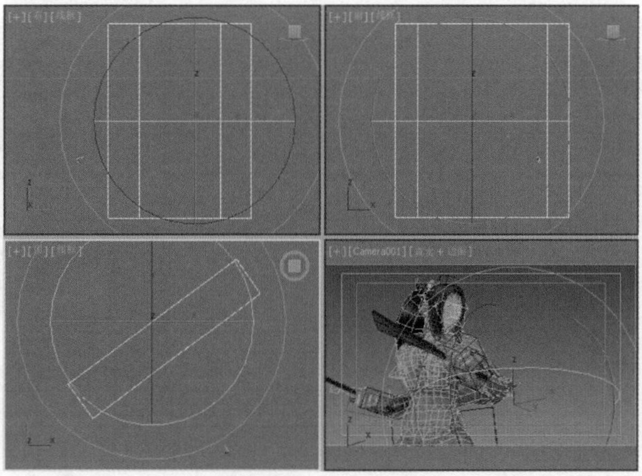

图6-203　角度调节

3 在"环境和效果"的"大气"卷展栏中单击添加按钮，然后在弹出的"添加大气效果"对话框中选择"雾"项目，如图6-204所示。

> 提示
>
> "雾"项目提供了雾和烟雾的大气效果，可以使对象随着与摄影机距离的增加逐渐褪光（标准雾），或提供分层雾效果，使所有对象或部分对象被雾笼罩。只有摄影机视图或透视视图中会渲染雾效果，正交视图或用户视图不会渲染雾效果。

4 单击主工具栏中的 渲染按钮，渲染添加雾的效果，如图6-205所示。

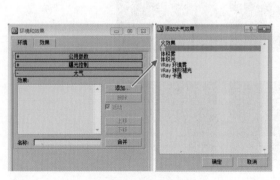

图6-204　添加雾效果

图6-205　渲染雾效果

3. 雾效果设置

1 在"大气"卷展栏中设置雾的颜色为淡蓝色，然后设置雾的类型为"分层"，再设置分层的顶部值为80、密度值为30、衰减值类型为顶部，使场景产生淡淡的蓝色雾效果，如图6-206所示。

2 单击主工具栏中的 渲染按钮，渲染设置雾的效果，如图6-207所示。

图6-206　参数设置

图6-207　最终渲染效果

6.5　习题

　　下面将制作"漂泊者"角色渲染范例，制作流程如图 6-208 所示。制作完成的"漂泊者"效果如图 6-209 所示。

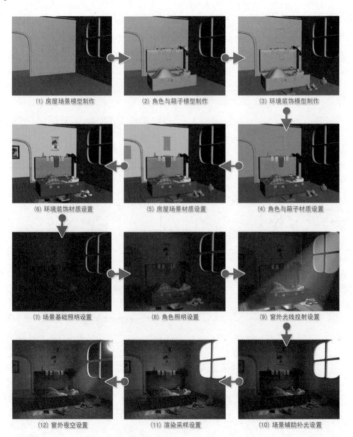

图6-208　漂泊者的制作流程

图6-209　漂泊者的渲染效果

 制作模型时应该先将房屋的场景模型制作出来，然后依次建立角色、箱子和装饰模型，完成模型后再设置场景的材质，最后再通过灯光和渲染器使场景更加完整。

第 7 章
场景渲染

　　本章首先介绍了场景的光照特性知识，然后通过范例"破旧工厂"、"简约别墅"、"幽静小巷"、"海景别墅"、"现代别墅"、"昏黄郊区"和"欧式大厅"详细介绍了三维动画场景渲染的方法和技巧。

动 画电影的场景类型与所有影视作品中的场景类型一样，都是依据文学剧本和分镜头剧本的要求进行设置的，利用灯光和材质的巧妙设计可以营造出影片的氛围。

7.1 场景的光照特性

光照处理是指根据作品主题思想或内容的要求，运用光线表现手法塑造人物形象或景物形象，使之达到作品内容所要求的艺术效果，即完成造型和表现戏剧气氛等表象和表意的任务。

↗ 7.1.1 光的强度与性质

光的强度主要包括光源强度和被摄体的反射程度，自然光的强度由季节、气候、时刻及周围环境所决定，而不同的反光率则决定被摄体的反射光强度，如图7-1所示。

光的性质是由光源面积决定的，根据面积的不同，光的性质有直射光和散射光之分。直射光是指由点光源发出的强烈光线，方向性明确，其造型特点具有明显的受光面、背光面和投影，这构成了被摄体的立体形态。散射光是

图7-1 《海底总动员》中灯光强度效果

指由面光源发出的具有漫反射性质的柔和光线，方向性不明确，缺乏明暗反差并且影调平淡，对被摄体的立体感、质感表现也较弱，需要靠其自身的色彩和影调对比来完成。

↗ 7.1.2 光的颜色与方向

光的颜色和方向可以最直接地控制作品风格。光的波长决定了光的颜色，光的颜色主要有白光与有色光，而物体会对光线产生吸收与反射。光的水平方向有顺光、前侧光、正侧光、侧逆光和逆光，垂直方向有平射光、斜射光、顶光和脚光，在实际设置时，水平和垂直方向的光线通常是结合在一起运用的，如图 7-2 所示。

图7-2 《超人总动员》中灯光颜色和方向效果

↗ 7.1.3 光的基调与气氛

光的基调是指画面中总的影调或色调倾向，如高调、低调、暖调、冷调等。基调是统领画面影调或色调的纲，也是构成画面和谐、统一的重要因素。对画面基调的处理，即是取得光线造型上的语言价值。基调本身既是审美语言，也有审美价值，可以通过控制光线的投射方向、性质、强弱、光比及色温等方法来控制画面基调，如图7-3所示。

气氛是指在特定环境中，人所能感受到的某种情调和气息，这种情调和气息会刺激或影响人的情感，从而产生某种情绪。通过不同的摄影造型，表现气氛可分为造型气氛、天体气氛、戏剧气氛等，如图7-4所示。

图7-3 《怪物公司》中色彩基调效果

图7-4 《飞屋环游记》中环境气氛效果

↗ 7.1.4 常用布光方式

常用布光方式包括主光、辅助光、背景光、轮廓光和修饰光。

1. 主光

主光是对被摄体进行造型的主要光线，是画面中最引人注目的光线。主光的性质、投射方向决定了被摄体外部形态的塑造、立体感和质感的表现，以及画面空间深度感的营造，也是对被摄体外部形态塑造和主题表达的重要创作元素之一，如图 7-5 所示。

2. 辅助光

辅助光是补充主光照明背光面的光，其强度不能高于主光。辅助光的作用是减弱由于主光照明后造成的生硬阴影，以减弱受光面与背光面的反差，更好地表现出背光面的细节、表面质感和立体感，从而完整地表现被摄体的外部特征和影响画面的基调、趋向和气氛，如图 7-6 所示。

图7-5 主光的设置

3. 背景光

背景光是专门用来照明除被摄主体外画面背景环境的光，背景光还有造型的作用，背景光的强弱可直接影响被摄主体的表现，如图 7-7 所示。

图7-6 辅助光的设置

图7-7 背景光的设置

4. 轮廓光

轮廓光是指物体四周边缘或图形的外框，构成物体之间轮廓区别的条件是应有足够的亮度间距或色彩差别，专门用来塑造被摄体外部形态的光称为轮廓光。轮廓光造成的投影既表明了光线投射高度和时间概念，也可以直接作为表现对象。

5. 修饰光

修饰光是用来对被摄体局部造型进行照明，用以补充、强调和修饰局部细节的光，通常用于被摄体某些部位因照明不足而另外进行补充照明，在其强度、面积上均不应影响主光对被摄体的整体造型。

7.2 范例——破旧工厂

"破旧工厂"范例主要使用几何体组合搭建场景模型，然后通过位图、混合材质并应用污垢、法线凹凸等贴图类型，再配合VR太阳系统模拟出细腻的光影分布，使破旧场景的效果非常真实，如图7-8所示。

【制作流程】

"破旧工厂"范例的制作流程分为4部分，包括：①场景模型制作；②场景灯光设置；③场景材质设置；④场景渲染设置，如图7-9所示。

图7-8　范例效果

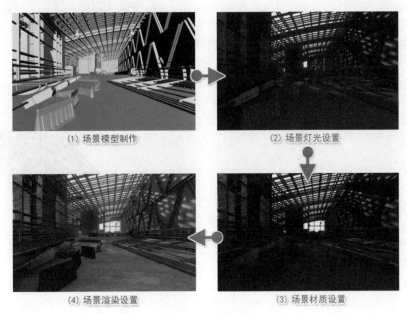

(1) 场景模型制作　　　　　　(2) 场景灯光设置

(4) 场景渲染设置　　　　　　(3) 场景材质设置

图7-9　制作流程

↗ 7.2.1 场景模型制作

"场景模型制作"的制作流程分为 3 部分，包括：①厂房框架模型；②添加内部模型；③摄影机设置，如图 7-10 所示。

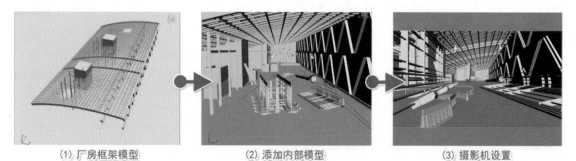

(1) 厂房框架模型　　　　　(2) 添加内部模型　　　　　(3) 摄影机设置

图7-10　制作流程

1. 厂房框架模型

1 在 ❖ 创建面板的 ◐ 几何体中选择标准基本体的"长方体"命令，然后在"顶视图"建立，作为场景中的地面模型，如图 7-11 所示。

2 使用 ◐ 几何体中的"平面"命令，然后在"顶视图"建立，作为场景中厂房内部地面模型，如图 7-12 所示。

3 使用 ◐ 几何体中的"长方体"命令，然后配合"编辑多边形"命令制作出厂房钢架，再通过复制搭建出整体钢结构模型，如图 7-13 所示。

4 使用 ◐ 几何体中的"长方体"命令，然后在"顶视图"建立，搭建出墙体模型，如图 7-14 所示。

5 使用 ◐ 几何体中的"长方体"命令，然后配合"编辑多边形"命令，制作出厂房钢体支架模型，如图 7-15 所示。

图7-11　创建长方体

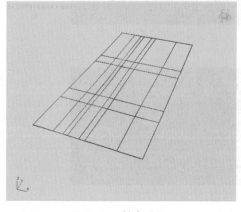

图7-12　创建平面

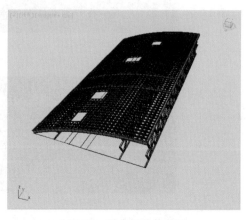

图7-13　制作刚结构模型

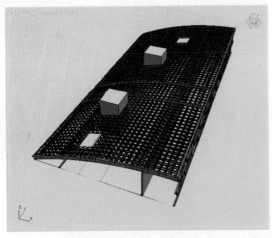

图7-14　制作墙体模型

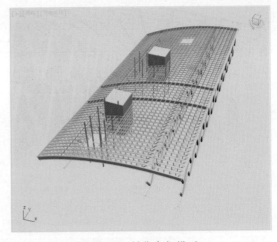

图7-15　制作支架模型

2. 添加内部模型

1 使用○几何体中的"长方体"命令，然后配合"编辑多边形"命令，制作出厂房内部散落的钢架模型，如图 7-16 所示。

2 使用○几何体中的"长方体"命令，配合"编辑多边形"命令制作出厂房窗户模型，然后使用□样条线的"线"命令绘制出厂房内部线缆图形并开启"在视口中启用"选项，再将其转换为可编辑多边形，如图 7-17 所示。

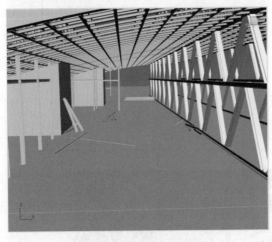

图7-16　制作散落钢架模型

图7-17　添加内部模型

3 使用○几何体中的"长方体"命令，配合"编辑多边形"命令制作出废旧卡车模型，然后使用○几何体搭建出废旧零件模型，如图 7-18 所示。

4 使用○几何体并配合"编辑多边形"命令制作出厂房内部的废弃框架模型，如图 7-19 所示。

3. 摄影机设置

1 进入※创建面板的■摄影机子面板并单击"目标"按钮，然后在"前视图"中拖拽建立目标摄影机，再切换至"透视图"并配合"Ctrl+C"键进行匹配，如图 7-20 所示。

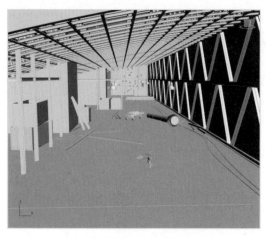

图7-18　添加车体与零件模型

图7-19　制作框架模型

2　在视图左上角的提示文字处单击鼠标右键，从弹出的菜单中选择【摄影机】→【Camera 001】命令，将视图切换至"摄影机视图"，如图 7-21 所示。

图7-20　创建摄影机

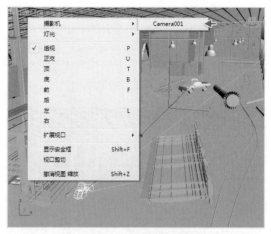

图7-21　切换摄影机视图

3　保持摄影机选择状态并切换至 ✏ 修改面板，设置镜头值为 20，调节摄影机广角效果，如图 7-22 所示。

提示　镜头以毫米为单位设置摄影机的焦距。使用"镜头"微调器来指定焦距值，而不是指定在"备用镜头"组框中按钮上的预设"备用"值。

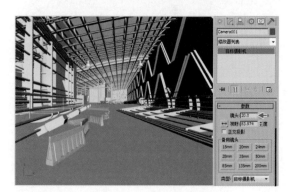

图7-22　设置镜头值

4　在视图左上角的提示文字处单击鼠标右键，从弹出的菜单中选择"显示安全框"命令，显示最终的渲染区域，如图 7-23 所示。

5　最终搭建完成的模型效果，如图 7-24 所示。

图 7-23　显示安全框

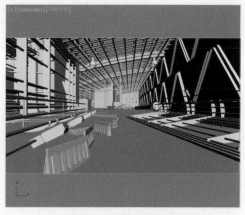

图 7-24　最终模型效果

⤴ 7.2.2　场景灯光设置

"场景灯光设置"的制作流程分为 3 部分，包括：①创建 VR 太阳灯光；②设置灯光参数；③渲染灯光效果，如图 7-25 所示。

　　(1) 创建 VR 太阳灯光　　　　　　(2) 设置灯光参数　　　　　　(3) 渲染灯光效果

图 7-25　制作流程

1. 创建 VR 太阳灯光

　1　单击主工具栏中的 渲染设置按钮，在弹出的渲染设置对话框的"指定渲染器"卷展栏中设置渲染器为 V-Ray 渲染器，如图 7-26 所示。

　2　在 创建面板 灯光中选择 VRay 类型下的"VR 太阳"命令按钮，然后在视图中建立"VR 太阳光"，如图 7-27 所示。

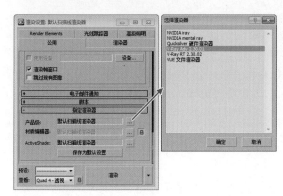

图 7-26　指定渲染器

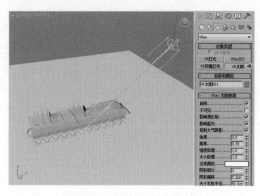

图 7-27　创建 VR 太阳灯光

3 在创建"VR太阳"灯光时会弹出"VRay太阳"对话框，单击选择"是"按钮为场景添加一张 VR 天空环境贴图，如图 7-28 所示。

4 将视图切换至"摄影机视图"，然后单击主工具栏中的 渲染按钮，渲染 VRay太阳光产生的效果，如图 7-29 所示。

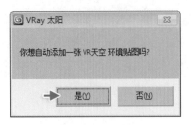

图7-28 添加环境贴图

图7-29 添加环境贴图

2. 设置灯光参数

1 在"透视图"中选择"VR太阳"灯光，然后切换至 修改面板，在"VRay太阳参数"卷展栏中设置强度倍增值为 0.05，降低主光源的亮度，如图 7-30 所示。

2 将视图切换至"摄影机视图"，然后单击主工具栏中的 渲染按钮，渲染调节之后的灯光效果，如图 7-31 所示。

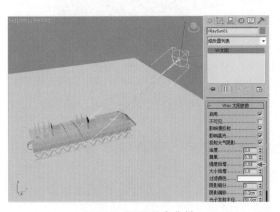

图7-30 设置强度倍增

图7-31 渲染灯光效果

3 切换至 修改面板，在"VRay太阳参数"卷展栏中设置大小倍增值为 1.5，调节太阳亮度的大小，得到更理想的阴影效果，如图 7-32 所示。

4 将视图切换至"摄影机视图"，然后单击主工具栏中的 渲染按钮，渲染调节之后的灯光效果，如图 7-33 所示。

3. 渲染灯光效果

1 在 创建面板 灯光中选择 VRay 类型下的"VR灯光"命令按钮，然后在厂房一侧建立VR灯光作为场景补光，如图 7-34 所示。

2 将视图切换至"摄影机"视图，然后单击主工具栏中的 渲染按钮，渲染场景补光效果，如图 7-35 所示。

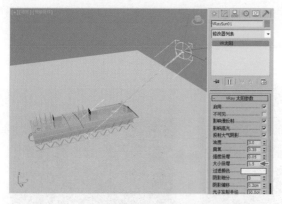

图7-32　设置大小倍增

图7-33　渲染灯光效果

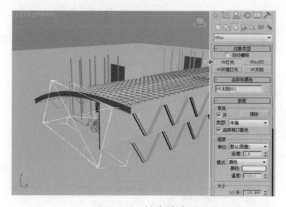

图7-34　创建补光

图7-35　渲染补光效果

③　单击主工具栏中的 渲染设置按钮，在"间接照明（GI）"卷展栏中开启全局照明的开关，如图 7-36 所示。

间接照明是指灯具或者光源不是直接将光线投向被照射物，而是通过墙壁，镜面或者地板反射后的照明效果。

④　单击主工具栏中的 渲染按钮，渲染场景最终灯光效果，如图 7-37 所示。

图7-36　开启间接照明

图7-37　渲染灯光效果

↗ 7.2.3 场景材质设置

"场景材质设置"的制作流程分为 3 部分,包括:①地面与墙面材质设置;②金属材质设置;③其他材质设置,如图 7-38 所示。

(1) 地面与墙面材质设置　　(2) 金属材质设置　　(3) 其他材质设置

图7-38　制作流程

1. 地面与墙面材质设置

<u>1</u> 为了得到更好的材质效果,在主工具栏中单击 材质编辑器按钮,选择一个空白材质球并单击"标准"材质按钮切换至"VR 材质"类型,如图 7-39 所示。

<u>2</u> 设置材质球名称为"地面",然后单击漫反射后的按钮并在弹出的"材质/贴图浏览器"中选择"位图",准备为材质球添加贴图,如图 7-40 所示。

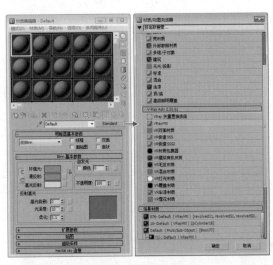

图7-39　切换材质类型

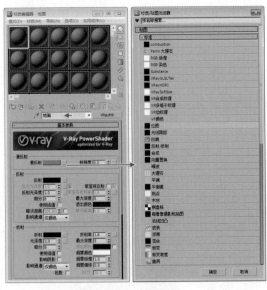

图7-40　选择位图

<u>3</u> 在弹出的"选择位图图像文件"对话框中选择本书配套光盘中的"地面"贴图,如图 7-41 所示。

<u>4</u> 在"基本参数"卷展栏中设置高光光泽度值为 0.5、反射光泽度值为 0.7,调节出地面的表面光泽效果,如图 7-42 所示。

<u>5</u> 在材质编辑器中选择一个空白材质球并设置名称为"水泥"。单击"标准"材质按钮切换至"VR 材质"类型,然后在基本参数卷展栏中设置高光光泽度值为 0.57、反射光泽度值为 0.85,

并为漫反射赋予本书配套光盘中的"水泥"贴图，
如图 7-43 所示。

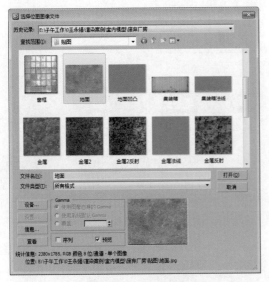

图7-41　选择贴图

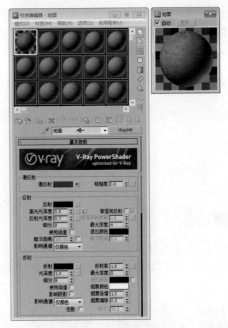

图7-42　设置基本参数

6　为了得到破旧的材质效果，单击"VR 材质"按钮，在弹出的"材质／贴图浏览器"中选择"VR 混合材质"类型，准备切换材质类型，如图 7-44 所示。

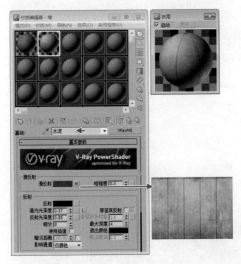

图7-43　水泥材质

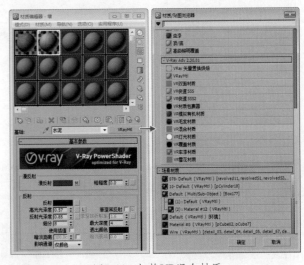

图7-44　切换VR混合材质

7　在切换 VR 混合材质类型时会弹出替换材质对话框，选择"将旧材质保存为子材质"项，将水泥材质保存作为基本材质，如图 7-45 所示。

8　单击"镀膜材质"按钮，为其添加"VR 材质"类型，如图 7-46 所示。

9　添加"VR 材质"类型后设置材质名称为"镀膜"，再设置漫反射颜色为黑色，如图 7-47 所示。

10　单击"混合数量"材质按钮，为其添加"VR 污垢"类型，如图 7-48 所示。

11　添加"VR 污垢"类型后设置材质名称为"污垢"，在"VRay 污垢参数"卷展栏中设置半径值为 19、阻光颜色为白色、非阻光颜色为黑色、衰减值为 1、细分值为 28，如图 7-49 所示。

⑫ 将视图切换至"摄影机"视图，然后单击主工具栏中的 渲染按钮，渲染场景地面与墙面材质的效果，如图 7-50 所示。

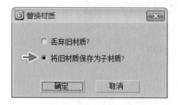

图7-45　替换材质

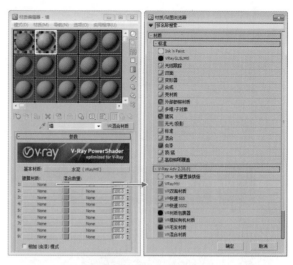

图7-46　设置VR材质类型

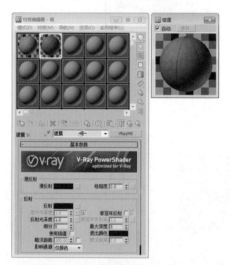

图7-47　设置VR材质类型

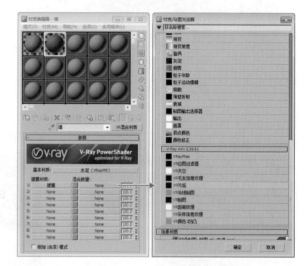

图7-48　设置VR污垢类型

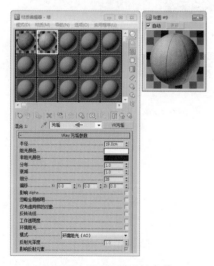

图7-49　设置VR污垢参数

图7-50　渲染材质效果

2. 金属材质设置

1 在材质编辑器中选择一个空白材质球并设置名称为"金属"。单击"标准"材质按钮切换至"VR材质"类型，然后在"基本参数"卷展栏中为漫反射添加本书配套光盘中的"金属"贴图，再为反射添加本书配套光盘中的"金属反射"贴图并设置高光光泽度值为 0.55、反射光泽度值为 0.75、细分值为 12，如图 7-51 所示。

2 为了得到更好的凹凸效果，在贴图卷展栏的凹凸项目中添加"法线凹凸"程序贴图，如图 7-52 所示。

> **提示** "法线凹凸"贴图使用纹理烘焙法线贴图，可以将其指定给材质的凹凸组件、位移组件或两者皆可，可以更正看上去平滑失真的边缘，但是会增加几何体的面。

3 添加完成后，为法线添加本书配套光盘中的"金属法线"贴图，如图 7-53 所示。

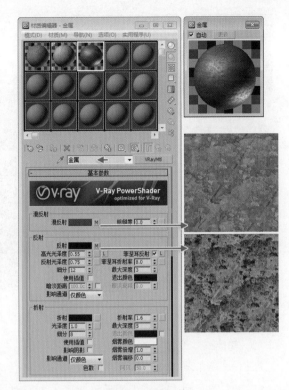

图7-51　金属材质

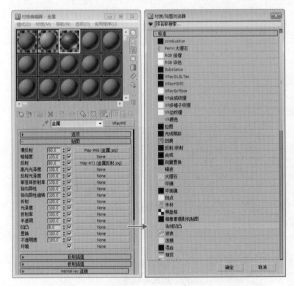

图7-52　添加法线凹凸

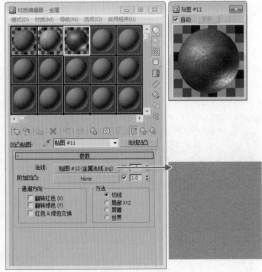

图7-53　添加法线贴图

4 在材质编辑器中选择一个空白材质球并设置名称为"金属2"，再切换至"VR材质"类型。在"贴图"卷展栏分别为漫反射与凹凸分别赋予本书配套光盘中的"金属2"贴图，在反射中赋予本书配套光盘中的"金属2反射"贴图，如图 7-54 所示。

5 单击主工具栏中的 渲染按钮，渲染场景中金属材质的效果，如图 7-55 所示。

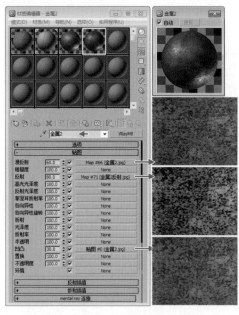

图7-54　金属2材质　　　　　　　　　　　　　图7-55　金属材质效果

3. 其他材质设置

　　1 在材质编辑器中选择一个空白材质球并设置名称为"砖"，再切换至"VR材质"类型。在"贴图"卷展栏中分别为漫反射赋予本书配套光盘中的"砖"贴图，在凹凸项目中赋予"法线凹凸"程序贴图并为其中的法线赋予本书配套光盘中的"砖法线"贴图，为附加凹凸赋予本书配套光盘中的"砖凹凸"贴图，如图7-56所示。

　　2 在材质编辑器中选择一个空白材质球并设置名称为"集装箱"，单击"标准"材质按钮切换至"VR材质"类型。在"基本参数"卷展栏中为漫反射赋予本书配套光盘中的"集装箱"贴图，再设置高光光泽度值为0.63、反射光泽度值为0.8，如图7-57所示。

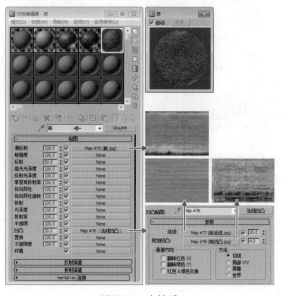

图7-56　砖材质

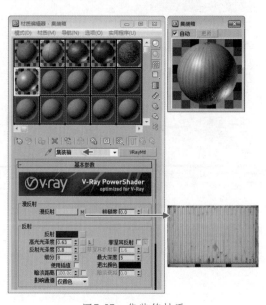

图7-57　集装箱材质

③ 在材质编辑器中选择一个空白材质球并设置名称为"黑"，单击"标准"材质按钮切换至"VR 材质"类型。在"基本参数"卷展栏中设置漫反射颜色为黑色，再设置反射光泽度值为 0.5、细分值为 16，如图 7-58 所示。

④ 在材质编辑器中选择一个空白材质球并设置名称为"红"，然后单击"标准"材质按钮切换至"VR 材质"类型。在"基本参数"卷展栏中设置漫反射颜色为红色，再设置反射光泽度值为 0.87、细分值为 16，如图 7-59 所示。

⑤ 单击主工具栏中的 ☕ 渲染按钮，渲染场景材质最终效果，如图 7-60 所示。

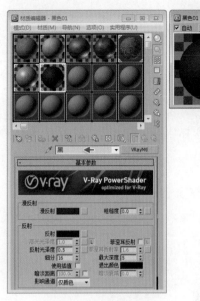

图7-58　黑材质

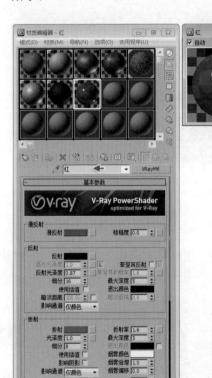

图7-59　红材质

图7-60　渲染材质效果

↗ 7.2.4　场景渲染设置

"场景渲染设置"的制作流程分为 3 部分，包括：①采样与环境设置；②间接照明设置；③ DMC 采样器设置，如图 7-61 所示。

(1) 采样与环境设置　　　　　　　(2) 间接照明设置　　　　　　　(3) DMC 采样器设置

图7-61　制作流程

1. 采样与环境设置

1 在"图像采样器（反锯齿）"卷展栏中设置抗锯齿过滤器为"Mitchell-Netravali"，然后设置最大细分值为 6，如图 7-62 所示。

2 参数调节完成后，单击主工具栏中的 ⚙ 渲染按钮，渲染场景效果，如图 7-63 所示。

图7-62　设置图像采样器

图7-63　渲染场景效果

3 在"环境 [无名]"卷展栏中开启全局照明天光开关，然后设置为浅黄色并为其赋予"VR天空"程序贴图，再设置倍增值为 5，主要用来模拟天光效果；在"颜色贴图"卷展栏中设置类型为"指数"、暗色倍增值为 2、亮度倍增值为 2.4，可以快速得到合理的曝光效果，如图 7-64 所示。

4 单击主工具栏中的 ⚙ 渲染按钮，渲染环境与颜色贴图效果，如图 7-65 所示。

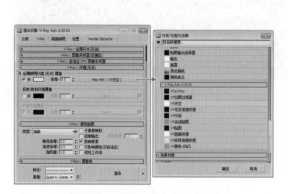

图7-64　设置环境与颜色贴图

图7-65　渲染场景效果

2. 间接照明设置

⑴ 在"渲染设置"对话框的间接照明选项中先设置"间接照明（GI）"卷展栏中全局照明为开启状态，然后设置首次反弹的全局照明引擎为"发光图"类型，以及二次反弹的全局照明引擎为"灯光缓存"类型，如图 7-66 所示。

⑵ 单击"渲染设置"对话框中的"渲染"按钮，渲染当前场景效果，如图 7-67 所示。

图7-66　设置间接照明

图7-67　渲染间接照明效果

⑶ 在"发光图 [无名]"卷展栏中设置当前预置为"中"，并激活选项的"显示计算相位"与"显示直接光"选项，如图 7-68 所示。

⑷ 在间接照明选项中设置"灯光缓存"卷展栏中的细分值为 500，再激活"显示计算相位"项，提高渲染器计算的图像画质，如图 7-69 所示。

"显示计算相位"选项可以显示被追踪的路径，它对灯光贴图的计算结果没有影响，只是可以给用户一个比较直观的视觉反馈。

图7-68　设置发光图

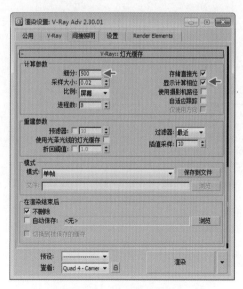

图7-69　设置灯光缓存

⑤ 在参数设置完成后，单击"渲染设置"对话框中的"渲染"按钮，渲染时会显示渲染过程，如图 7-70 所示。

⑥ 渲染完成后观察场景效果，如图 7-71 所示。

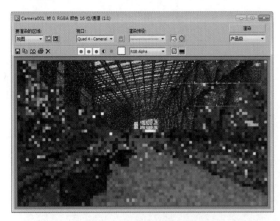

图7-70　渲染图像过程

图7-71　渲染场景效果

3. DMC采样器设置

① 在"渲染设置"对话框的设置选项中，在"DMC 采样器"卷展栏中设置适应数量值为 0.75、噪波阈值为 0.002，使渲染器控制区域内噪点尺寸能得到更加细腻的处理；然后在"系统"卷展栏下设置光线计算参数的动态内存限制为 2000，使系统可以调用更多的内存进行计算，如图 7-72 所示。

② 单击"渲染设置"对话框中的"渲染"按钮，渲染当前场景的最终效果，如图 7-73 所示。

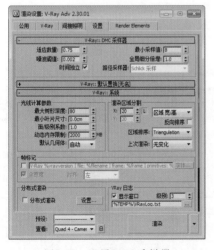

图7-72　设置DMC采样器

图7-73　渲染场景最终效果

7.3　范例——简约别墅

"简约别墅"范例主要使用几何体组合搭建场景模型，通过位图、衰减等贴图类型，再配合

VR 球星灯光与 VR 灯光模拟出细腻的光影分布，使别墅场景的效果非常真实，如图 7-74 所示。

图7-74　范例效果

【制作流程】

"简约别墅"范例的制作流程分为4部分，包括：①场景模型制作；②场景灯光设置；③场景材质设置；④场景渲染设置，如图7-75所示。

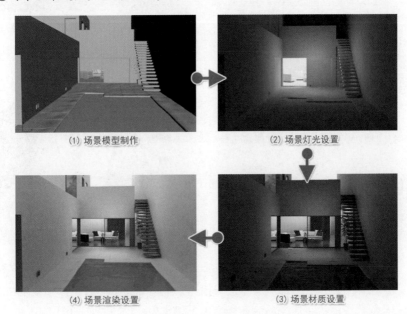

图7-75　制作流程

↗ 7.3.1　场景模型制作

"场景模型制作"的制作流程分为 3 部分，包括：①建筑主体模型制作；②丰富场景模型；③摄影机设置，如图 7-76 所示。

(1) 建筑主体模型制作　　(2) 丰富场景模型　　(3) 摄影机设置

图7-76　制作流程

1. 建筑主体模型制作

1 在创建面板几何体中选择标准基本体的"长方体"命令，然后在"顶视图"建立，并配合编辑多边形命令制作出别墅地面模型，如图 7-77 所示。

2 使用几何体中的"平面"命令，然后在"顶视图"建立并为其添加"编辑多边形"命令，分别制作出外部地面与内部水池模型，如图 7-78 所示。

3 在创建面板几何体中选择标准基本体的"长方体"命令搭建出别墅楼体模型，如图 7-79 所示。

图7-77　制作地面模型

图7-78　制作水池模型

图7-79　搭建楼体模型

4 使用几何体中的"长方体"命令进行搭建，丰富场景模型效果，如图 7-80 所示。

5 使用几何体中的"平面"命令在场景中创建作为环境模型，如图 7-81 所示。

2. 丰富场景模型

1 使用几何体中的"长方体"命令搭建出楼体模型，然后为其添加"编辑多边形"命令，调节出楼体的造型，如图 7-82 所示。

2 使用几何体并配合"编辑多边形"命令制作出装饰植物模型，丰富场景模型效果，如图 7-83 所示。

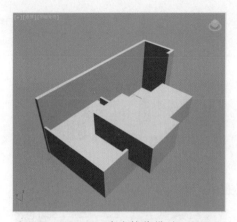

图7-80 丰富楼体模型

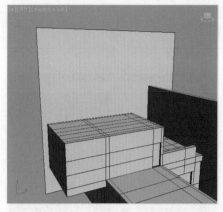

图7-81 创建环境模型

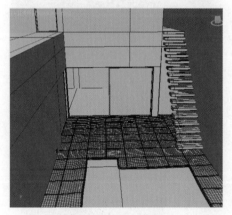

图7-82 创建环境模型

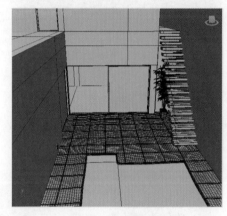

图7-83 创建植物模型

⌊3⌋ 使用○几何体并配合"编辑多边形"命令制作出内部家具模型，使场景更具家庭气息，如图 7-84 所示。

3. 摄影机设置

⌊1⌋ 进入◆创建面板的◆摄影机子面板并单击"目标"按钮，然后在"前视图"中拖拽建立摄影机，再切换至"透视图"并配合"Ctrl+C"快捷键进行匹配，如图 7-85 所示。

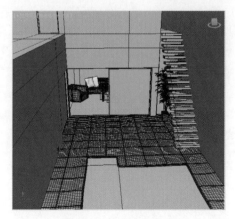

图7-84 创建家具模型

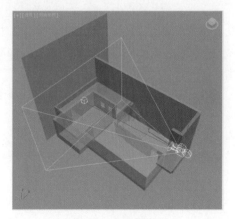

图7-85 创建摄影机

② 在视图左上角的提示文字处单击鼠标右键，从弹出的菜单中选择【摄影机】→【Camera 001】命令，将视图切换至"摄影机视图"，如图 7-86 所示。

③ 摄影机视角效果，如图 7-87 所示。

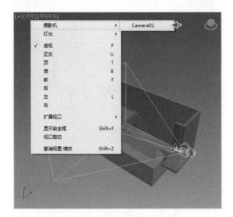

图7-86 切换摄影机视图

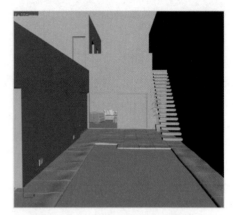

图7-87 摄影机视角效果

↗ 7.3.2 场景灯光设置

"场景灯光设置"的制作流程分为 3 部分，包括：①场景主光设置；②场景补光设置；③最终灯光效果，如图 7-88 所示。

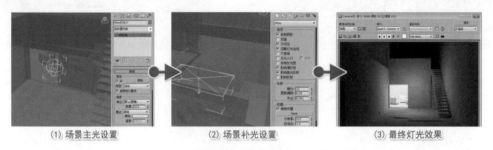

(1) 场景主光设置　　　　(2) 场景补光设置　　　　(3) 最终灯光效果

图7-88 制作流程

1. 场景主光设置

① 单击主工具栏中的 渲染设置按钮，在弹出的渲染设置对话框的"指定渲染器"卷展栏中设置为 V-Ray 渲染器，使用 VRay 渲染器才可以对创建的 VRay 灯光进行渲染，如图 7-89 所示。

② 在 创建面板 灯光中选择 VRay 下的"VR 灯光"命令按钮，然后在视图中院落中间位置创建，并在"参数"卷展栏中设置类型为"球体"，如图 7-90 所示。

③ 单击主工具栏中的 渲染按钮，渲染场景中院落中间位置的灯光效果，如图 7-91 所示。

④ 通过渲染发现灯光被渲染成白色的实体效果，保持灯光的选择状态并切换至 修改面板勾选"不可见"项，使灯光图标不计算渲染；然后继续在 修改面板中取消勾选"影响高光反射"与"影响反射"项，使灯光在渲染时不影响场景的高光与反射效果，如图 7-92 所示。

提示

"影响高光反射"选项将会影响到高光贴图的效果。

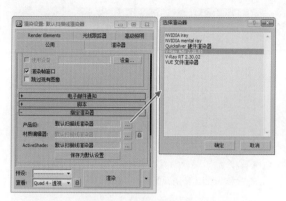

图7-89　切换渲染器

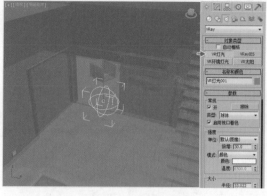

图7-90　创建VR灯光

图7-91　渲染灯光效果

图7-92　设置灯光参数

5　设置灯光的颜色为浅蓝色、倍增值为 15，如图 7-93 所示。

6　单击主工具栏中的 渲染按钮，渲染场景中的灯光照明效果，如图 7-94 所示。

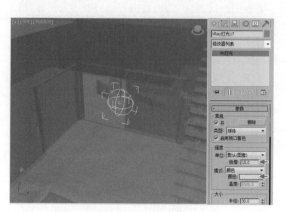

图7-93　置灯光参数

图7-94　渲染灯光效果

2. 场景补光设置

1 使用 ✦ 创建面板 ➘ 灯光中的"VR 灯光"命令,然后设置灯光颜色为黄色、强度的倍增值为 4,完成场景中室内灯光效果,如图7-95 所示。

2 保持选择状态勾选"不可见"项,取消勾选"影响反射"项,再设置采样的细分值为12,如图 7-96 所示。

3 单击主工具栏中的 ✿ 渲染按钮,渲染场景中室内的灯光照明效果,如图 7-97 所示。

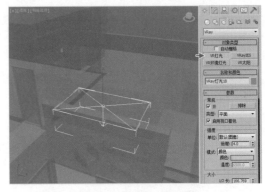

图7-95 渲染灯光效果

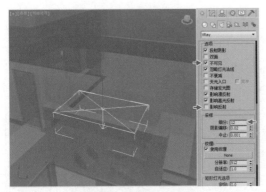

图7-96 渲染灯光效果

图7-97 渲染灯光效果

4 通过"Shift + 移动"键复制室内的灯光,并将其放置到对应的室内模型内部,然后使用 ⊞ 缩放工具调节灯光大小与室内空间进行匹配,得到更好的灯光效果,如图 7-98 所示。

5 单击主工具栏中的 ✿ 渲染按钮,渲染场景中室内的灯光照明效果,如图 7-99 所示。

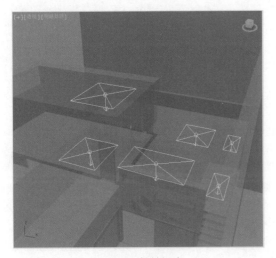

图7-98 复制灯光

图7-99 渲染灯光效果

3. 最终灯光效果

1 单击主工具栏中的 渲染设置按钮，在"间接照明（GI）"卷展栏下开启全局照明项目，如图 7-100 所示。

2 单击主工具栏中的 渲染按钮，渲染场景最终灯光效果，如图 7-101 所示。

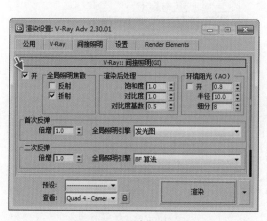

图7-100 开启间接照明

图7-101 渲染灯光效果

↗ 7.3.3 场景材质设置

"场景材质设置"的制作流程分为 3 部分，包括：①楼梯与墙面材质；②玻璃与水面材质；③其他材质设置，如图 7-102 所示。

(1) 楼梯与墙面材质　　　　　　　(2) 玻璃与水面材质　　　　　　　(3) 其他材质设置

图7-102 制作流程

1. 楼梯与墙面材质

1 为了得到更加真实的材质效果，在主工具栏中单击 材质编辑器按钮，选择一个空白材质球单击"标准"材质按钮切换至"VR 材质"类型，如图 7-103 所示。

2 设置材质球名称为"楼梯"，在"基本参数"卷展栏中设置反射颜色为深灰色、反射光泽度值为 0.66，调节出楼梯的表面光泽效果，如图 7-104 所示。

3 在"贴图"卷展栏中单击漫反射后的按钮并在弹出的"材质／贴图浏览器"中选择"位图"，准备为材质球添加贴图，如图 7-105 所示。

4 在弹出的"选择位图图像文件"对话框中选择本书配套光盘中的"楼梯石材"贴图，如图 7-106 所示。

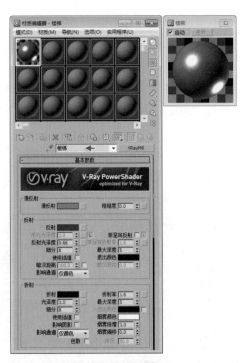

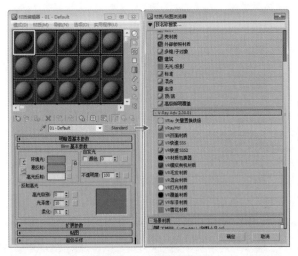

图7-103　切换材质类型

图7-104　楼梯材质

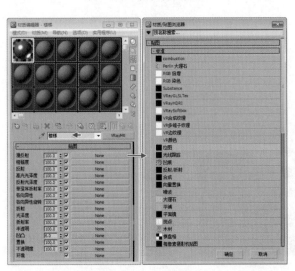

图7-105　添加位图

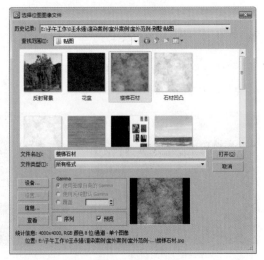

图7-106　选择位图

5 在漫反射后方的方块上单击鼠标右键，在弹出的菜单中选择复制命令，将漫反射贴图复制到剪切板，如图 7-107 所示。

6 将复制的贴图粘贴到凹凸中并设置凹凸值为 6，得到材质表面的凹凸效果，最后将设置完成的材质赋予场景中的楼梯模型，如图 7-108 所示。

7 选择一个空白材质球并设置名称为"墙体材质"，单击"标准"材质按钮切换至"VR 材质"类型。在"基本参数"卷展栏中为漫反射赋予本书配套光盘中的"墙体石材"贴图，然后设置反射颜色为深灰色、反射光泽度值为 0.48 及细分值为 10，最后将设置完成的材质赋予场景中的墙体模型，如图 7-109 所示。

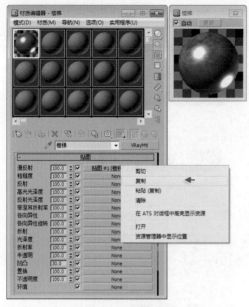

图7-107 复制贴图

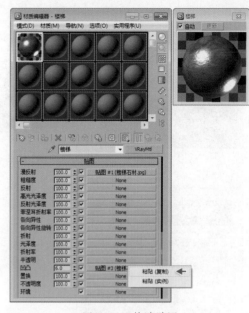

图7-108 粘贴贴图

[8] 单击主工具栏中的 渲染按钮，渲染场景楼梯与墙面材质效果，如图 7-110 所示。

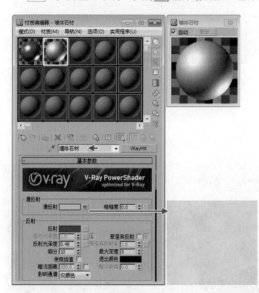

图7-109 墙体石材贴图

图7-110 渲染材质效果

2. 玻璃与水面材质

[1] 选择一个空白材质球并设置名称为"门窗框"。在"基本参数"卷展栏中设置漫反射颜色为灰色、反射颜色为深灰色、反射光泽度值为 0.7、细分值为 10，最后将设置完成的材质赋予场景中的门窗框模型，如图 7-111 所示。

[2] 选择一个空白材质球并设置名称为"水"。在"基本参数"卷展栏中设置漫反射颜色为深灰色、反射颜色为灰色、折射颜色为深灰色，并勾选"菲涅耳反射"项并设置菲涅耳折射率值为 1.9，最后将设置完成的材质赋予场景中的水面模型，如图 7-112 所示。

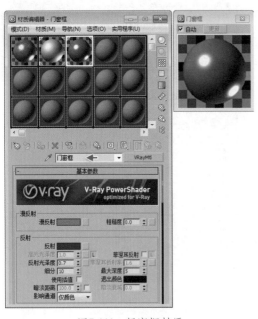

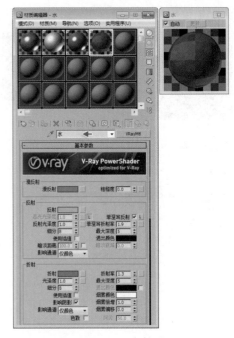

图7-111　门窗框材质　　　　　　　　　　　　　　　　图7-112　水材质

③　选择一个空白材质球并设置名称为"玻璃"。在"基本参数"卷展栏中为反射添加"衰减"程序贴图，设置漫反射颜色为绿色、反射细分值为10、折射颜色为浅灰色、细分值为10，并勾选"影响阴影"项，最后将设置完成的材质赋予场景中的玻璃模型，如图7-113所示。

④　单击主工具栏中的 渲染按钮，渲染场景中的玻璃与水面材质效果，如图7-114所示。

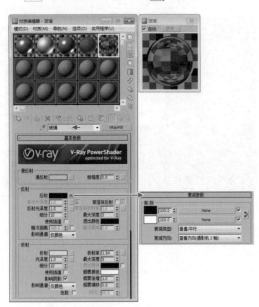

图7-113　玻璃材质　　　　　　　　　　　　　　　　图7-114　渲染材质效果

3. 其他材质设置

①　选择一个空白材质球并设置名称为"花盆"，单击"标准"材质按钮切换至"VR材质"

类型。然后在"基本参数"卷展栏中为漫反射赋予本书配套光盘中的"花盆"贴图，设置反射颜色为深灰色、反射光泽度值为 0.7，最后将设置完成的材质赋予场景中的花盆模型，如图 7-115 所示。

    2 选择一个空白材质球并设置名称为"叶子"，单击"标准"材质按钮切换至"VR 材质"类型。在"基本参数"卷展栏中为漫反射赋予本书配套光盘中的"叶子"贴图，设置反射颜色为深灰色、折射颜色为深灰色、反射光泽度值为 0.5、折射光泽度值为 0.4，最后将设置完成的材质赋予场景中的植物模型，如图 7-116 所示。

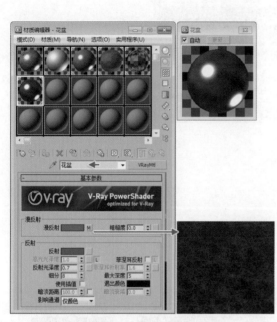

图7-115　花盆材质

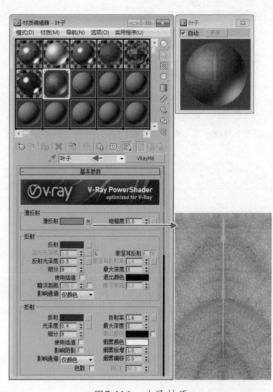

图7-116　叶子材质

    3 选择一个空白材质球并设置名称为"枝干"，单击"标准"材质按钮切换至"VR 材质"类型。在"基本参数"卷展栏中为漫反射赋予本书配套光盘中的"枝干"贴图，设置反射颜色为深灰色、反射光泽度值为 0.88，最后将设置完成的材质赋予场景中的植物模型，如图 7-117 所示。

    4 选择一个空白材质球并设置名称为"浅色抱枕"，单击"标准"材质按钮切换至"VR 材质"类型。在"基本参数"卷展栏中为漫反射赋予"浅色抱枕"程序贴图并调节前侧的颜色为浅灰色，最后将设置完成的材质赋予场景中的抱枕模型，如图 7-118 所示。

    5 在"材质编辑器"中选择一个空白材质球并设置名称为"黑色抱枕"，单击"标准"材质按钮切换至"VR 材质"类型。在"基本参数"卷展栏中设置漫反射颜色为黑色、反射颜色为深灰色、反射光泽度值为 0.72；选择"双向反射分布函数"卷展栏中的"沃德"类型，最后将设置完成的材质赋予场景中的抱枕模型，如图 7-119 所示。

    6 选择一个空白材质球并设置名称为"书"，单击"标准"材质按钮切换至"VR 材质"类型。在"基本参数"卷展栏中为漫反射赋予本书配套光盘中的"书"贴图，设置反射颜色为深灰色、反射光泽度值为 0.58，最后将设置完成的材质赋予场景中的书模型，如图 7-120 所示。

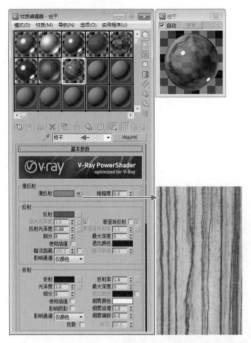

图7-117　枝干材质

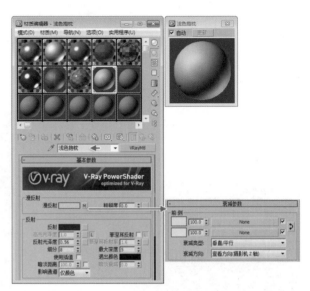

图7-118　浅色抱枕材质

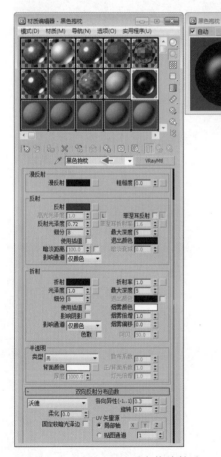

图7-119　黑色抱枕材质

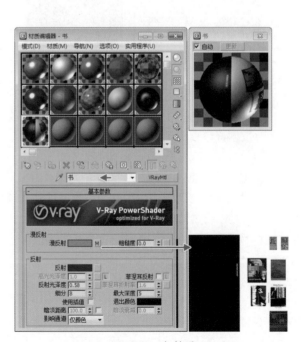

图7-120　书材质

[7] 选择一个空白材质球并设置名称为"茶镜",单击"标准"材质按钮切换至"VR 材质"类型。在"基本参数"卷展栏中设置漫反射颜色为黑色,设置反射颜色为深红色、反射光泽度值为 0.99,最后将设置完成的材质赋予场景中的茶镜模型,如图 7-121 所示。

[8] 单击主工具栏中的 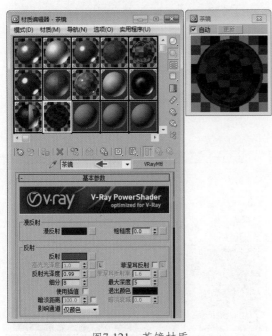 渲染按钮,渲染场景中的最终材质效果,如图 7-122 所示。

图7-121 茶镜材质   图7-122 最终材质效果

↗ 7.3.4 场景渲染设置

"场景渲染设置"的制作流程分为 3 部分,包括:①采样器设置;②间接照明设置;③ DMC 采样器设置,如图 7-123 所示。

(1) 采样器设置   (2) 间接照明设置   (3) DMC 采样器设置

图7-123 制作流程

1. 采样器设置

[1] 单击主工具栏中的 渲染设置按钮,开启渲染设置对话框,在 VRay 渲染项目的"全局开关 [无名]"卷展栏中关闭默认灯光,如图 7-124 所示.

[2] 在 V-Ray 选项的"图像采样器(反锯齿)"卷展栏中设置抗锯齿过滤器为"VRay Lanczos

Filter"类型，如图 7-125 所示。

3 单击主工具栏中的 渲染按钮，渲染场景效果，如图 7-126 所示。

4 在"环境 [无名]"卷展栏中开启全局照明环境（天光）覆盖项目并设置为浅蓝色、倍增值为 1.4，主要用来模拟天光颜色，如图 7-127 所示。

提示 实际上 VRay 并没有独立的天光设置，所以需要单独开启设置，允许在计算间接照明的时候替代 3ds Max 的环境设置。

5 单击主工具栏中的 渲染按钮，渲染场景效果，如图 7-128 所示。

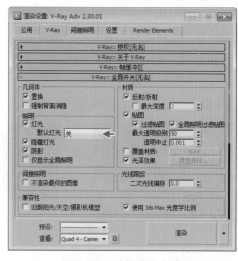

图7-124 关闭默认灯光

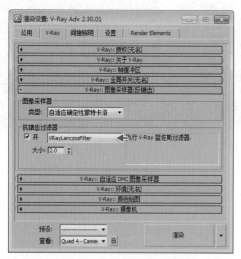

图7-125 关闭默认灯光

图7-126 渲染场景效果

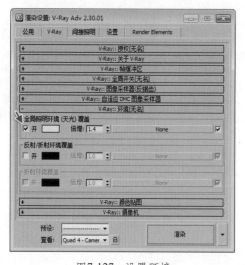

图7-127 设置环境

图7-128 渲染场景效果

2. 间接照明设置

1 在"渲染设置"对话框的间接照明选项中，设置二次反弹的全局照明引擎为"灯光缓存"类型，如图 7-129 所示。

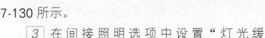

> **提示** 灯光缓存是一种近似于场景中全局光照明的技术，与光子贴图类似，但是没有其他的许多局限性。

2 在"发光图 [无名]"卷展栏中设置当前预置为"中"级别，然后激活选项的"显示计算相位"与"显示直接光"选项，如图 7-130 所示。

3 在间接照明选项中设置"灯光缓存"卷展栏中的细分值为 500，再激活"显示计算相位"项，提高渲染器计算的图像画质，如图 7-131 所示。

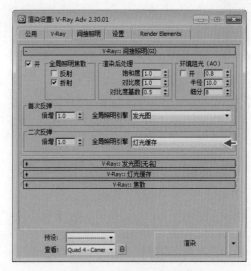

图7-129　设置二次反弹

图7-130　设置发光图

图7-131　设置灯光缓存

3. DMC采样器设置

1 在"渲染设置"对话框的设置选项中，在"DMC 采样器"卷展栏中设置噪波阈值为 0.005，使渲染器控制区域内噪点尺寸能得到更加细腻的处理，然后在"系统"卷展栏下设置光线计算参数的动态内存限制为 2000，使系统可以调用更多的内存进行计算，如图 7-132 所示。

2 单击"渲染设置"对话框中的"渲染"按钮，渲染当前场景的最终效果，如图 7-133 所示。

图7-132　设置DMC采样器

图7-133　场景最终效果

7.4　范例——幽静小巷

"幽静小巷"范例主要使用几何体组合搭建场景模型，通过位图、噪波等贴图类型，再配合VR太阳系统模拟出细腻的光影分布，使幽静小巷场景的效果更加真实，如图7-134所示。

图7-134　范例效果

【制作流程】

"幽静小巷"范例的制作流程分为4部分，包括：①场景模型制作；②场景灯光设置；③场景材质设置；④场景渲染设置，如图7-135所示。

↗ 7.4.1　场景模型制作

"场景模型制作"的制作流程分为3部分，包括：①主体模型制作；②添加附属模型；③摄影机设置，如图7-136所示。

(1) 场景模型制作　　　　　(2) 场景灯光设置

(4) 场景渲染设置　　　　　(3) 场景材质设置

图7-135　制作流程

(1) 主体模型制作　　　　　(2) 添加附属模型　　　　　(3) 摄影机设置

图7-136　制作流程

1. 主体模型制作

[1] 在☀创建面板〇几何体中选择标准基本体的"平面"命令，然后在"顶视图"建立作为场景中的地面模型，如图 7-137 所示。

[2] 使用〇几何体中的"长方体"命令，然后在"顶视图"建立并搭建出台阶与底部基石模型。然后为其添加"编辑多边形"命令，制作出台阶与基石的不规则效果，如图 7-138 所示。

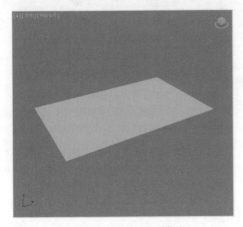

图7-137　创建地面模型

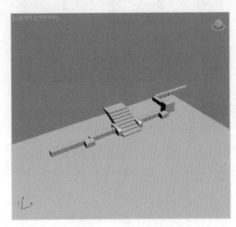

图7-138　台阶与基石模型

③ 在 ⚙ 创建面板 ⬡ 几何体中选择标准基本体的"平面"命令并在"前视图"建立，作为场景中的墙体模型，然后为其添加"编辑多边形"命令并切换至 ⋮ 顶点模式，使用 ✛ 移动工具调节出墙体形状，如图 7-139 所示。

2. 添加附属模型

① 使用 ⬡ 几何体中的"长方体"命令，然后配合"编辑多边形"命令制作出支柱与拱形横梁模型，再通过"Shift+ 移动"键进行复制，如图 7-140 所示。

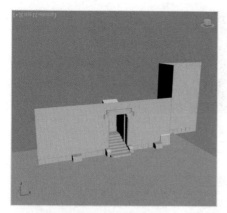

图7-139 制作墙体模型

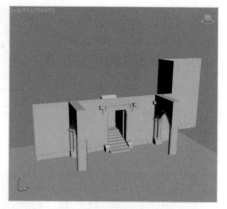

图7-140 制作支柱模型

② 使用 ⬡ 几何体并配合编辑多边形命令制作出装饰植物模型，丰富场景模型效果，如图 7-141 所示。

③ 使用 ⬡ 几何体中的"长方体"命令，然后配合"编辑多边形"命令制作出完整的墙体模型，如图 7-142 所示。

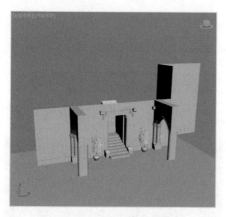

图7-141 添加植物模型

图7-142 制作墙体模型

3. 摄影机设置

① 进入 ⚙ 创建面板的 📷 摄影机子面板并单击"目标"按钮，然后在"前视图"中拖拽建立目标摄影机并在"参数"卷展栏中设置镜头值为 10.5，再切换至"透视图"并配合"Ctrl+C"键进行匹配，如图 7-143 所示。

② 在对摄影机位置进行调节之后，在视图左上角的提示文字处单击鼠标右键，从弹出的菜单中选择【摄影机】→【Camera 001】命令，将视图切换至"摄影机视图"，如图 7-144 所示。

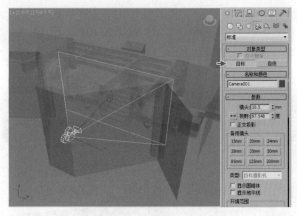

图7-143　创建摄影机

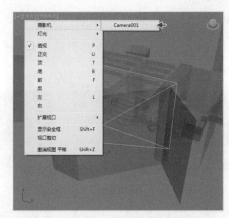

图7-144　切换摄影机视图

③ 摄影机视图的视角效果，如图 7-145 所示。

④ 在视图左上角的提示文字处单击鼠标右键，从弹出的菜单中选择【显示安全框】命令，显示渲染区域，如图 7-146 所示。

图7-145　摄影机视角效果

图7-146　显示安全框

⑤ 场景中最终模型的效果，如图 7-147 所示。

⑥ 单击主工具栏中的 渲染按钮，渲染模型的最终效果，如图 7-148 所示。

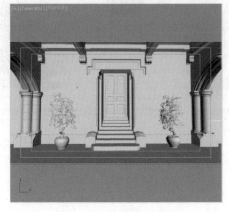

图7-147　最终模型效果

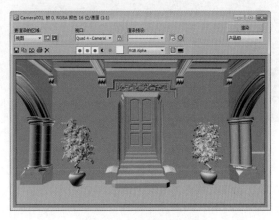

图7-148　渲染模型效果

↗ 7.4.2　场景灯光设置

"场景灯光设置"的制作流程分为 3 部分，包括：①顶部灯光设置；②侧部灯光设置；③阳光模拟设置，如图 7-149 所示。

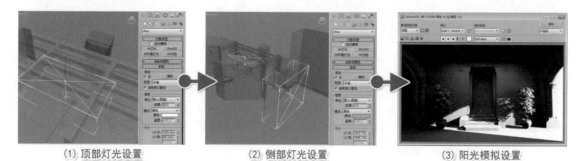

(1) 顶部灯光设置　　(2) 侧部灯光设置　　(3) 阳光模拟设置

图7-149　制作流程

1. 顶部灯光设置

[1] 单击主工具栏中的 渲染设置按钮，在弹出的渲染设置对话框的"指定渲染器"卷展栏中设置渲染器为 V-Ray 渲染器，使用 VRay 渲染器才可以对创建的 VRay 灯光进行渲染，如图 7-150 所示。

[2] 在 创建面板 灯光中选择 VRay 下的"VR 灯光"命令按钮，然后在"顶视图"中小巷顶部位置创建灯光，如图 7-151 所示。

[3] 单击主工具栏中的 渲染按钮，渲染场景中顶部位置的灯光效果，如图 7-152 所示。

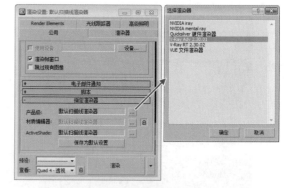

图7-150　切换渲染器

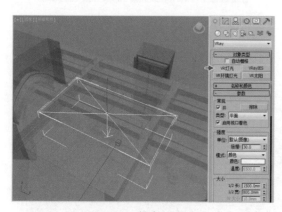

图7-151　创建VR灯光

图7-152　渲染灯光效果

[4] 通过渲染发现灯光效果过亮，灯光图标被渲染成白色的实体效果。切换至 修改面板，设置强度的倍增值为 2.3、颜色为蓝色并勾选"不可见"项，使灯光图标不计算渲染，然后在面板中取消勾选"影响高光反射"与"影响反射"项，使灯光在渲染时不影响场景的高光与反射效果，如图 7-153 所示。

5 单击主工具栏中的 渲染按钮，渲染场景中顶部灯光照明效果，如图 7-154 所示。

图7-153 设置灯光参数

图7-154 渲染灯光效果

2. 侧部灯光设置

1 使用 创建面板 灯光中的"VR 灯光"命令，在场景中小巷入口处建立，然后设置灯光颜色为蓝色、强度的倍增值为 4，作为侧边的补光照明，如图 7-155 所示。

2 单击主工具栏中的 渲染按钮，渲染场景中侧部补光照明效果，如图 7-156 所示。

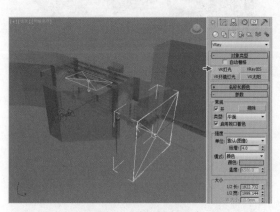

图7-155 场景侧边补光

图7-156 渲染补光效果

3. 阳光模拟设置

1 在 创建面板 灯光中选择 VRay 类型下的"VR 太阳"命令按钮，然后在视图中建立 VR 太阳光，如图 7-157 所示。

2 将视图切换至"摄影机"视图，然后单击主工具栏中的 渲染按钮，渲染 VRay 太阳灯光效果，如图 7-158 所示。

3 在"透"视图中选择"VR 太阳"灯光，然后切换至 修改面板，在"VRay 太阳参数"卷展栏中设置强度倍增值为 0.09、大小倍增值为 2、光子发射半径值为 1400，降低灯光亮度并调节太阳大小，得到更加细腻与柔和的阴影效果，如图 7-159 所示。

4 将视图切换至"摄影机"视图，然后单击主工具栏中的 渲染按钮，渲染 VRay 太阳灯光效果，如图 7-160 所示。

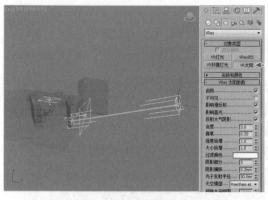

图7-157　创建VR太阳灯光

图7-158　渲染灯光效果

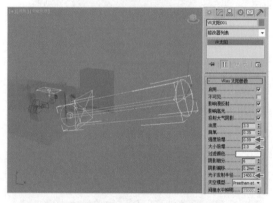

图7-159　设置灯光参数

图7-160　渲染灯光

⑤　使用 创建面板 灯光中的"VR灯光"命令，在场景中门口处建立，然后设置灯光颜色为浅蓝色、强度的倍增值为2，作为门口的补光照明，如图7-161所示。

⑥　将视图切换至"摄影机"视图，然后单击主工具栏中的 渲染按钮，渲染门口补光效果，如图7-162所示。

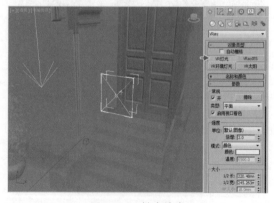

图7-161　创建补光

图7-162　最终灯光效果

↗ 7.4.3　场景材质设置

"场景材质设置"的制作流程分为3部分，包括：①地面材质设置；②主体材质设置；③装饰材质设置，如图 7-163 所示。

(1) 地面材质设置　　(2) 主体材质设置　　(3) 装饰材质设置

图7-163　制作流程

1. 地面材质设置

　　1 在主工具栏中单击 材质编辑器按钮，选择一个空白材质球单击"标准"材质按钮并切换至"VR材质"类型，如图 7-164 所示。

　　2 设置材质球名称为"地面"，然后单击漫反射后的按钮并在弹出的"材质／贴图浏览器"中选择"位图"，准备为材质球添加贴图，如图 7-165 所示。

　　3 在弹出的"选择位图图像文件"对话框中选择本书配套光盘中的"地面"贴图，如图 7-166 所示。

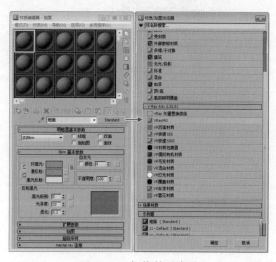

图7-164　切换材质类型

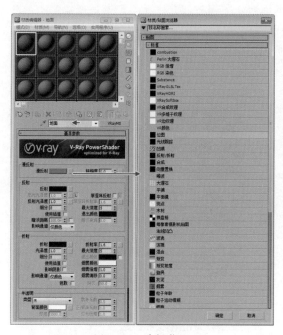

图7-165　选择位图

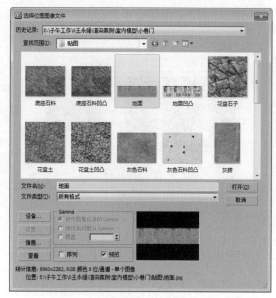

图7-166　选择贴图

4 在"基本参数"卷展栏中设置反射光泽度值为 0.7 并勾选"菲涅耳反射"，调节出地面的表面光泽效果，如图 7-167 所示。

5 切换至贴图卷展栏为反射、反射光泽度与凹凸项目中分别赋予本书配套光盘中的"地面凹凸"贴图，然后设置凹凸值为 12，如图 7-168 所示。

图7-167　设置反射光泽度

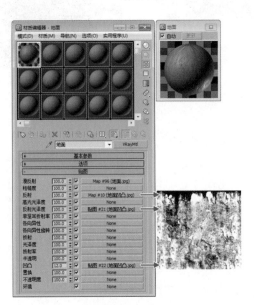

图7-168　添加贴图

2. 主体材质设置

1 在材质编辑器中选择一个空白材质球并设置名称为"底座石料"，单击"标准"材质按钮切换至"VR 材质"类型，然后在"基本参数"卷展栏中为漫反射赋予本书配套光盘中的"底座石料"贴图并勾选"菲涅耳反射"项，如图 7-169 所示。

2 切换至贴图卷展栏为反射、反射光泽度与凹凸项目中分别赋予本书配套光盘中的"底座石料凹凸"贴图，然后设置凹凸值为 60，如图 7-170 所示。

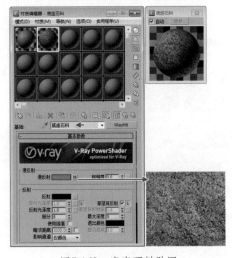

图7-169　底座石料贴图

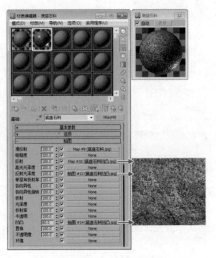

图7-170　添加贴图

[3] 在材质编辑器中选择一个空白材质球并设置名称为"墙砖"，单击"标准"材质按钮切换至"VR材质"类型，然后在"基本参数"卷展栏中设置反射光泽度值为 0.6，为漫反射赋予本书配套光盘中的"墙砖"贴图并勾选"菲涅耳反射"项，如图 7-171 所示。

[4] 切换至贴图卷展栏为反射、反射光泽度与凹凸项目中分别赋予本书配套光盘中的"墙面凹凸"贴图，然后设置凹凸值为 68，如图 7-172 所示。

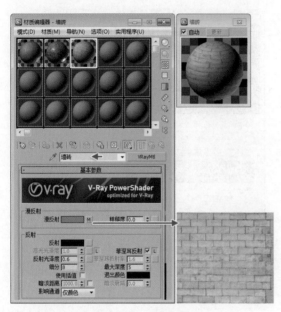

图7-171　墙砖材质

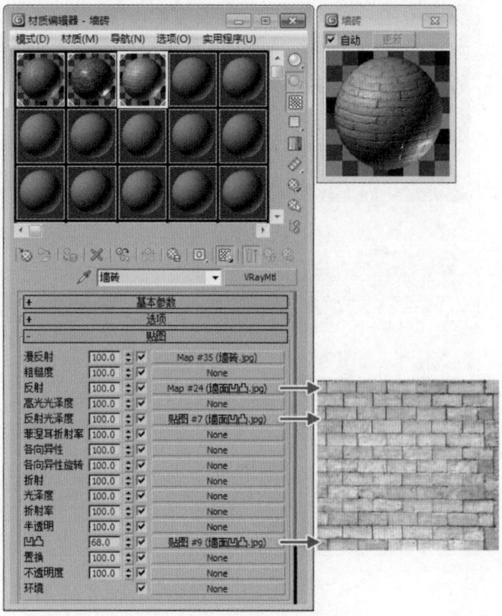

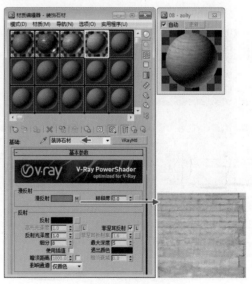

图7-172　添加贴图

[5] 单击主工具栏中的　渲染按钮，渲染场景的主体材质效果，如图 7-173 所示。

[6] 在材质编辑器中选择一个空白材质球并设置名称为"装饰石材"，单击"标准"材质按钮切换至"VR材质"类型，为漫反射赋予本书配套光盘中的"装饰石材"贴图并勾选"菲涅耳反射"项，如图 7-174 所示。

图7-173　渲染材质效果

图7-174　装饰石材材质

[7] 切换至贴图卷展栏为反射、反射光泽度与凹凸项目中分别赋予本书配套光盘中的"装饰石料凹凸"贴图，然后设置凹凸值为 20，如图 7-175 所示。

[8] 在材质编辑器中选择一个空白材质球并设置名称为"灰色石材"，单击"标准"材质按钮切换至"VR 材质"类型，为漫反射赋予本书配套光盘中的"灰色石材"贴图并勾选"菲涅耳反射"项，如图 7-176 所示。

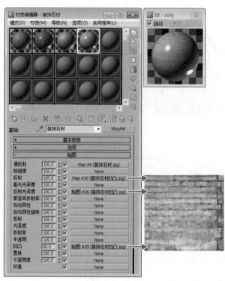

图7-175　添加贴图

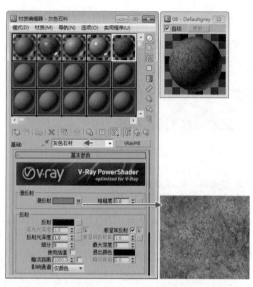

图7-176　灰色石材材质

[9] 切换至贴图卷展栏为反射、反射光泽度与凹凸项目中分别赋予本书配套光盘中的"灰色石料凹凸"贴图，如图 7-177 所示。

[10] 在材质编辑器中选择一个空白材质球并设置名称为"木门"，单击"标准"材质按钮切换至"VR 材质"类型，为漫反射项目赋予本书配套光盘中的"木门"贴图并勾选"菲涅耳反射"项，如图 7-178 所示。

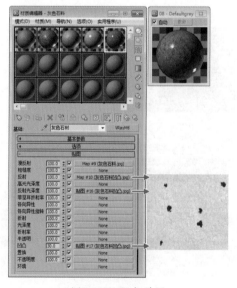

图7-177　添加贴图

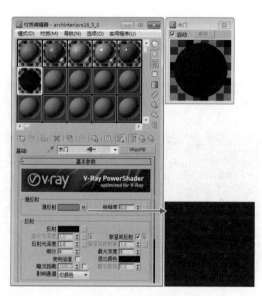

图7-178　木门材质

[11] 切换至贴图卷展栏为反射、反射光泽度与凹凸项目中分别赋予本书配套光盘中的"木门凹凸"贴图，如图 7-179 所示。

[12] 单击主工具栏中的  渲染按钮，渲染场景的主体材质效果，如图 7-180 所示。

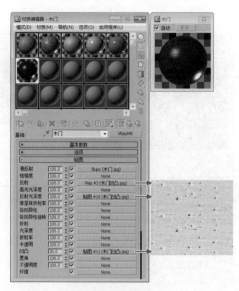

图7-179　添加贴图

图7-180　渲染材质效果

3. 装饰材质设置

[1] 在材质编辑器中选择一个空白材质球并设置名称为"花盆"，然后单击"标准"材质按钮切换至"VR 材质"类型，为反射光泽度赋予本书配套光盘中的"花盆"贴图，再设置漫反射颜色为黑色、反射光泽度值为 0.58，如图 7-181 所示。

[2] 在材质编辑器中选择一个空白材质球并设置名称为"植物叶"，单击"标准"材质按钮切换至"VR 材质"类型，然后在"基本参数"卷展栏中为漫反射赋予本书配套光盘中的"植物叶"贴图，再设置反射光泽度值为 0.6，如图 7-182 所示。

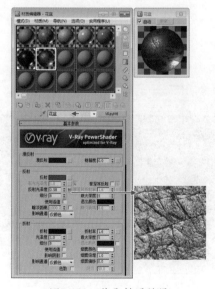

图7-181　花盆材质效果

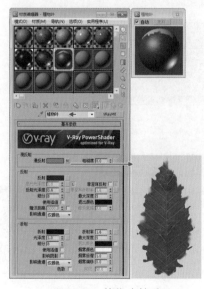

图7-182　植物叶材质

3 单击凹凸后的按钮并在弹出的"材质／贴图浏览器"中选择"噪波"程序贴图,准备设置材质凹凸效果,如图 7-183 所示。

4 添加"噪波"程序贴图后,在"坐标"卷展栏中分别设置 X、Y、Z 的瓷砖值为 0.1,然后在"噪波参数"卷展栏中设置大小值为 25,如图 7-184 所示。

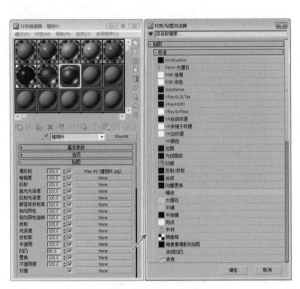

图7-183 添加噪波贴图　　　　　　　　图7-184 设置噪波参数

5 在材质编辑器中选择一个空白材质球并设置名称为"植物枝干",单击"标准"材质按钮切换至"VR 材质"类型,为漫反射赋予本书配套光盘中的"植物枝干"贴图,如图 7-185 所示。

6 单击主工具栏中的 渲染按钮,渲染场景材质的最终效果,如图 7-186 所示。

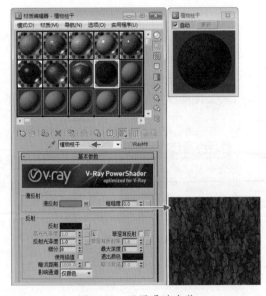

图7-185 设置噪波参数　　　　　　　　图7-186 渲染材质效果

↗ 7.4.4 场景渲染设置

"场景渲染设置"的制作流程分为3部分，包括：①采样渲染设置；②细节渲染设置；③遮挡效果设置，如图7-187所示。

（1）采样渲染设置　　　　　（2）细节渲染设置　　　　　（3）遮挡效果设置

图7-187　制作流程

1. 采样渲染设置

[1] 在"图像采样器（反锯齿）"卷展栏中设置抗锯齿过滤器为"Mitchell-Netravali"，如图7-188所示。

[2] 在"自适应DMC图像采样器"卷展栏中设置最小细分值为2、最大细分值为16，然后在"颜色贴图"卷展栏中设置类型为"莱茵哈德"、倍增值为1.2、加深值为1.1，可以快速得到合理的曝光效果，如图7-189所示。

[3] 单击主工具栏中的 渲染按钮，渲染场景效果，如图7-190所示。

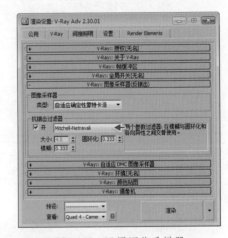

图7-188　设置图像采样器

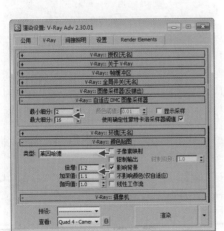

图7-189　设置渲染参数

图7-190　渲染场景效果

2. 细节渲染设置

[1] 在"渲染设置"对话框的间接照明选项中，首先设置"间接照明（GI）"卷展栏中全局照

明为开启状态、二次反弹的全局照明引擎为"灯光缓存"类型，如图 7-191 所示。

2 在"发光图 [无名]"卷展栏中设置当前预置为"中"级别，提高渲染图像的质量，如图 7-192 所示。

图7-191 开启全局照明

图7-192 设置发光图

3 在间接照明选项中设置"灯光缓存"卷展栏中计算参数的细分值为 500，再激活"显示计算相位"项，提高渲染器计算的图像画质，如图 7-193 所示。

4 在"渲染设置"对话框的设置选项中，在"DMC 采样器"卷展栏中设置适应数量值为 0.75、噪波阈值为 0.002，使渲染器控制区域内噪点尺寸能得到更加细腻的处理；然后在"系统"卷展栏下设置光线计算参数的动态内存限制为 3000，使系统可以调用更多的内存进行计算，如图 7-194 所示。

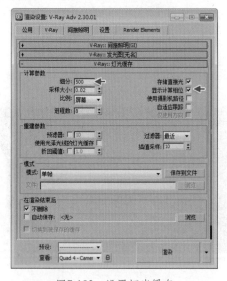

图7-193 设置灯光缓存

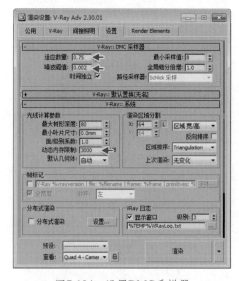

图7-194 设置DMC采样器

5 在参数设置完成后单击"渲染设置"对话框中的"渲染"按钮，渲染时会显示渲染过程，如图 7-195 所示。

6 渲染完成后观察场景的效果，如图 7-196 所示。

图7-195 渲染图像过程

图7-196 渲染场景效果

3. 遮挡效果设置

1 首先为了得到更有层次的灯光效果，在视图中创建"平面"模型，作为遮挡模型，如图 7-197 所示。

2 在材质编辑器中选择一个空白材质球并设置名称为"遮挡"，单击"标准"材质按钮切换至"VR 材质"类型，然后在"基本参数"卷展栏中为不透明度赋予本书配套光盘的"遮挡贴图"，如图 7-198 所示。

3 单击"渲染设置"对话框中的"渲染"按钮，渲染当前场景的最终效果，如图 7-199 所示。

图7-197 创建平面模型

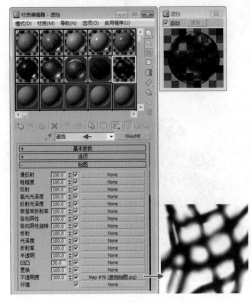

图7-198 遮挡材质

图7-199 范例效果

7.5 范例——海景别墅

"海景别墅"范例主要使用几何体组合搭建场景模型，通过位图、多维材质并应用污垢、法线凹凸等贴图类型，再配合 VR 太阳系统模拟出细腻的光影分布，得到海景别墅的效果，如图 7-200 所示。

【制作流程】

"海景别墅"范例的制作流程分为 4 部分，包括：①场景模型制作；②场景灯光设置；③场景材质设置；④场景渲染设置，如图7-201所示。

图7-200　范例效果

(1) 场景模型制作　　　(2) 场景灯光设置

(4) 场景渲染设置　　　(3) 场景材质设置

图7-201　制作流程

↗ 7.5.1 场景模型制作

"场景模型制作"的制作流程分为 3 部分，包括：①楼梯模型制作；②添加植物模型；③摄影机设置，如图 7-202 所示。

(1) 楼体模型制作　　(2) 添加植物模型　　(3) 摄影机设置

图7-202　制作流程

1. 楼体模型制作

1 在 ✳ 创建面板 ○ 几何体中选择标准基本体的"长方体"命令，然后在"顶视图"建立并配合"编辑多边形"命令，制作出别墅底座模型，如图 7-203 所示。

2 使用 ○ 几何体中的"长方体"并配合"编辑多边形"命令，制作出侧边地面模型，如图 7-204 所示。

3 使用 ○ 几何体中的"长方体"并配合"编辑多边形"命令，分别制作出护栏模型、水池模型等，如图 7-205 所示。

图7-203　制作底座模型

图7-204　制作侧边地面模型

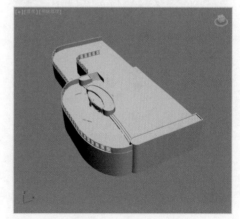

图7-205　制作护栏模型

4 使用 ○ 几何体中的"长方体"并配合"编辑多边形"命令，搭建制作出楼体基本模型，如图 7-206 所示。

5 使用 ○ 几何体中的"长方体"并配合"编辑多边形"命令，搭建制作出阳台护栏模型，如图 7-207 所示。

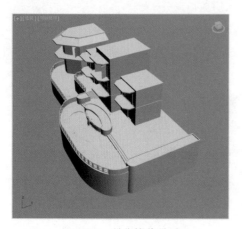

图7-206 制作楼体模型

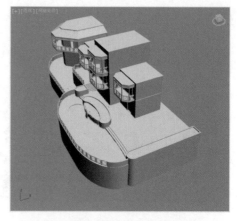

图7-207 制作楼体护栏模型

2. 添加植物模型

1 使用○几何体搭建出场景中的户外桌椅模型，如图 7-208 所示。

2 使用○几何体并配合"编辑多边形"命令制作出装饰植物模型，丰富场景模型效果，如图 7-209 所示。

3 使用○几何体并配合"编辑多边形"命令制作出高大的热带植物模型，使模型效果更加真实，如图 7-210 所示。

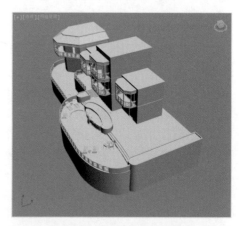

图7-208 添加户外桌椅模型

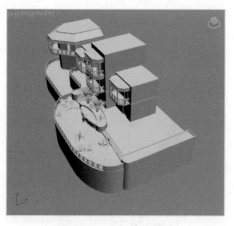

图7-209 添加植物模型

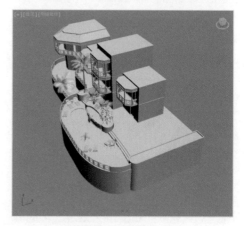

图7-210 添加植物模型

3. 摄影机设置

1 进入 创建面板的 摄影机子面板并单击"目标"按钮，然后在视图中拖拽建立目标摄影机，如图 7-211 所示。

2 单击主工具栏中的 渲染设置按钮，打开"渲染设置"对话框，在公用选项的"公用参数"卷展栏中设置输出大小的宽度值为1200、高度值为1600，设置渲染范围，如图7-212所示。

③ 对摄影机位置进行调节之后，在视图左上角的提示文字处单击鼠标右键，从弹出的菜单中选择【摄影机】→【Camera 001】命令，将视图切换至"摄影机视图"，如图7-213所示。

④ 在视图左上角的提示文字处单击鼠标右键，从弹出的菜单中选择"显示安全框"命令，显示最终的渲染区域，如图7-214所示。

⑤ 最终的摄影机视角模型效果，如图7-215所示。

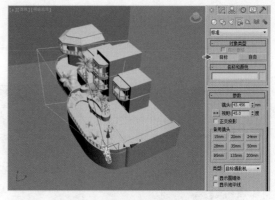

图7-211　创建摄影机

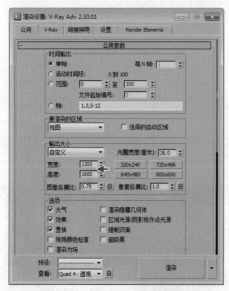

图7-212　设置输出大小

图7-213　切换摄影机

图7-214　显示安全框

图7-215　摄影机视角效果

↗ 7.5.2 场景灯光设置

"场景灯光设置"的制作流程分为 3 部分，包括：①创建与设置灯光；②调节灯光参数；③最终灯光效果，如图 7-216 所示。

(1) 创建与设置灯光　　　　　(2) 调节灯光参数　　　　　(3) 最终灯光效果

图7-216　制作流程

1. 创建与设置灯光

1 在 ◈ 创建面板 ◁ 灯光中选择 VRay 类型下的"VR 太阳"命令按钮，然后在视图中建立 VR 太阳光，如图 7-217 所示。

2 将视图切换至"摄影机"视图，然后单击主工具栏中的 ☺ 渲染按钮，渲染 VRay 太阳灯光效果，如图 7-218 所示。

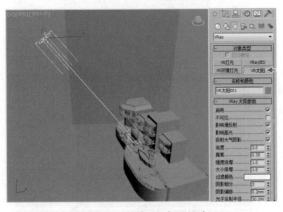

图7-217　创建VR太阳灯光

图7-218　渲染灯光效果

3 在"透视图"中选择"VR 太阳"灯光，然后切换至 ◿ 修改面板，在"VRay 太阳参数"卷展栏中设置强度倍增值为 0.012，如图 7-219 所示。

4 单击主工具栏中的 ☺ 渲染按钮，渲染 VRay 太阳灯光效果，如图 7-220 所示。

图7-219 设置参数

图7-220 渲染灯光效果

2. 调节灯光参数

[1] 单击主工具栏中的 渲染设置按钮，在"间接照明（GI）"卷展栏中开启全局照明，如图 7-221 所示。

[2] 单击主工具栏中的 渲染按钮，渲染间接照明效果，如图 7-222 所示。

图7-221 开启全局照明

图7-222 渲染全局照明效果

3. 最终灯光效果

⬚1⬚ 在"透视图"中选择"VR太阳"灯光，然后切换至🖊修改面板，在"VRay太阳参数"卷展栏中设置强度倍增值为0.017，如图7-223所示。

⬚2⬚ 单击主工具栏中的🕱渲染按钮，渲染灯光照明效果，如图7-224所示。

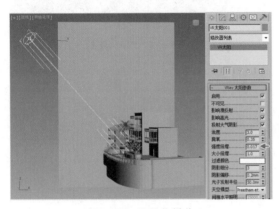

图7-223 设置倍增值

图7-224 渲染灯光效果

⬚3⬚ 在"VRay太阳参数"卷展栏中设置大小倍增值为3、光子发射半径值为1500，调节太阳大小，得到更加细腻与柔和的阴影效果，如图7-225所示。

⬚4⬚ 单击主工具栏中的🕱渲染按钮，渲染最终的灯光效果，如图7-226所示。

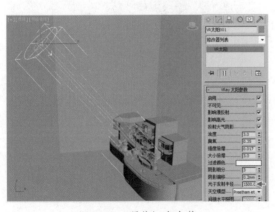

图7-225 调节灯光参数

图7-226 渲染灯光效果

↗ 7.5.3　场景材质设置

"场景材质设置"的制作流程分为 3 部分，包括：①地面材质设置；②楼体材质设置；③植物与环境材质设置，如图 7-227 所示。

(1) 地面材质设置　　　(2) 楼体材质设置　　　(3) 植物与环境材质设置

图7-227　制作流程

1. 地面材质设置

① 在主工具栏中单击 ▨ 材质编辑器按钮，选择一个空白材质球单击"标准"材质按钮切换至"多维／子对象"类型，如图 7-228 所示。

② 在切换 VR 混合材质类型时会弹出替换材质对话框，选择"丢弃旧材质"项，丢弃所有的材质类型，如图 7-229 所示。

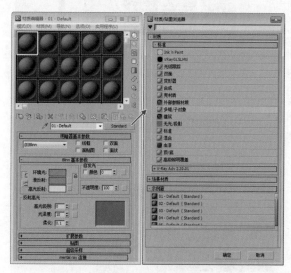

图7-228　切换材质类型

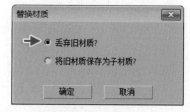

图7-229　切换材质类型

③ 单击"设置数量"按钮，在弹出的"设置材质数量"对话框中设置材质数量为 3，如图 7-230 所示。

④ 单击材质 1 后方的按钮，在弹出的"材质／贴图浏览器"对话框中选择"VRay 材质"类型，如图 7-231 所示。

⑤ 设置材质球名称为"墙面"，然后单击漫反射后的按钮并在弹出的"材质／贴图浏览器"中选择"位图"，准备为材质球添加贴图，如图 7-232 所示。

⑥ 在弹出的"选择位图图像文件"对话框中选择"浅色墙体"贴图，如图 7-233 所示。

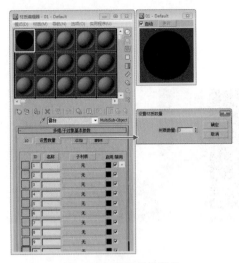

图7-230　设置材质数量

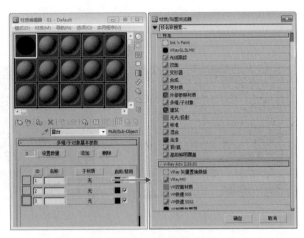

图7-231　添加材质类型

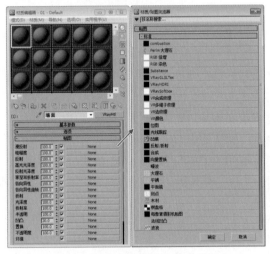

图7-232　选择位图

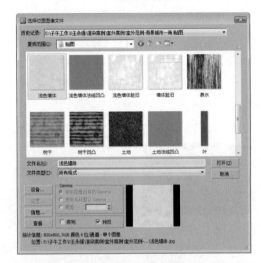

图7-233　选择贴图

7 为了得到更好的凹凸效果，在"贴图"卷展栏的凹凸项目中添加"法线凹凸"程序贴图，如图7-234所示。

8 添加完成后，为法线项目添加本书配套光盘中的"浅色墙体法线凹凸"贴图，如图7-235所示。

9 在"贴图"卷展栏中设置凹凸值为5，如图7-236所示。

10 单击材质2后方的按钮，在弹出的"材质/贴图浏览器"对话框中选择"VRay材质"类型，如图7-237所示。

11 设置材质球名称为"地砖"，然后为漫反射项目赋予本书配套光盘中的"地砖"

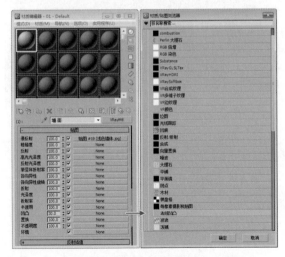

图7-234　选择法线贴图

贴图，然后设置反射光泽度值为 0.75，如图 7-238 所示。

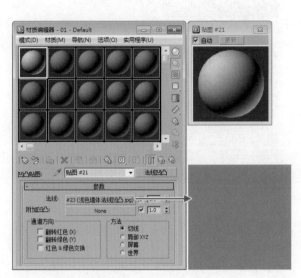

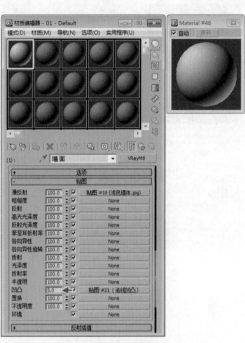

图7-235　选择法线贴图　　　　　　　　　　　图7-236　设置凹凸值

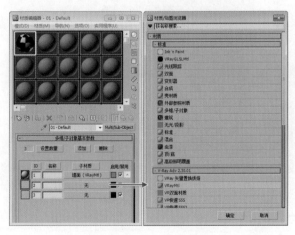

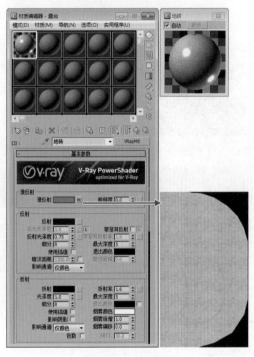

图7-237　添加材质类型　　　　　　　　　　　图7-238　地砖材质

12 在反射中赋予"衰减"程序贴图，为材质添加反射效果，如图 7-239 所示。

13 为了得到更加真实的凹凸效果，在凹凸中赋予"法线凹凸"程序贴图，再为法线添加本书配套光盘中的"露台地砖法线凹凸"贴图，如图 7-240 所示。

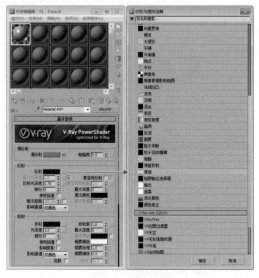

图7-239　添加衰减

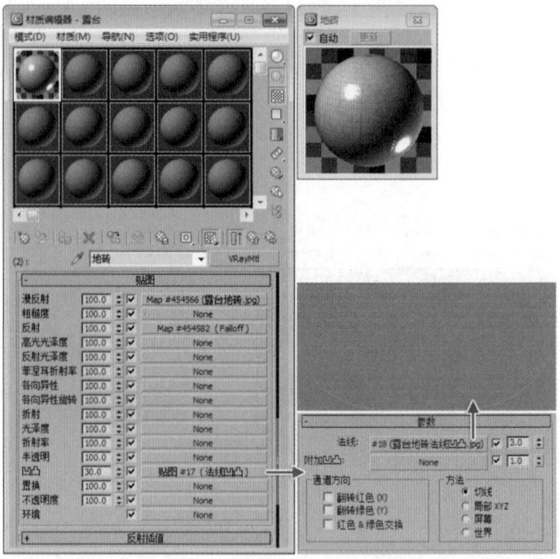

图7-240　添加法线贴图

14 单击材质3后方的按钮，在弹出的"材质／贴图浏览器"对话框中选择"VRay材质"类型，如图7-241所示。

15 设置材质球名称为"土地"，然后为漫反射项目赋予本书配套光盘中的"土地"贴图，如图7-242所示。

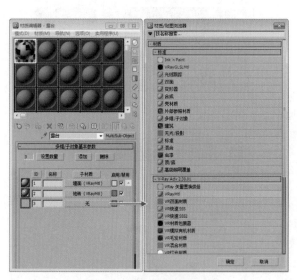

图7-241　添加材质类型

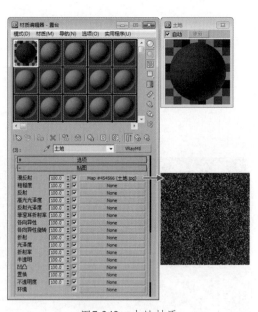

图7-242　土地材质

16 设置完成后，露台材质的最终效果，如图7-243所示。

17 单击主工具栏中的 渲染按钮，渲染场景露台地面的材质效果，如图7-244所示。

2. 楼体材质设置

1 单击 材质编辑器按钮，选择一个空白材质球单击"标准"材质按钮切换至"多维／子对象"类型，调节出花池的材质效果，如图7-245所示。

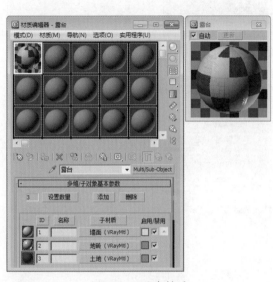

图7-243　露台材质

图7-244　渲染材质效果

2 选择一个空白材质球单击"标准"材质按钮切换至"多维／子对象"类型，调节出矮楼体的材质效果，如图 7-246 所示。

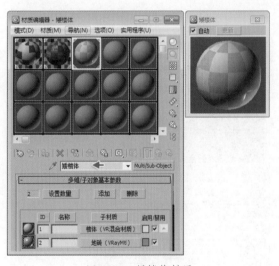

图7-245　花池材质

图7-246　矮楼体材质

3 选择一个空白材质球并设置名称为"木纹"，单击"标准"材质按钮切换至"VR 材质"类型。在"基本参数"卷展栏中为漫反射赋予本书配套光盘中的"木纹"贴图，设置反射颜色为灰色、反射光泽度值为 0.8，如图 7-247 所示。

4 选择一个空白材质球并设置名称为"瓦"，单击"标准"材质按钮切换至"VR 材质"类型。然后在"基本参数"卷展栏中为漫反射赋予"VRay 污垢"程序贴图，如图 7-248 所示。

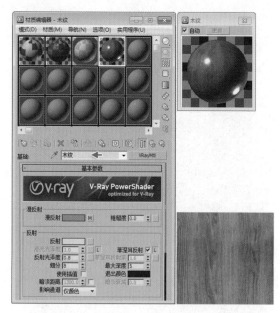

图7-247　木纹材质

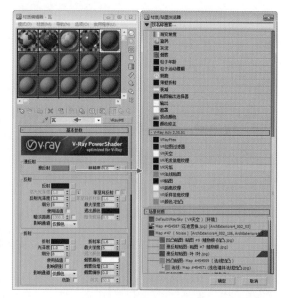

图7-248　添加VRay污垢

5　在添加程序贴图后继续在"VRay 污垢参数"卷展栏中设置非阻光颜色为红色、半径值为 130、分布值为 0，如图 7-249 所示。

6　单击主工具栏中的 渲染按钮，渲染场景主体材质效果，如图 7-250 所示。

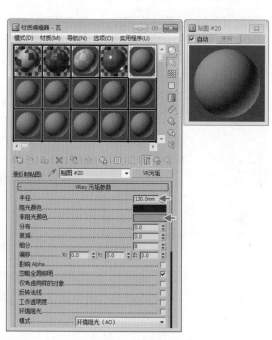

图7-249　设置VRay污垢

图7-250　渲染材质效果

7 选择一个空白材质球并设置名称为"水面"。在"基本参数"卷展栏中设置漫反射颜色为黑色、反射颜色为白色及其细分值为50、折射颜色为浅灰色及其细分值为50、折射率值为1.2、烟雾颜色为浅蓝色、烟雾倍增值为0.002，如图7-251所示。

8 为了得到更好的水面效果，单击反射后方的按钮，在弹出的"材质／贴图浏览器"中选择"衰减"程序贴图，如图7-252所示。

9 添加完成后在衰减参数中设置"前：侧"的侧颜色为灰色，并调节混合曲线弧度，如图7-253所示。

提示 使用"衰减"贴图的"混合曲线"卷展栏上的图形，可以精确地控制由任何衰减类型所产生的渐变，可以在图形下方的栏中查看渐变的效果。

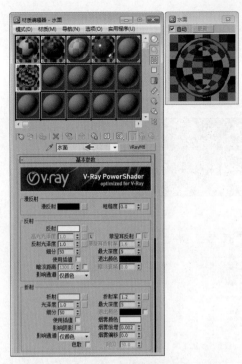

图7-251　设置材质参数

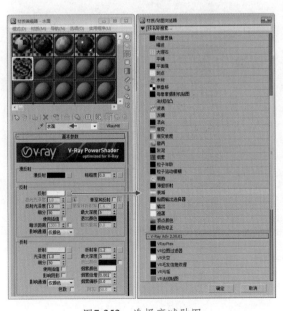

图7-252　选择衰减贴图

图7-253　设置衰减参数

10 为了得到更加真实的水面效果，单击凹凸的按钮，在弹出的"材质／贴图浏览器"中选择"噪波"程序贴图，如图 7-254 所示。

11 添加"噪波"程序贴图后，在坐标卷展栏中分别设置 X、Y、Z 的瓷砖值为 0.077，然后在"噪波参数"卷展栏中设置噪波类型为"湍流"、大小值为 8，如图 7-255 所示。

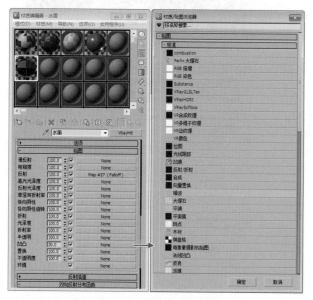

图7-254 选择噪波贴图

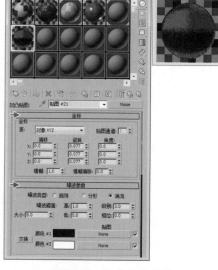

图7-255 设置噪波参数

12 选择一个空白材质球并设置名称为"户外家具"，单击"标准"材质按钮切换至"VR 材质"类型，然后在"基本参数"卷展栏中设置反射颜色为深灰色、反射光泽度值为 0.9，如图 7-256 所示。

13 单击主工具栏中的 渲染按钮，渲染场景主体材质效果，如图 7-257 所示。

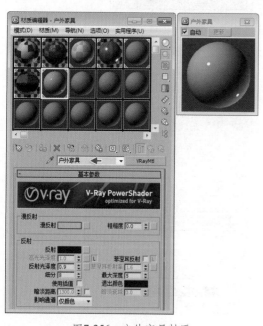

图7-256 户外家具材质

图7-257 渲染材质效果

3. 植物与环境材质设置

[1] 单击 材质编辑器按钮，选择一个空白材质球单击"标准"材质按钮切换至"多维／子对象"类型，调节出椰子树的材质效果，如图 7-258 所示。

[2] 在主工具栏中单击 材质编辑器按钮，选择一个空白材质球并设置名称为"树叶"，单击"标准"材质按钮切换至"VR 材质"类型。在"基本参数"卷展栏中为漫反射赋予本书配套光盘中的"树叶"贴图，再为反射项添加"衰减"贴图，最后将设置完成的材质赋予场景中的树叶模型，如图 7-259 所示。

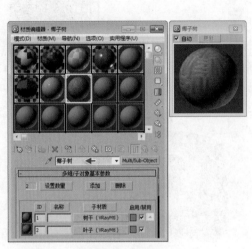

图7-258　椰子树材质

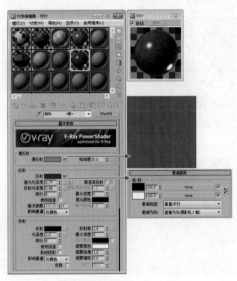

图7-259　树叶材质

[3] 在材质编辑器中选择一个空白材质球并设置名称为"根"，单击"标准"材质按钮切换至"VR 材质"类型，为漫反射赋予本书配套光盘中的"植物根"贴图，为凹凸中赋予本书配套光盘中的"植物根 - 凹凸"贴图；最后将设置完成的材质赋予场景中的植物根模型，如图 7-260 所示。

[4] 为了得到更加真实的环境效果，在材质编辑器中选择一个空白材质球并设置名称为"环境"，然后单击"标准"材质按钮切换至"VR 灯光材质"类型，如图 7-261 所示。

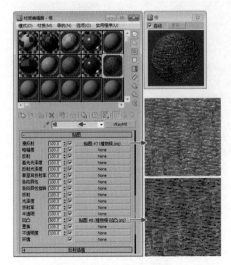

图7-260　植物根材质

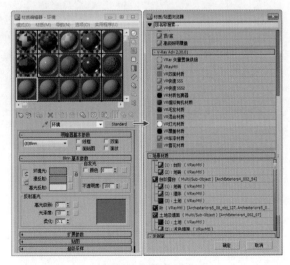

图7-261　切换材质类型

⑤ 在颜色中赋予"环境背景"贴图，然后设置颜色值为 0.95，如图 7-262 所示。

⑥ 单击主工具栏中的 ⚙ 渲染按钮，渲染场景材质的最终效果，如图 7-263 所示。

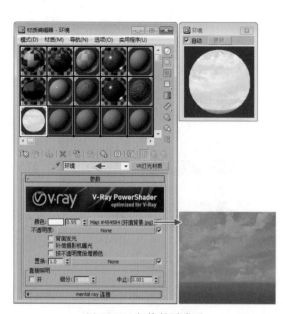

图7-262 切换材质类型

图7-263 渲染最终材质效果

↗ 7.5.4 场景渲染设置

"场景渲染设置"的制作流程分为 3 部分，包括：①图像采样器设置；②环境与颜色贴图设置；③间接照明设置，如图 7-264 所示。

(1) 图像采样器设置　　(2) 环境与颜色贴图设置　　(3) 间接照明设置

图7-264 制作流程

1. 图像采样器设置

① 单击主工具栏中的 ⚙ 渲染设置按钮开启渲染设置对话框，在 VRay 渲染项目的"全局开关 [无名] 卷展栏中关闭默认灯光，如图 7-265 所示。

② 在"图像采样器（反锯齿）"卷展栏中设置抗锯齿过滤器为"Catmull-Rom"类型，增强边缘的抗锯齿效果，如图 7-266 所示。

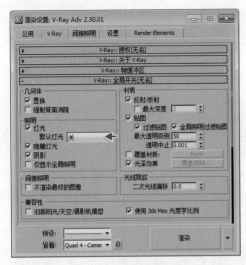

图7-265 关闭默认灯光

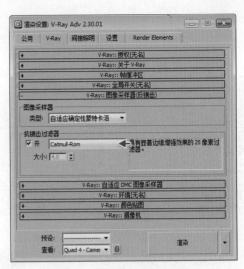

图7-266 图像采样器设置

③ 在"自适应 DMC 图像采样器"卷展栏中设置最小细分值为 2、最大细分值为 8，提高计算图像像素的次数，提升图像渲染效果，如图 7-267 所示。

④ 单击主工具栏中的 渲染按钮，渲染场景效果，如图 7-268 所示。

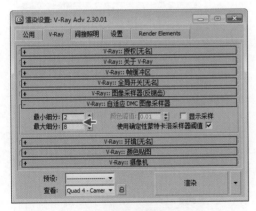

图7-267 渲染设置

图7-268 渲染效果

2. 环境与颜色贴图设置

① 为了使场景得到更好的渲染效果，在"环境 [无名]"卷展栏中为全局照明环境（天光）覆盖项目中添加"VR 天光"程序贴图，如图 7-269 所示。

② 使用鼠标左键将"VR 天空"拖拽到材质编辑器中，并在"实例（副本）贴图"卷展栏中设置方法为"实例"类型，如图 7-270 所示。

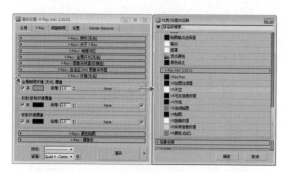

图7-269　选择VR天空

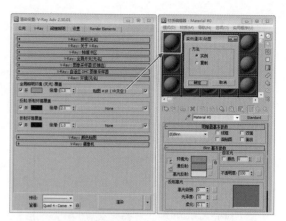

图7-270　复制贴图

　　3 切换至 "VRay 天空参数" 卷展栏，单击太阳光后方的按钮并拾取 "VR 太阳" 灯光，使 VR 天空效果更加真实，如图 7-271 所示。

　　4 在 "VRay 天空参数" 卷展栏中设置太阳强度倍增值为 0.025，调整 VR 天空的亮度参数与场景效果相匹配，如图 7-272 所示。

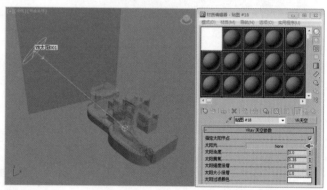

图7-271　拾取太阳节点

　　5 在漫反射后方的方块上单击鼠标右键，在弹出的菜单中选择复制，将 "VR 天空" 贴图复制到剪切板，如图 7-273 所示。

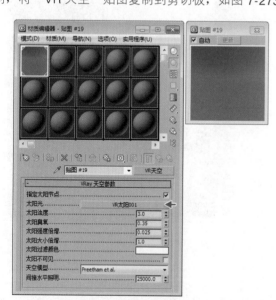

图7-272　设置太阳强度倍增

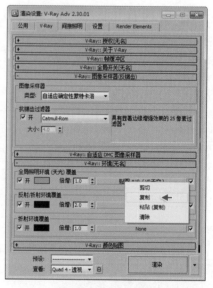

图7-273　复制贴图

　　6 将复制的 "VR 天空" 程序贴图分别粘贴到 "反射／折射环境覆盖" 与 "折射环境覆盖" 中，并设置 "反射／折射环境覆盖" 的倍增值为 2，如图 7-274 所示。

7 单击主工具栏中的 ⛁ 渲染按钮，渲染场景环境效果，如图 7-275 所示。

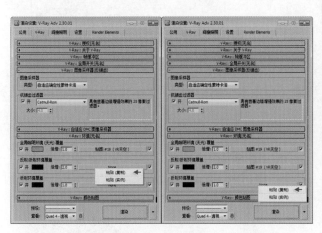

图7-274 粘贴贴图   图7-275 渲染环境效果

8 单击主工具栏中的 ⛁ 渲染设置按钮开启"渲染设置"对话框，首先在 V-Ray 选项的"图像采样器（反锯齿）"卷展栏中设置抗锯齿过滤器为"莱茵哈德"类型，然后设置倍增值为 1.1，如图 7-276 所示。

9 单击主工具栏中的 ⛁ 渲染按钮，渲染场景颜色贴图效果，如图 7-277 所示。

图7-276 设置颜色贴图   图7-277 渲染颜色贴图效果

3. 间接照明设置

1 在"发光图 [无名]"卷展栏中设置当前预置为"中"级别,然后激活选项的"显示计算相位"与"显示直接光"选项,如图 7-278 所示。

2 在"渲染设置"对话框的设置选项"DMC 采样器"卷展栏中设置噪波阈值为 0.002,使渲染器控制区域内噪点尺寸能得到更加细腻的处理;然后在"系统"卷展栏下设置光线计算参数的动态内存限制为 2000,使系统可以调用更多的内存进行计算,如图 7-279 所示。

3 单击主工具栏中的 渲染按钮,渲染场景的最终效果,如图 7-280 所示。

图7-278 设置发光图

图7-279 渲染设置

图7-280 范例效果

7.6 范例——现代别墅

"现代别墅"范例主要使用几何体组合搭建场景模型,通过位图、衰减、噪波等贴图类型,再配合 VR 太阳系统模拟出细腻的光影分布,得到现代别墅的渲染效果,如图 7-281 所示。

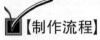【制作流程】

"幽静小巷"范例的制作流程分为4部分,包括:①场景模型制作;②场景灯光设置;③场景材质设置;④场景渲染设置,如图7-282所示。

图7-281　范例效果

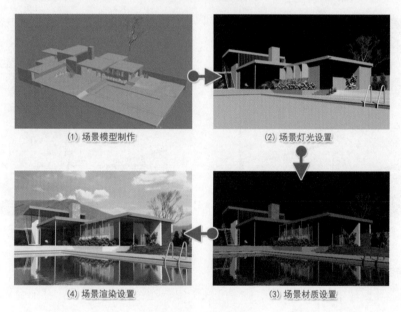

(1) 场景模型制作　　　　　　　　　　(2) 场景灯光设置

(4) 场景渲染设置　　　　　　　　　　(3) 场景材质设置

图7-282　制作流程

↗ 7.6.1　场景模型制作

　　"场景模型制作"的制作流程分为 3 部分，包括：①底部模型制作；②楼体模型制作；③添加植物模型，如图 7-283 所示。

(1) 底部模型制作　　　　　　(2) 楼体模型制作　　　　　　(3) 添加植物模型

图7-283　制作流程

1. 底部模型制作

1 在 ✹创建面板 ◯几何体中选择标准基本体的"长方体"命令，然后在"顶视图"建立，作为场景中的地面基本模型，然后为其添加"编辑多边形"命令，制作出场景地面模型，如图7-284所示。

2 使用 ◯几何体中的"长方体"命令在"顶视图"中创建草地模型，并配合"噪波"命令，制作草地地面的凹凸效果，如图7-285所示。

3 使用 ◯几何体中的"平面"命令在"顶视图"中创建水面与花池地面模型，并配合"噪波"命令制作花池地面的凹凸效果，如图7-286所示。

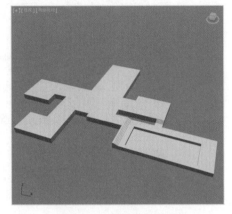

图7-284　制作地面模型

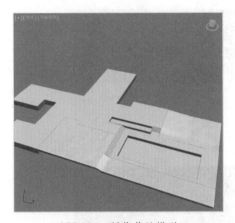

图7-285　制作草地模型

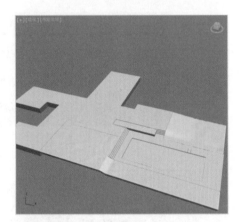

图7-286　制作水池与花池模型

2. 楼体模型制作

1 使用 ◯几何体中的"长方体"命令在视图中创建作为墙体模型，并配合"编辑多边形"命令制作窗口造型，如图7-287所示。

2 使用 ◯几何体中的"长方体"命令，在视图中搭建出屋顶模型，如图7-288所示。

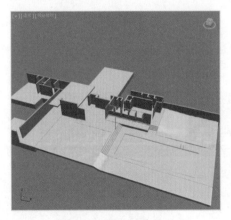

图7-287　制作墙体模型

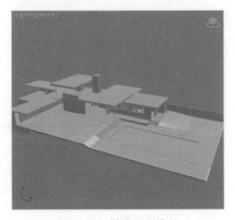

图7-288　搭建屋顶模型

③ 使用○几何体中的"长方体"配合"编辑多边形"命令，制作出室内的家具模型，如图 7-289 所示。

④ 使用○几何体中的"长方体"命令，搭建出二层的立柱模型与楼梯模型，如图 7-290 所示。

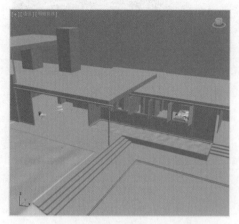
图7-289　创建室内家具模型

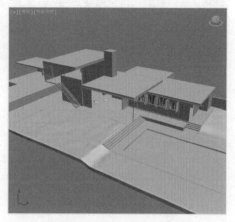
图7-290　丰富主体建筑模型

3. 添加植物模型

① 使用○几何体配合"编辑多边形"命令，制作出场景中的阔叶植物模型，如图 7-291 所示。

② 使用○几何体配合"编辑多边形"命令，制作出场景中的枯树与其他植物模型，如图 7-292 所示。

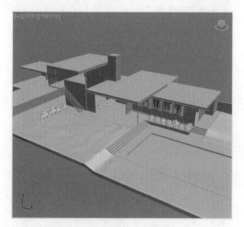
图7-291　添加植物模型

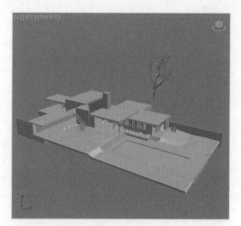
图7-292　添加枯树模型

↗ 7.6.2　场景灯光设置

"场景灯光设置"的制作流程分为 3 部分，包括：①创建摄影机；②创建 VR 太阳；③设置灯光最终效果，如图 7-293 所示。

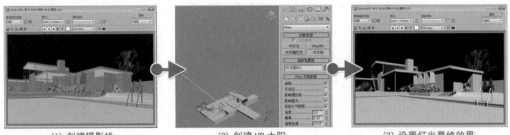

(1) 创建摄影机　　　　　　　(2) 创建 VR 太阳　　　　　　(3) 设置灯光最终效果

图7-293　制作流程

1. 创建摄影机

1 进入 ● 创建面板的 ● 摄影机子面板并单击"目标"按钮，然后在"顶视图"中拖拽建立目标摄影机，再切换至"透视图"并配合"Ctrl+C"快捷键进行匹配，如图 7-294 所示。

2 在透视图中调节摄影机位置，然后在视图左上角的提示文字处单击鼠标右键，从弹出的菜单中选择【摄影机】→【Camera 001】命令，将视图切换至"摄影机视图"，如图 7-295 所示。

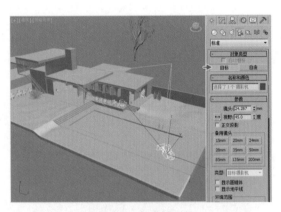

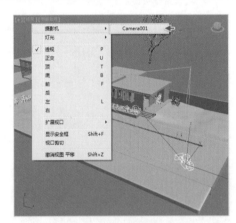

图7-294　创建摄影机　　　　　　　　　　图7-295　切换摄影机视图

3 摄影机视角的效果，如图 7-296 所示。

4 在视图左上角的提示文字处单击鼠标右键，从弹出的菜单中选择"显示安全框"命令，显示指定的渲染区域，如图 7-297 所示。

图7-296　摄影机视角效果　　　　　　　　图7-297　显示安全框

5 最终的场景模型效果，如图 7-298 所示。

6 单击主工具栏中的🖱渲染按钮，渲染场景模型效果，如图 7-299 所示。

图7-298　模型效果

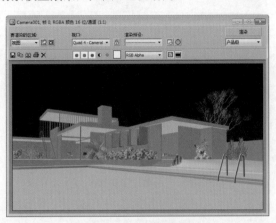

图7-299　渲染模型效果

2. 创建VR太阳

1 在✴创建面板🔦灯光中选择 VRay 类型下的"VR 太阳"命令按钮，然后在视图中建立 VR 太阳光，如图 7-300 所示。

2 单击主工具栏中的🖱渲染按钮，渲染场景灯光照明效果，如图 7-301 所示。

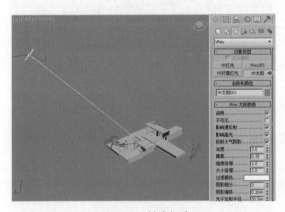

图7-300　创建灯光

图7-301　渲染灯光效果

3 在"透视图"中选择"VR 太阳"灯光，然后切换至🔧修改面板，在"VRay 太阳参数"卷展栏中设置强度倍增值为 0.015，降低主光源的亮度，如图 7-302 所示。

4 将视图切换至"摄影机"视图，单击主工具栏中的🖱渲染按钮，渲染场景灯光照明效果，如图 7-303 所示。

3. 设置灯光最终效果

1 保持选择状态并切换至🔧修改面板，在"VRay 太阳参数"卷展栏中设置强度倍增值为 0.02，调节主光源亮度，如图 7-304 所示。

2 将视图切换至"摄影机"视图，单击主工具栏中的🖱渲染按钮，渲染场景灯光照明效果，如图 7-305 所示。

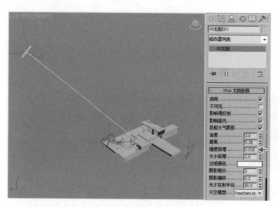

图7-302 设置强度倍增

图7-303 渲染灯光照明效果

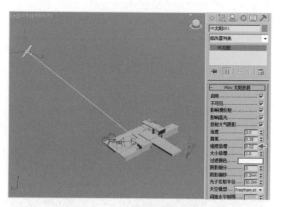

图7-304 调节强度倍增

图7-305 渲染灯光照明效果

3 保持选择状态并切换至 ☑ 修改面板，然后在"VRay 太阳参数"卷展栏中设置大小倍增值为 2、光子发射半径值为 1400，调节太阳大小得到更加柔和的阴影效果，如图 7-306 所示。

4 将视图切换至"摄影机"视图，单击主工具栏中的 ☑ 渲染按钮，渲染最终场景灯光照明效果，如图 7-307 所示。

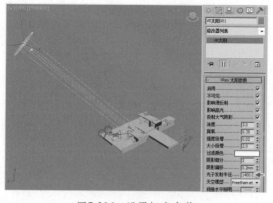

图7-306 设置灯光参数

图7-307 渲染灯光效果

↗ 7.6.3 场景材质设置

"场景材质设置"的制作流程分为 3 部分，包括：①地面与墙体材质设置；②建筑材质设置；③最终材质设置，如图 7-308 所示。

(1) 地面与墙体材质设置　　　　(2) 建筑材质设置　　　　(3) 最终材质效果

图7-308　制作流程

1. 地面与墙体材质设置

⬜1 在主工具栏中单击📋材质编辑器按钮，选择一个空白材质球单击"标准"材质按钮切换至"VR 材质"类型，如图 7-309 所示。

⬜2 设置材质名称为"地面"，在"基本参数"卷展栏中设置反射颜色为深灰色、反射光泽度值为 0.5，调节出地面的表面光泽效果，如图 7-310 所示。

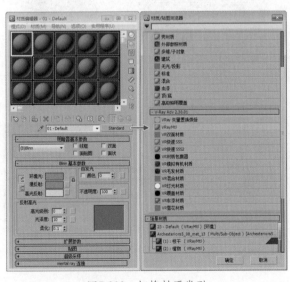

图7-309　切换材质类型

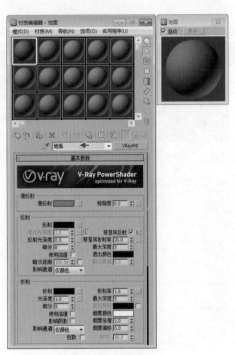

图7-310　地面材质设置

⬜3 切换至"贴图"卷展栏，单击漫反射项目后的按钮并在弹出的"材质／贴图浏览器"中选择"位图"，准备为材质球添加贴图，如图 7-311 所示。

⬜4 在弹出的"选择位图图像文件"对话框中选择"地面"贴图，如图 7-312 所示。

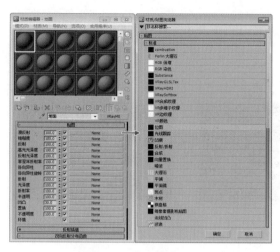

图7-311 地面材质设置

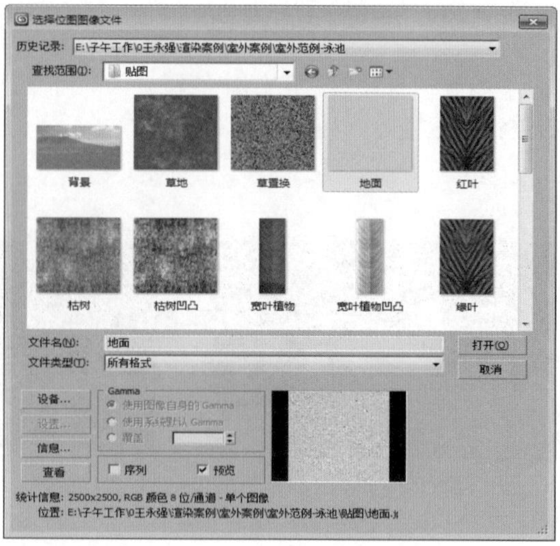

图7-312 选择贴图

5 切换至"贴图"卷展栏将"漫反射"中的贴图复制到"凹凸"中，然后设置"凹凸"值为 60，调节地面材质的凹凸效果，如图 7-313 所示。

6 选择一个空白材质球并设置名称为"草地"，单击"标准"材质按钮切换至"VR 材质"类型。切换至"贴图"卷展栏为漫反射与凹凸中分别赋予本书配套光盘中的"草地"贴图，然后设置凹凸值为 40，如图 7-314 所示。

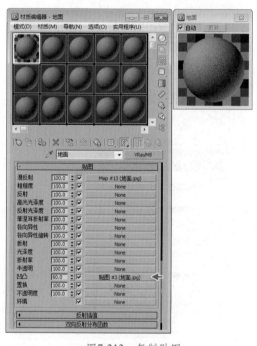

图7-313 复制贴图

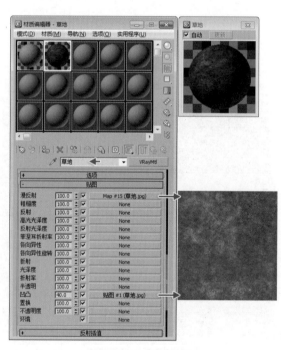

图7-314 草地贴图

7 选择一个空白材质球并设置名称为"石材"，单击"标准"材质按钮切换至"VR 材质"类型。在"基本参数"卷展栏中为漫反射赋予本书配套光盘中的"石材"贴图，设置反射光泽度值为 0.5，如图 7-315 所示。

8 单击主工具栏中的 🖱️ 渲染按钮，渲染场景灯光照明效果，如图 7-316 所示。

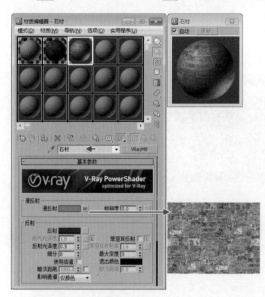

图7-315　石材材质

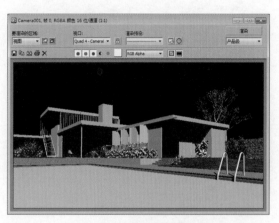

图7-316　渲染场景材质效果

2. 建筑材质设置

1 选择一个空白材质球并设置名称为"水面"，单击"标准"材质按钮切换至"VR 材质"类型。在"基本参数"卷展栏中设置漫反射颜色为深灰色、折射颜色为浅灰色、折射率值为 1.2，如图 7-317 所示。

2 在"基本参数"卷展中单击反射后的"方块"按钮，在弹出的"材质／贴图浏览器"中选择"衰减"程序贴图，为当前材质进行添加，如图 7-318 所示。

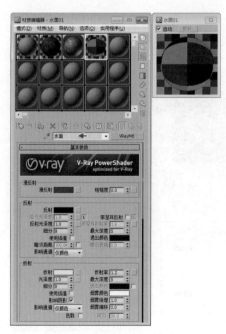

图7-317　设置水面材质

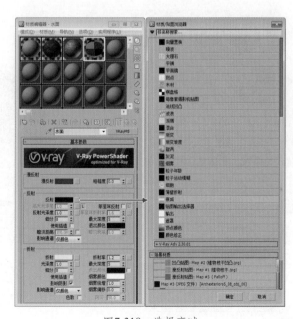

图7-318　选择衰减

③ 添加完成后在"衰减参数"卷展栏中设置"前：侧"的前方颜色为灰色、衰减类型为"Fresnel"，如图 7-319 所示。

④ 最后在"贴图"卷展栏中为凹凸项目赋予本书配套光盘中的"水面凹凸"贴图，然后设置凹凸值为 20，模拟水面的波纹效果，如图 7-320 所示。

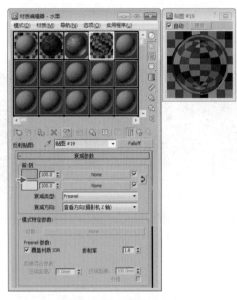
图7-319　设置衰减参数

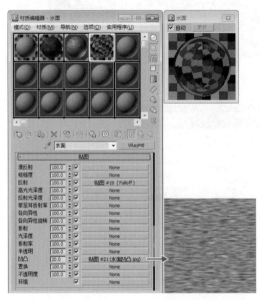
图7-320　添加凹凸贴图

⑤ 在"材质编辑器"中选择一个空白材质球并设置名称为"灰"，单击"标准"材质按钮切换至"VR 材质"类型，然后在"基本参数"卷展栏中设置反射光泽度值为 0.7，如图 7-321 所示。

⑥ 在"基本参数"卷展栏中单击反射后的"方块"按钮，在弹出的"材质／贴图浏览器"中选择"噪波"程序贴图，为当前材质进行添加，如图 7-322 所示。

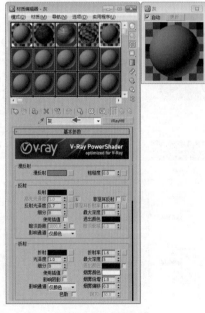
图7-321　灰材质

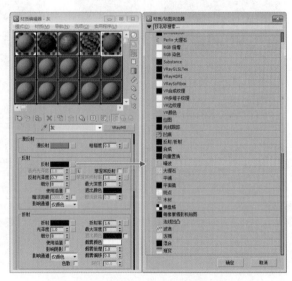
图7-322　添加噪波贴图

7 添加完成后，在"噪波参数"卷展栏中设置大小值为 3，如图 7-323 所示。

8 在"贴图"卷展栏中为凹凸项目赋予本书配套光盘中的"噪波贴图"贴图，然后设置凹凸值为 10，模拟屋顶的凹凸效果，如图 7-324 所示。

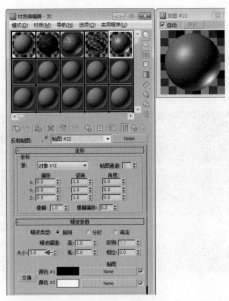

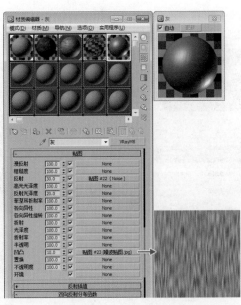

图7-323　设置噪波参数　　　　　　　　　　图7-324　添加噪波贴图

9 在"材质编辑器"中选择一个空白材质球并设置名称为"墙体"，在"贴图"卷展栏中为漫反射赋予本书配套光盘中的"墙体"贴图，如图 7-325 所示。

10 在"材质编辑器"中选择一个空白材质球并设置名称为"框"，单击"标准"材质按钮切换至"VR 材质"类型，然后在"基本参数"卷展栏中设置反射颜色为深灰色、反射光泽度值为 0.6，如图 7-326 所示。

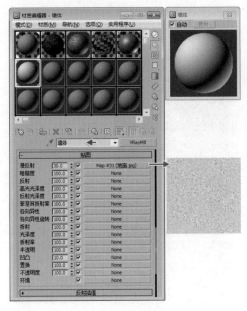

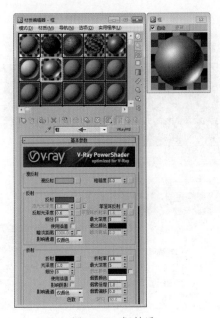

图7-325　墙体材质　　　　　　　　　　图7-326　框材质

[11] 在"材质编辑器"中选择一个空白材质球并设置名称为"玻璃"，单击"标准"材质按钮切换至"VR材质"类型，然后在"基本参数"卷展栏中设置折射颜色为白色，再为反射项添加"衰减"贴图，如图7-327所示。

[12] 单击主工具栏中的 渲染按钮，渲染场景材质效果，如图7-328所示。

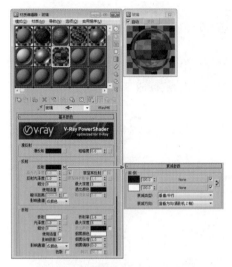

图7-327 玻璃材质

图7-328 渲染材质效果

3. 最终材质效果

[1] 选择一个空白材质球并设置名称为"叶"，单击"标准"材质按钮切换至"VR材质"类型，然后在"基本参数"卷展栏中为漫反射赋予本书配套光盘中的"叶"贴图，设置反射光泽度值为0.7，如图7-329所示。

[2] 选择一个空白材质球并设置名称为"根"，单击"标准"材质按钮切换至"VR材质"类型。切换至"贴图"卷展栏为漫反射项目赋予本书配套光盘中的"植物根"贴图，在凹凸项目中赋予本书配套光盘中的"植物根-凹凸"贴图并设置凹凸值为1000，如图7-330所示。

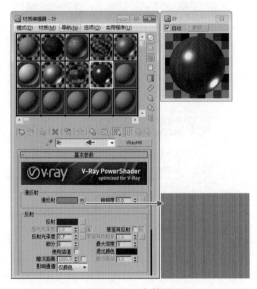

图7-329 叶材质

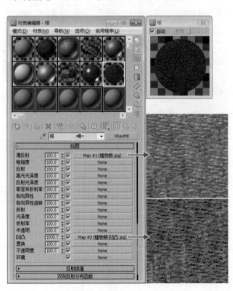

图7-330 根材质

③ 选择一个空白材质球并设置名称为"枯树"，单击"标准"材质按钮切换至"VR材质"类型，然后切换至"贴图"卷展栏为漫反射赋予本书配套光盘中的"枯树"贴图，在凹凸项目中赋予本书配套光盘中的"枯树凹凸"贴图，如图 7-331 所示。

④ 选择一个空白材质球并设置名称为"窗帘"，单击"标准"材质按钮切换至"VR材质"类型，然后切换至贴图卷展栏设置漫反射颜色为黄色，为折射项目赋予"衰减"程序贴图并设置光泽度值为 0.6，如图 7-332 所示。

⑤ 选择一个空白材质球并设置名称为"黄塑料"，单击"标准"材质按钮切换至"VR材质"类型，然后切换至"贴图"卷展栏设置漫反射颜色为黄色、反射颜色为白色并勾选"菲涅耳反射"项，如图 7-333 所示。

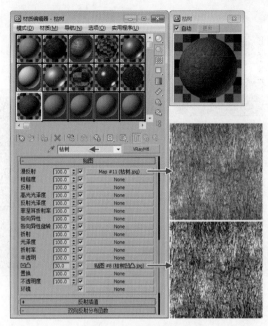

图7-331　枯树材质

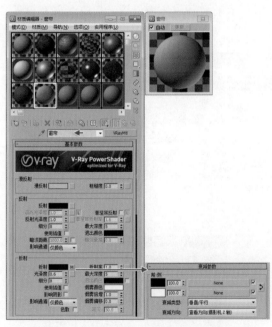

图7-332　窗帘材质

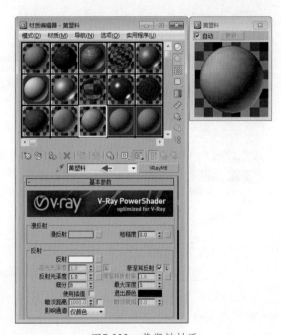

图7-333　黄塑料材质

⑥ 选择一个空白材质球并设置名称为"金属"，单击"标准"材质按钮切换至"VR材质"类型，然后切换至贴图卷展栏设置漫反射颜色为深灰色，反射颜色为浅灰色并设置反射光泽度值为 0.6，如图 7-334 所示。

⑦ 单击主工具栏中的 🖐 渲染按钮，渲染场景材质效果，如图 7-335 所示。

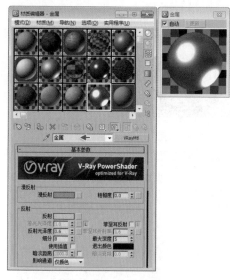

图7-334 金属材质

图7-335 最终材质效果

7.6.4 场景渲染设置

"场景渲染设置"的制作流程分为3部分，包括：①采样器与环境设置；②灯光缓存设置；③ DMC 采样器设置，如图 7-336 所示。

(1) 采样器与环境设置　　　　(2) 灯光缓存设置　　　　(3) DMC 采样器设置

图7-336 制作流程

1. 采样器与环境设置

1 在"图像采样器（反锯齿）"卷展栏中设置抗锯齿过滤器为"Mitchell-Netravali"，然后在"自适应 DMC 图像采样器"卷展栏中设置最小细分值为 2、最大细分值为 8，如图 7-337 所示。

2 单击主工具栏中的 渲染按钮，渲染当前场景效果，如图 7-338 所示。

3 为了使场景得到更好的渲染效果，在"环境[无名]"卷展栏中为"全局照明环境（天光）覆盖"中添加"VR 天空"程序贴图，如图 7-339 所示。

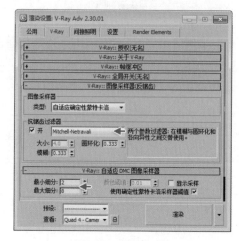

图7-337 渲染设置

图7-338　渲染场景效果

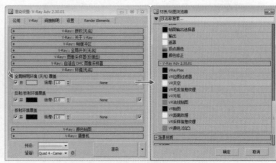

图7-339　添加VR天空

4 将"VR天空"程序贴图分别复制到"反射／折射环境覆盖"与"折射环境覆盖"中，并设置"反射／折射环境覆盖"与"折射环境覆盖"的倍增值为2，如图7-340所示。

5 单击主工具栏中的 渲染按钮，渲染当前场景环境效果，如图7-341所示。

图7-340　添加VR天空

图7-341　渲染环境效果

2. 灯光缓存设置

1 在"渲染设置"对话框的间接照明选项中，首先设置"间接照明（GI）"卷展栏中全局照明为开启状态、二次反弹的全局照明引擎为"灯光缓存"类型，如图7-342所示。

2 在"发光图 [无名]"卷展栏中设置当前预置为"中"级别，然后激活选项的"显示计算相位"与"显示直接光"选项，如图7-343所示。

3 在间接照明选项中设置"灯光缓存"卷展栏中的细分值为800、进程数为4，再激活"显示计算相位"项，提高渲染器计算的图像画质，如图7-344所示。

图7-342　渲染环境效果

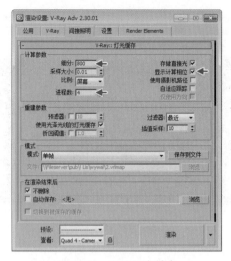

图7-343 设置发光图 图7-344 设置灯光缓存

4 参数设置完成后单击"渲染设置"对话框中的"渲染"按钮,渲染时会显示渲染过程,如图 7-345 所示。

5 渲染完成后观察场景效果,如图 7-346 所示。

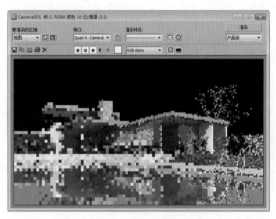

图7-345 渲染图像过程 图7-346 渲染场景效果

3. DMC采样器设置

1 在"渲染设置"对话框的设置选项"DMC 采样器"卷展栏中设置适应数量值为 0.07、噪波阈值为 0.001,使渲染器控制区域内噪点尺寸能得到更加细腻的处理,然后在"系统"卷展栏下设置光线计算参数的动态内存限制为 3000,使系统可以调用更多的内存进行计算,如图 7-347 所示。

2 在菜单中选择【渲染】→【环境】命令,并在弹出的"环境和效果"对话框中单击环境贴图下的按钮,然后赋予本书配套光盘提供的"背景"贴图,如图 7-348 所示。

图7-347 渲染场景效果

3 单击主工具栏中的 渲染按钮，渲染当前场景的最终效果，如图 7-349 所示。

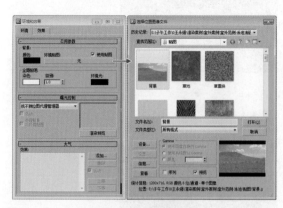

图7-348　添加环境贴图

图7-349　范例最终效果

7.7　范例——昏黄郊区

"昏黄郊区"范例主要使用几何体组合搭建场景模型，通过 mental ray 材质类型并配合日光系统，昏黄郊区的渲染效果，如图 7-350 所示。

图7-350　范例效果

【制作流程】

"昏黄郊区"范例的制作流程分为4部分，包括：①场景模型制作；②场景灯光设置；③场景材质设置；④场景渲染设置，如图7-351所示。

7.7.1　场景模型制作

"场景模型制作"的制作流程分为 3 部分，包括：①制作主体建筑模型；②添加植物模型；③创建摄影机，如图 7-352 所示。

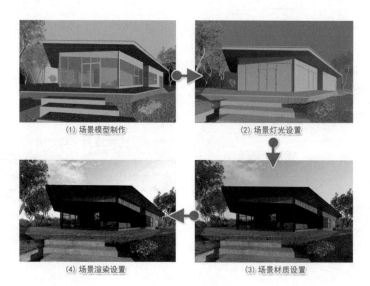

(1) 场景模型制作　　　　　　　　(2) 场景灯光设置

(4) 场景渲染设置　　　　　　　　(3) 场景材质设置

图7-351　制作流程

(1) 制作主体建筑模型　　　　(2) 添加植物模型　　　　(3) 创建摄影机

图7-352　制作流程

1. 制作主体建筑模型

① 在⬚创建面板〇几何体中选择标准基本体的"平面"命令，然后在"顶视图"建立，并配合"编辑多边形"命令，制作出场景地面模型，如图 7-353 所示。

② 使用〇几何体中的"长方体"命令，然后在"顶视图"建立并配合"编辑多边形"命令，制作出建筑室内地面模型，如图 7-354 所示。

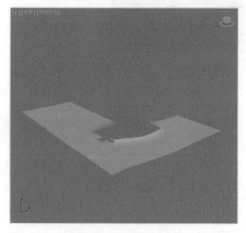

图7-353　创建地面模型

图7-354　创建地面模型

3 使用〇几何体并配合编辑多边形命令，制作出建筑的墙壁与草地模型，如图 7-355 所示。

4 在❋创建面板〇几何体中选择标准基本体的"长方体"命令并在"顶视图"建立，作为场景中的屋顶模型，然后为其添加"编辑多边形"命令并切换至┄顶点模式，使用┅移动工具调节出屋顶形状，如图 7-356 所示。

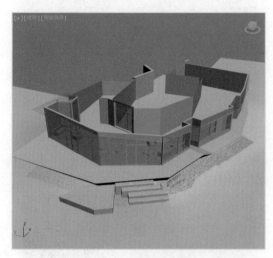

图7-355　创建地面模型

图7-356　制作屋顶模型

2. 添加植物模型

1 使用〇几何体并配合"编辑多边形"命令，制作出场景中的树木模型，如图 7-357 所示。

2 选择树木模型并使用"Shift + 移动"键将模型复制多个，丰富场景模型，然后使用┇缩放工具调节出不同的树木大小，如图 7-358 所示。

图7-357　制作树木模型

图7-358　复制模型

3 使用〇几何体中的"平面"命令，然后在"前视图"建立并配合"编辑多边形"命令制作出环形片树模型，如图 7-359 所示。

4 在❋创建面板〇几何体中选择标准基本体的"平面"命令并在视图中进行创建，作为场景中的环境模型，如图 7-360 所示。

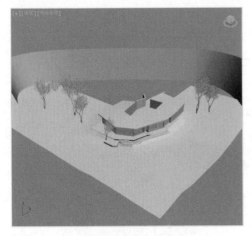

图7-359　建立片树模型

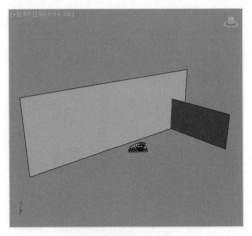

图7-360　创建环境模型

3. 创建摄影机

1 进入 创建面板的 摄影机子面板并单击"目标"按钮，然后在"前视图"中拖拽建立目标摄影机，再切换至"透视图"并配合"Ctrl+C"键进行匹配，如图 7-361 所示。

2 对摄影机位置进行调节之后，在视图左上角的提示文字处单击鼠标右键，从弹出的菜单中选择【摄影机】→【Camera 001】命令，将视图切换至"摄影机视图"，如图 7-362 所示。

3 摄影机视图视角效果，如图 7-363 所示。

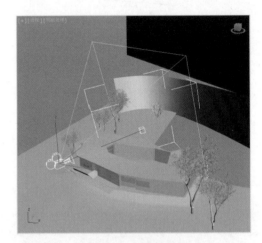

图7-361　创建摄影机

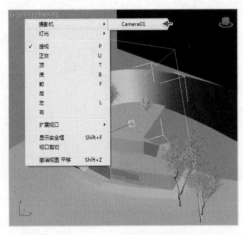

图7-362　切换摄影机视图

图7-363　摄影机视角效果

4 在场景中选择摄影机，然后在视图中单击鼠标右键，在弹出的四元菜单中选择"应用摄影机校正修改器"命令，如图 7-364 所示。

> **提示**
> 本摄影机校正修改器在摄影机视图中使用两点透视。默认情况下，摄影机视图使用三点透视，其中垂直线看上去在顶点上汇聚，而在两点透视中，垂直线保持垂直。需要使用的校正数取决于摄影机的倾斜程度，例如，摄影机从地平面向上看到建筑的顶部需要比朝向水平线看需要更多的校正，类似于"移轴"镜头的效果。

⑤ 添加"应用摄影机校正修改器"命令后，可以校正视图的透视效果，如图 7-365 所示。

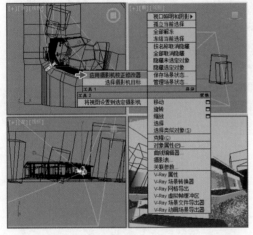

图7-364 应用摄影机校正修改器

图7-365 模型最终效果

↗ 7.7.2 场景灯光设置

"场景灯光设置"的制作流程分为 3 部分，包括：①创建主光源；②灯光参数设置；③最终灯光效果，如图 7-366 所示。

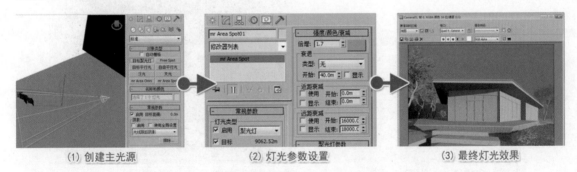

(1) 创建主光源   (2) 灯光参数设置   (3) 最终灯光效果

图7-366 制作流程

1. 创建主光源

① 在 ✺ 创建面板中单击 💡 灯光面板下的"目标聚光灯"按钮，然后在视图中拖拽建立灯光，如图 7-367 所示。

② 单击主工具栏中的 🖼 渲染设置按钮，在弹出的渲染设置对话框的"指定渲染器"卷展栏中设置渲染器为 mental ray 渲染器，然后单击主工具栏中的 🖼 渲染按钮，渲染场景中主光照明效果，如图 7-368 所示。

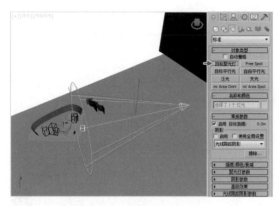

图7-367　创建目标聚光灯　　　　　　　　　　图7-368　渲染灯光效果

2. 灯光参数设置

1 在 修改面板的"常规参数"卷展栏中启用阴影项目并设置类型为"光线追踪阴影"，在"强度／颜色／衰减"卷展栏中设置颜色为橘黄色，在聚光灯参数卷展栏中设置聚光区／光束值为 18、衰减区／区域值为 24，如图 7-369 所示。

2 单击主工具栏中的 渲染按钮，渲染场景灯光照明效果，如图 7-370 所示。

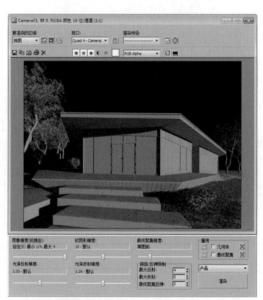

图7-369　设置灯光参数　　　　　　　　　　图7-370　渲染灯光效果

3 保持灯光选择状态，继续在"强度／颜色／衰减"卷展栏中设置倍增值为 1.7，增强光照强度，使画面光感更强，如图 7-371 所示。

4 单击主工具栏中的 渲染按钮，渲染场景灯光照明效果，如图 7-372 所示。

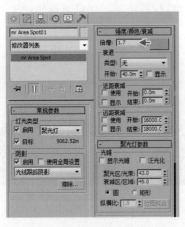

图7-371　设置倍增值

图7-372　渲染灯光效果

3. 最终灯光效果

　1　在创建面板的系统子面板单击
"日光"按钮，然后在视图中建立，如图 7-373
所示。

　2　在修改面板的"日光参数"卷展栏
中设置太阳光为"无太阳光"类型，设置天光
为"mr Sky"类型，在"mr 天空参数"卷展栏
中设置倍增值为 2.6、地面颜色为深灰色、水平
选项的高度值为 -0.2，如图 7-374 所示。

　3　单击主工具栏中的渲染按钮，渲染
场景最终灯光照明效果，如图 7-375 所示。

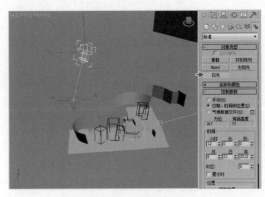

图7-373　建立日光

图7-374　设置日光参数

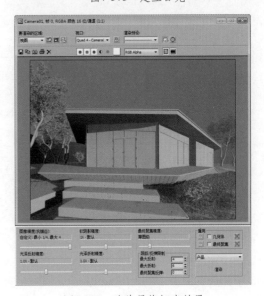

图7-375　渲染最终灯光效果

↗ 7.7.3 场景材质设置

"场景材质设置"的制作流程分为 3 部分，包括：①建筑材质设置；②草地材质设置；③环境材质设置，如图 7-376 所示。

(1) 建筑材质设置   (2) 草地材质设置   (3) 环境材质设置

图7-376 制作流程

1. 建筑材质设置

①在主工具栏中单击 材质编辑器按钮，选择一个空白材质球单击"标准"材质按钮切换至"Arch&Design"类型，设置名称为"草地"，如图 7-377 所示。

②单击颜色后的按钮并在弹出的"材质／贴图浏览器"中选择"位图"，准备为材质球添加贴图，如图 7-378 所示。

③在弹出的"选择位图图像文件"对话框中选择"草地"贴图，如图 7-379 所示。

④在"主要材质参数"卷展栏中设置漫反射级别为 0.83、反射率值为 0.5、反射光泽度值为 0.2、折射光泽度值为 0.36，如图 7-380 所示。

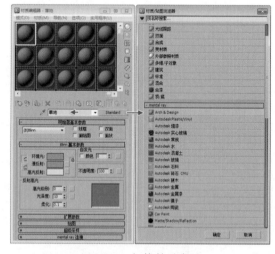

图7-377 切换材质类型

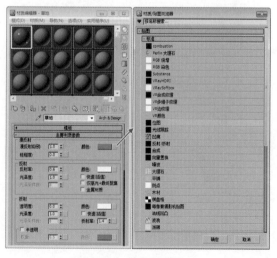

图7-378 切换材质类型

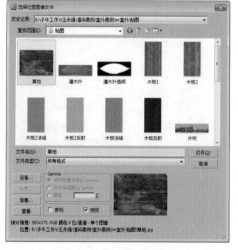

图7-379 选择草地贴图

[5] 选择一个空白材质球，单击"标准"材质按钮切换至"Arch&Design"类型并设置名称为"水泥台阶"。在"主要材质参数"卷展栏中设置粗糙度值为 0.24、反射率值为 0.95、反射光泽度值为 0.33，然后为漫反射级别赋予本书配套光盘中的"水泥台阶"贴图，为反射率赋予本书配套光盘中的"水泥台阶反射"贴图，如图 7-381 所示。

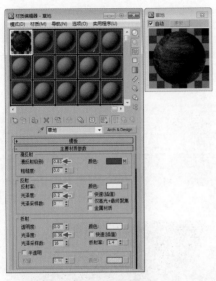

图7-380　草地材质

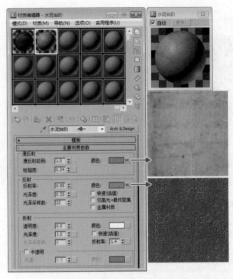

图7-381　水泥台阶材质

[6] 选择一个空白材质球，单击"标准"材质按钮切换至"Arch&Design"类型并设置名称为"木板 1"。在"主要材质参数"卷展栏中设置粗糙度值为 0.76、反射率值为 1、反射光泽度值为 0.27，然后为漫反射级别赋予本书配套光盘中的"木板 1"贴图，为反射率赋予本书配套光盘中的"木板 1 反射"贴图，如图 7-382 所示。

[7] 选择一个空白材质球，单击"标准"材质按钮切换至"Arch&Design"类型并设置名称为"框"。在"主要材质参数"卷展栏中设置漫反射级别颜色为黑色、粗糙度值为 0.36、反射率值为 1、光泽度值为 0.39、光泽采样数值为 44，如图 7-383 所示。

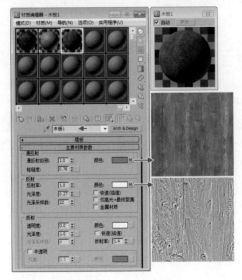

图7-382　水泥台阶材质

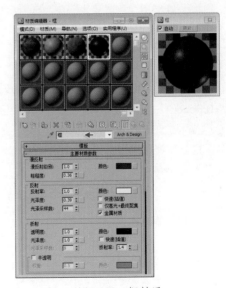

图7-383　框材质

⑧ 选择一个空白材质球，单击"标准"材质按钮切换至"Arch&Design"类型并设置名称为"玻璃"，在主要材质参数卷展栏中设置漫反射级别颜色为黑色、反射率颜色为蓝色、透明度颜色为浅绿色、反射率值为1、透明度值为1，如图7-384所示。

⑨ 单击主工具栏中的⬤渲染按钮，渲染场景建筑材质效果，如图7-385所示。

图7-384 玻璃材质

图7-385 渲染场景材质效果

2. 草地材质设置

① 选择一个空白材质球，单击"标准"材质按钮切换至"Arch&Design"类型并设置名称为"草"。在主要材质参数卷展栏中设置反射率值为0.62、光泽度值为0.21、透明度值为0.21、光泽度值为0.36，然后为漫反射级别赋予本书配套光盘中的"草"贴图，如图7-386所示。

② 在材质编辑器中选择一个空白材质球并设置名称为"背景树"。在"Blinn基本参数"卷展栏中设置自发光值为15，然后在漫反射颜色中赋予本书配套光盘中的"片树"贴图，在不透明度中赋予本书配套光盘中的"片树透明"贴图，如图7-387所示。

③ 单击主工具栏中的⬤渲染按钮，渲染场景草地材质效果，如图7-388所示。

3. 环境材质设置

① 选择一个空白材质球，单击"标准"材质按钮切换至"Arch&Design"类型并设置名称为"草"，然后在"特殊用途贴图"卷展栏中为附加颜色赋予"天空"贴图，在"通用贴图"卷展栏中为漫反射颜色赋予"天空"贴图，如图7-389所示。

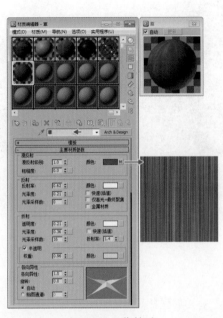

图7-386 草材质

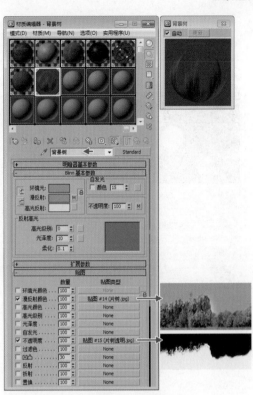

图7-387 草材质

图7-388 渲染材质效果

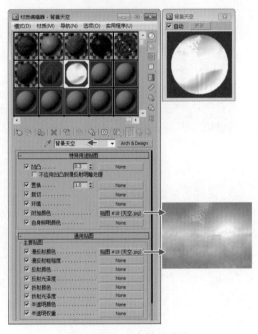

图7-389 渲染材质效果

[2] 单击材质编辑器按钮，选择一个空白材质球单击"标准"材质按钮切换至"多维 / 子对象"类型，调节出树材质效果，如图 7-390 所示。

[3] 单击主工具栏中的渲染按钮，渲染场景最终材质效果，如图 7-391 所示。

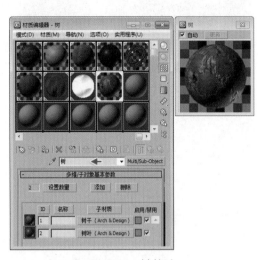

图7-390 树材质

图7-391 渲染材质效果

↗ 7.7.4 场景渲染设置

"场景渲染设置"的制作流程分为 3 部分，包括：①采样与聚焦设置；②图像输出设置；③环境效果设置，如图 7-392 所示。

(1) 采样与聚焦设置   (2) 图像输出设置   (3) 环境效果设置

图7-392 渲染材质效果

1. 采样与聚焦设置

1 单击主工具栏中的 渲染设置按钮开启渲染设置对话框，在渲染器项目的"全局调试参数"卷展栏中设置软阴影精度值为 2，设置每像素采样数的最小值 4、最大值为 16、过滤器类型为 Lanczos，提升阴影与图像质量，如图 7-393 所示。

2 单击主工具栏中的 渲染按钮，渲染场景效果，如图 7-394 所示。

3 在间接照明选项的"最终聚集"卷展栏中设置最终聚集精度预设为"中"级别，如图 7-395 所示。

4 单击主工具栏中的 渲染按钮，渲染场景效果，如图 7-396 所示。

图7-393 渲染设置

图7-394　渲染场景效果

图7-395　设置最终焦距

2. 图像输出设置

1 在公用选项卡的"公用参数"卷展栏中设置输出大小的宽度值为 1600、高度值为 1200，如图 7-397 所示。

图7-396　设置最终焦距

图7-397　设置输出大小

2 单击主工具栏中的 渲染按钮，会显示渲染计算过程，如图 7-398 所示。

3 渲染场景的当前效果，如图 7-399 所示。

图7-398　渲染计算过程　　　　　　　　　图7-399　渲染最终效果

3. 环境效果设置

1 在菜单栏中选择【渲染】→【效果】命令，准备为场景添加后期效果，如图 7-400 所示。

2 在弹出的"环境和效果"对话框中单击"添加"按钮，然后在弹出的"添加效果"对话框中为其添加"亮度与对比度"效果，如图 7-401 所示。

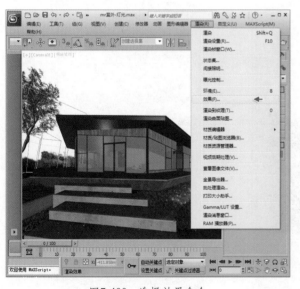
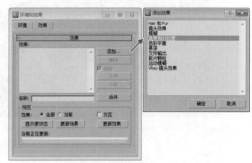

图7-400　选择效果命令　　　　　　　　　图7-401　选择效果命令

3 在"亮度和对比度参数"卷展栏中设置亮度值为 0.55、对比度值为 0.59，调节图像的最终渲染效果，如图 7-402 所示。

4 单击主工具栏中的 渲染按钮，渲染场景的最终效果，如图 7-403 所示。

图7-402　设置亮度对比度

图7-403　渲染场景最终效果

7.8 范例——欧式大厅

"欧式大厅"范例主要使用几何体组合搭建场景模型，然后通过位图、衰减、噪波、法线凹凸等贴图类型，配合 VR 太阳系统模拟出细腻的光影分布，得到大厅场景的渲染效果，如图7-404所示。

图7-404　范例效果

【制作流程】

"欧式大厅"范例的制作流程分为4部分，包括：①场景模型制作；②场景灯光设置；③场景材质设置；④场景渲染设置，如图7-405所示。

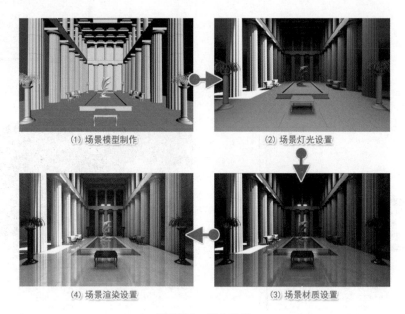

(1) 场景模型制作　　　　　　　(2) 场景灯光设置

(4) 场景渲染设置　　　　　　　(3) 场景材质设置

图7-405　制作流程

↗ 7.8.1　场景模型制作

"场景模型制作"的制作流程分为 3 部分，包括：①制作底部基座模型；②制作楼体模型；③添加装饰模型，如图 7-406 所示。

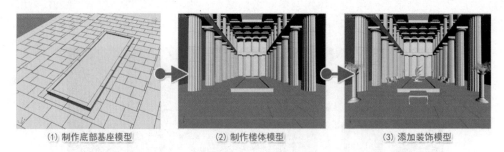

(1) 制作底部基座模型　　　　　(2) 制作楼体模型　　　　　(3) 添加装饰模型

图7-406　制作流程

1. 制作底部基座模型

|1| 在 ✴ 创建面板 ○ 几何体中选择标准基本体的"长方体"命令，然后在"顶视图"建立，作为场景中的地面模型，如图 7-407 所示。

|2| 使用 ○ 几何体中的"平面"命令，然后在"顶视图"建立，作为场景中场景内部地面模型，如图 7-408 所示。

|3| 使用 ○ 几何体中的"长方体"命令，然后配合"编辑多边形"命令制作出单个刚架，再通过复制搭建出整体刚架结构模型，如图 7-409 所示。

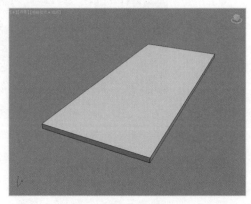

图7-407　创建长方体

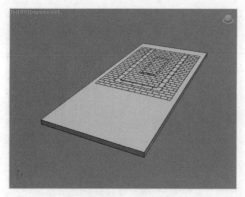

图7-408 创建平面

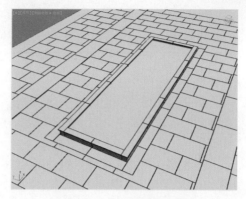

图7-409 制作基座结构模型

2. 制作楼体模型

⎿1⏌ 使用◯几何体中的"长方体"命令,然后在"顶视图"建立,搭建出场景墙体的模型,如图 7-410 所示。

⎿2⏌ 使用◯几何体中的"长方体"命令,然后配合"编辑多边形"命令制作出大厅棚顶造型模型,如图 7-411 所示。

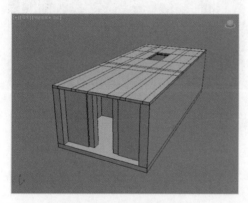

图7-410 制作墙体模型

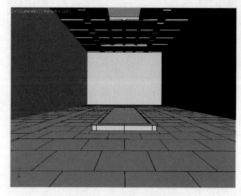

图7-411 制作棚顶造型

⎿3⏌ 使用⊿样条线的"线"命令绘制出罗马柱的截面模型,配合"挤出"命令将其转换为三维的立柱模型,然后使用◯几何体搭建出罗马柱顶部造型,如图 7-412 所示。

⎿4⏌ 使用◯几何体中的"长方体"与"圆柱体"命令搭建出顶部立柱模型,如图 7-413 所示。

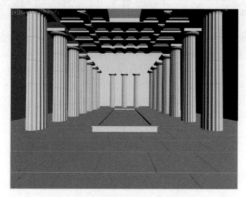

图7-412 制作罗马石柱模型

图7-413 制作上层石柱模型

3. 添加装饰模型

1 使用 ○ 几何体中的"长方体"命令，配合"编辑多边形"命令制作出海豚模型，如图 7-414 所示。

2 使用 ○ 几何体并配合"编辑多边形"命令制作出大厅内部的茶几与沙发等模型，如图 7-415 所示。

3 使用 ○ 几何体并配合"编辑多边形"命令制作出大厅内部的装饰植物模型，如图 7-416 所示。

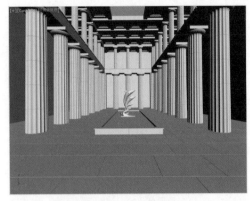

图7-414　制作海豚模型

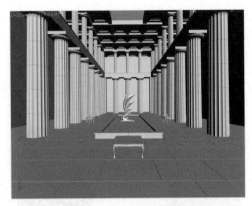

图7-415　添加茶几模型

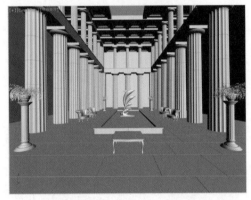

图7-416　添加装饰模型

↗ 7.8.2　场景灯光设置

"场景灯光设置"的制作流程分为 3 部分，包括：①创建摄影机；②创建场景灯光；③调节最终灯光效果，如图 7-417 所示。

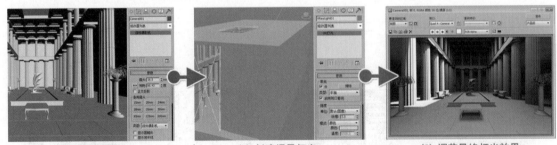

（1）创建摄影机　　　　（2）创建场景灯光　　　　（3）调节最终灯光效果

图7-417　制作流程

1. 创建摄影机

1 单击主工具栏中的 渲染设置按钮，在弹出的渲染设置对话框的"指定渲染器"卷展栏中设置渲染器为 V-Ray 渲染器，如图 7-418 所示。

2 进入 创建面板的 摄影机子面板并单击"目标"按钮，然后在"前视图"中拖拽建立目标摄影机，再切换至"透视图"并配合"Ctrl+C"键进行匹配，如图 7-419 所示。

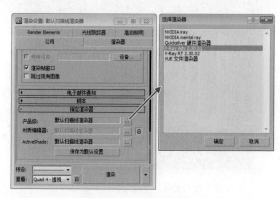

图7-418　指定渲染器

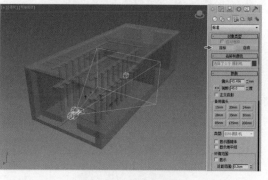

图7-419　创建摄影机

3 在视图左上角的提示文字处单击鼠标右键，从弹出的菜单中选择【摄影机】→【Camera 001】命令，将视图切换至"摄影机视图"，如图 7-420 所示。

4 摄影机视角的效果，如图 7-421 所示。

5 保持摄影机选择状态并切换至 ☑ 修改面板，设置镜头值为 18.5，调节摄影机广角效果，如图 7-422 所示。

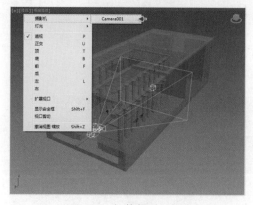

图7-420　切换摄影机视图

图7-421　摄影机视角效果

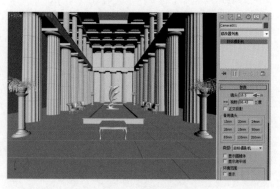

图7-422　设置镜头值

2. 创建场景灯光

1 在 ❋ 创建面板 ☑ 灯光中选择 VRay 类型下的"VR 太阳"命令按钮，然后在视图中建立 VR 太阳光，如图 7-423 所示。

2 将视图切换至"摄影机"视图，然后单击主工具栏中的 ☑ 渲染按钮，渲染 VRay 太阳灯光效果，如图 7-424 所示。

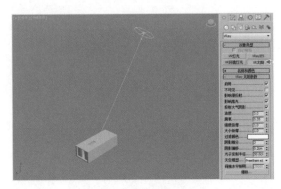

图7-423 创建VR太阳灯光

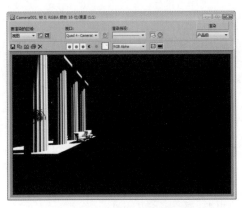

图7-424 添加环境贴图

3 在 创建面板 灯光中选择 VRay 类型下的"VR 灯光"命令按钮,然后在大厅顶部建立 VR 灯光作为场景补光,如图 7-425 所示。

4 将视图切换至"摄影机"视图,然后单击主工具栏中的 渲染按钮,渲染场景补光效果,如图 7-426 所示。

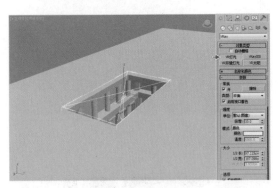

图7-425 创建补光

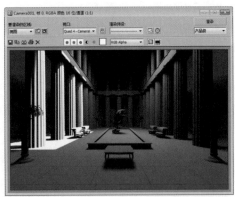

图7-426 渲染补光效果

5 在 创建面板 灯光中选择 VRay 类型下的"VR 灯光"命令按钮,然后在大厅一侧建立 VR 灯光作为场景补光,如图 7-427 所示。

6 将视图切换至"摄影机"视图,然后单击主工具栏中的 渲染按钮,渲染场景补光效果,如图 7-428 所示。

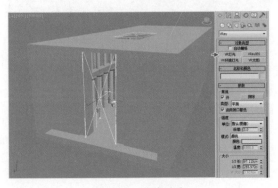

图7-427 创建补光

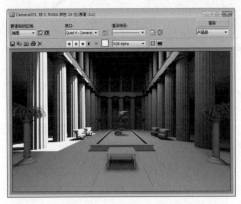

图7-428 渲染补光效果

3. 调节最终灯光效果

1 在"透视图"中选择"VR 太阳"灯光，然后切换全 ✐修改面板，在"VRay 太阳参数"卷展栏中设置浊度为 7.0、强度倍增值为 0.06、大小倍增值为 1.3，如图 7-429 所示。

2 在"透视图"中选择"VR 太阳"灯光，然后切换至 ✐修改面板，在"VR 灯光参数"卷展栏中设置强度倍增值为 3.5，增加补光的亮度，如图 7-430 所示。

3 将视图切换至"摄影机"视图，然后单击主工具栏中的 ☞ 渲染按钮，渲染场景最终灯光效果，如图 7-431 所示。

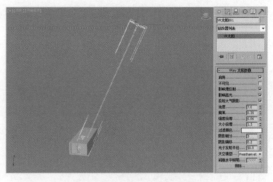

图7-429　设置灯光参数

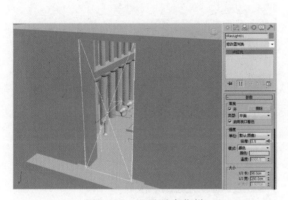

图7-430　设置强度倍增

图7-431　渲染灯光效果

↗ 7.8.3　场景材质设置

"场景材质设置"的制作流程分为 3 部分，包括：①主体材质设置；②辅助材质设置；③装饰材质设置，如图 7-432 所示。

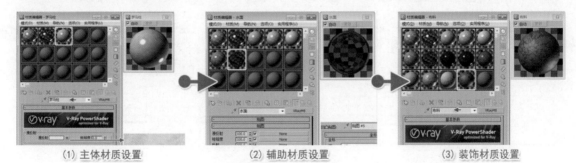

（1）主体材质设置　　　　　　（2）辅助材质设置　　　　　　（3）装饰材质设置

图7-432　制作流程

1. 主体材质设置

1 在主工具栏中单击 ▦ 材质编辑器按钮，选择一个空白材质球并单击"标准"材质按钮切

换至"VR材质"类型,如图7-433所示。

2 设置材质名称为"地面",在"基本参数"卷展栏中设置反射颜色为深灰色、高光光泽度值为0.8、反射光泽度值为0.95,并为漫反射项目赋予本书配套光盘中的"地面"贴图,如图7-434所示。

3 在材质编辑器中选择一个空白材质球并设置名称为"地面条",单击"标准"材质按钮切换至"VR材质"类型,然后在"基本参数"卷展栏中设置反射颜色为灰色、高光光泽度值为0.8、反射光泽度值为0.93、细分值为16,并为漫反射项目赋予本书配套光盘中的"地面条"贴图,如图7-435所示。

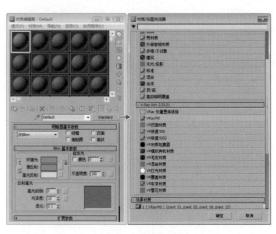

图7-433　切换材质类型

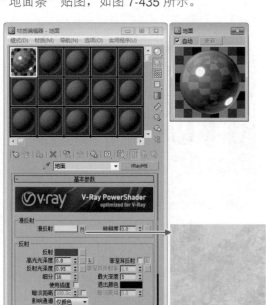

图7-434　地面材质

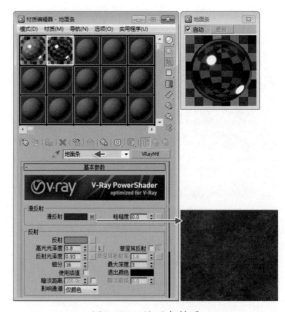

图7-435　地面条材质

4 在材质编辑器中选择一个空白材质球并设置名称为"罗马柱",单击"标准"材质按钮切换至"VR材质"类型,然后在"基本参数"卷展栏中设置反射颜色为深灰色、高光光泽度值为0.8、反射光泽度值为0.85、细分值为16,并为漫反射赋予本书配套光盘中的"罗马柱"贴图,如图7-436所示。

5 将视图切换至"摄影机视图",然后单击主工具栏中的🔄渲染按钮,渲染场景的主体材质效果,如图7-437所示。

2. 辅助材质设置

1 在材质编辑器中选择一个空白材质球并设置名称为"水池边",单击"标准"材质按钮切换至"VR材质"类型,然后在"基本参数"卷展栏中设置漫反射颜色为浅灰色、反射颜色为深灰色、高光光泽度值为0.8、反射光泽度值为0.93、细分值为16,如图7-438所示。

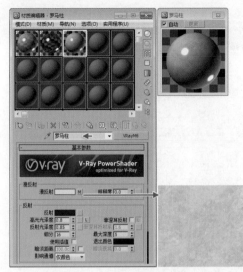

图7-436　设置基本参数

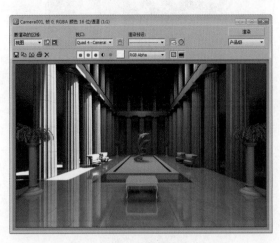

图7-437　渲染材质效果

2 在材质编辑器中选择一个空白材质球并设置名称为"雕塑"，单击"标准"材质按钮切换至"VR 材质"类型，然后在"基本参数"卷展栏中设置漫反射颜色为浅灰色、反射颜色为深灰色、高光光泽度值为 0.79、反射光泽度值为 0.8、细分值为 16，如图 7-439 所示。

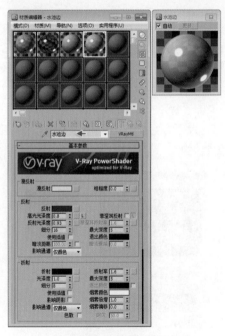

图7-438　水池边材质

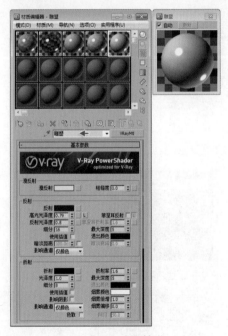

图7-439　雕塑材质

3 在材质编辑器中选择一个空白材质球并设置名称为"墙面"，单击"标准"材质按钮切换至"VR 材质"类型，然后在"基本参数"卷展栏中设置漫反射颜色为浅灰色、反射颜色为深灰色、高光光泽度值为 0.82、反射光泽度值为 0.95、细分值为 16，如图 7-440 所示。

4 切换至"贴图"卷展栏，为漫反射项目添加本书配套光盘中的"墙面"贴图，如图7-441 所示。

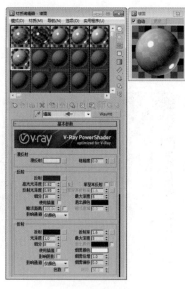

图7-440 墙面材质

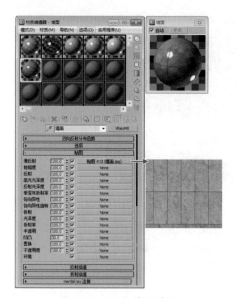

图7-441 添加墙面贴图

⑤ 在贴图卷展栏中为凹凸添加"法线凹凸"程序贴图，然后为法线添加"墙面法线"贴图并设置法线值为 0.5，如图 7-442 所示。

> 提示 "法线凹凸"贴图是指一种新技术，它可以用于模拟低分辨率多边形模型上的高分辨率曲面细节。法线凹凸贴图在某些方面与常规凹凸贴图类似，但与常规凹凸贴图相比，它可以传达更为复杂的曲面细节。

⑥ 选择一个空白材质球并设置名称为"水面"，单击"标准"材质按钮切换至"VR材质"类型。在"基本参数"卷展栏中设置漫反射颜色为蓝色、反射颜色为灰色、折射颜色为浅灰色、烟雾颜色 wie 浅蓝色、烟雾倍增值为 0.1，然后勾选"影响阴影"选项，如图 7-443 所示。

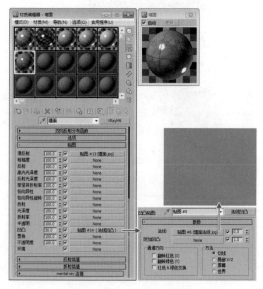

图7-442 添加法线贴图

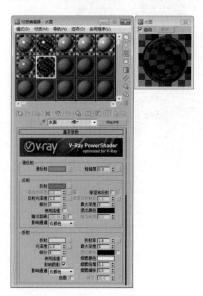

图7-443 水面材质

[7] 为了得到更加真实的水面效果，切换至贴图卷展栏中为凹凸添加"噪波"程序贴图，并在坐标卷展栏中设置 X/Y/Z 的瓷砖值为 2.54，然后在噪波参数卷展栏中设置大小值为 20，如图 7-444 所示。

[8] 单击主工具栏中的 ⬛ 渲染按钮，渲染场景材质效果，如图 7-445 所示。

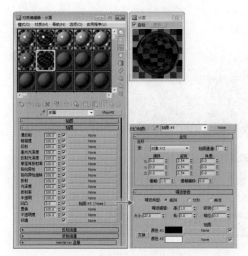

图7-444　添加噪波贴图

图7-445　渲染材质效果

3. 装饰材质设置

[1] 选择一个空白材质球并设置名称为"装饰柱"，单击"标准"材质按钮切换至"VR 材质"类型。在"基本参数"卷展栏中设置反射颜色为白色、高光光泽度值为 0.85、反射光泽度值为 0.9、细分值为 16 并勾选"菲涅耳反射"项，然后为漫反射赋予木书配套光盘中的"装饰柱"贴图，如图 7-446 所示。

[2] 选择一个空白材质球并设置名称为"桌子"，单击"标准"材质按钮切换至"VR 材质"类型。在"基本参数"卷展栏中设置反射颜色为白色、高光光泽度值为 0.81、反射光泽度值为 0.9、细分值为 28 并勾选"菲涅耳反射"项，然后为漫反射项目赋予本书配套光盘中的"桌子"贴图，如图 7-447 所示。

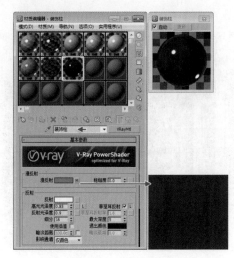

图7-446　装饰柱材质

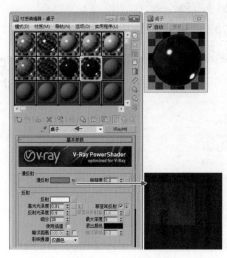

图7-447　桌子材质

3 选择一个空白材质球并设置名称为"植物叶",单击"标准"材质按钮切换至"VR材质"类型。在"基本参数"卷展栏中设置反射颜色为深灰色、反射光泽度值为 0.8,然后为漫反射项目赋予本书配套光盘中的"植物叶"贴图,如图 7-448 所示。

4 选择一个空白材质球并设置名称为"植物茎",单击"标准"材质按钮切换至"VR材质"类型。在"基本参数"卷展栏中设置漫反射颜色为浅黄色、反射颜色为深灰色、高光光泽度值为 0.65、反射光泽度值为 0.7、细分值为 12,如图 7-449 所示。

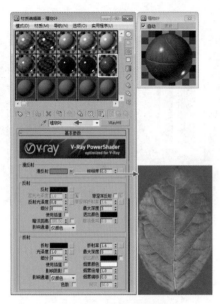

图7-448　植物叶材质

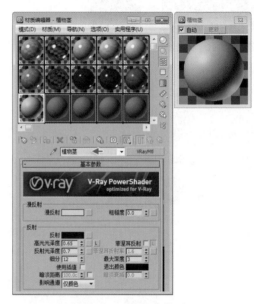

图7-449　植物茎材质

5 切换至"贴图"卷展栏,为漫反射添加本书配套光盘中的"植物枝干"贴图,然后继续为凹凸项目赋予本书配套光盘中的"植物枝干凹凸"贴图,如图 7-450 所示。

6 单击主工具栏中的 渲染按钮,渲染场景材质效果,如图 7-451 所示。

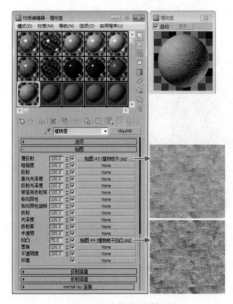

图7-450　植物茎材质

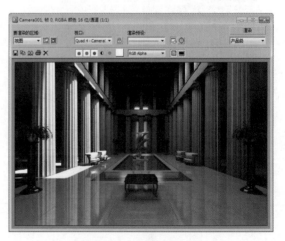

图7-451　渲染场景效果

7　选择一个空白材质球并设置名称为"灰布"，单击"标准"材质按钮切换至"VR 材质"类型，然后在"基本参数"卷展栏中为漫反射赋予"衰减"程序贴图，如图 7-452 所示。

8　在"衰减"参数卷展栏中设置前侧的颜色并设置衰减类型为"Fresnel"，然后设置凹凸值为 200，再为其赋予本书配套光盘中的"灰布凹凸"贴图，如图 7-453 所示。

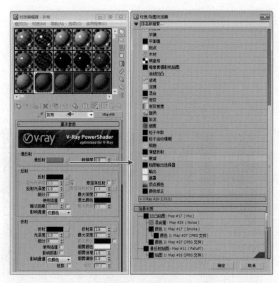

图7-452　灰布材质　　　　　　　　　　　图7-453　设置材质参数

9　选择一个空白材质球并设置名称为"花叶"，单击"标准"材质按钮切换至"VR 材质"类型。在"基本参数"卷展栏中设置反射颜色为深灰色、反射光泽度值为 0.7、折射颜色为深灰色、光泽度值为 0.1，如图 7-454 所示。

10　在"贴图"卷展栏中为漫反射赋予本书配套光盘中的"花叶"贴图，在凹凸项目中赋予本书配套光盘中的"花叶凹凸"贴图，如图 7-455 所示。

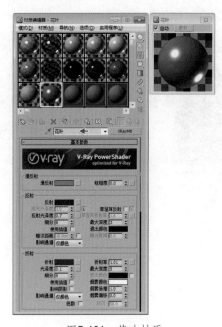
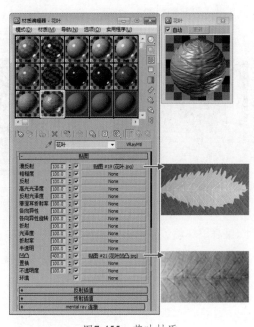

图7-454　花叶材质　　　　　　　　　　　图7-455　花叶材质

[11] 在材质编辑器中选择一个空白材质球并设置名称为"布料"，单击"标准"材质按钮切换至"VR材质"类型。在"基本参数"卷展栏中设置反射颜色为深灰色、反射光泽度值为0.53，然后为漫反射项目赋予本书配套光盘中的"布料"贴图，如图7-456所示。

[12] 单击主工具栏中的 渲染按钮，渲染场景材质最终效果，如图7-457所示。

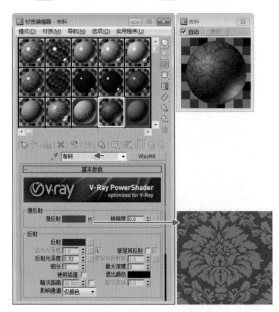

图7-456 布料材质

图7-457 渲染材质效果

↗ 7.7.4 场景渲染设置

"场景渲染设置"的制作流程分为3部分，包括：①采样与环境设置；②间接照明设置；③灯光缓存设置，如图7-458所示。

（1）采样与环境设置　　　　　　（2）间接照明设置　　　　　　（3）灯光缓存设置

图7-458 制作流程

1. 采样与环境设置

[1] 在"图像采样器（反锯齿）"卷展栏中设置抗锯齿过滤器为"Mitchell-Netravali"，然后设置最大细分值为8，如图7-459所示。

[2] 切换至"环境[无名]"卷展栏并为"全局照明环境（天光）覆盖"添加"VR天空"程序贴图，如图7-460所示。

提示 全局照明环境天光覆盖项目允许在计算间接照明的时候替代 3ds Max 的环境设置，这种改变 GI 环境的效果类似于天空光。

图7-459 设置图像采样器

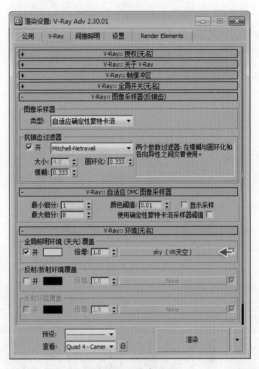

图7-460 渲染设置

③ 将参数调节完成后，单击主工具栏中的 渲染按钮渲染场景效果，如图 7-461 所示。

2. 间接照明设置

① 在"渲染设置"对话框的间接照明选项中，首先设置"间接照明（GI）"卷展栏中全局照明为开启状态、二次反弹的全局照明引擎为"灯光缓存"类型，如图 7-462 所示。

② 在"发光图 [无名]"卷展栏中将当前预置改为"中"级别，然后将选项中的"显示计算相位"和"显示直接光"选项改为开启状态，如图 7-463 所示。

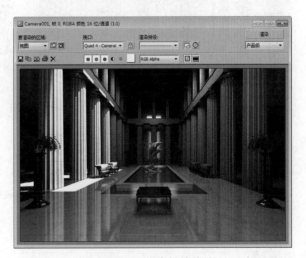

图7-461 渲染场景效果

③ 参数设置完成后，单击"渲染设置"对话框中的"渲染"按钮，渲染时会显示渲染过程，如图 7-464 所示。

④ 渲染完成后观察场景效果，如图 7-465 所示。

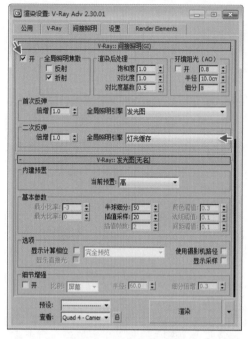

图7-462 设置间接照明

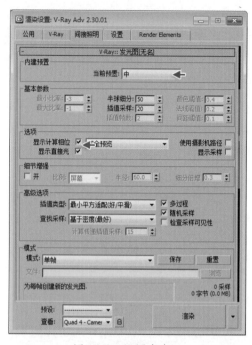

图7-463 设置发光图

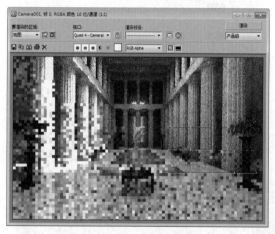

图7-464 渲染图像过程

图7-465 渲染场景效果

3. 灯光缓存设置

1 在间接照明选项中设置"灯光缓存"卷展栏中的细分值为 800,再激活"显示计算相位"项,提高渲染器计算的图像画质,如图 7-466 所示。

> 细分项目确定有多少条来自摄像机的路径被追踪,不过要注意的是实际路径的数量是这个参数的平方值。

2 单击"渲染设置"对话框中的"渲染"按钮,渲染当前场景的最终效果,如图 7-467 所示。

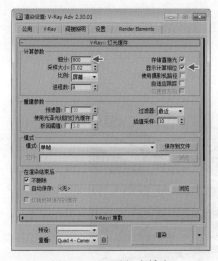

图7-466 设置灯光缓存

图7-467 渲染范例效果

7.9 习题

下面将制作"科幻城市"范例，充分地掌握场景的室内和室外渲染设置方法。制作流程如图7-468 所示。制作完成的"科幻城市"效果，如图 7-469 所示。

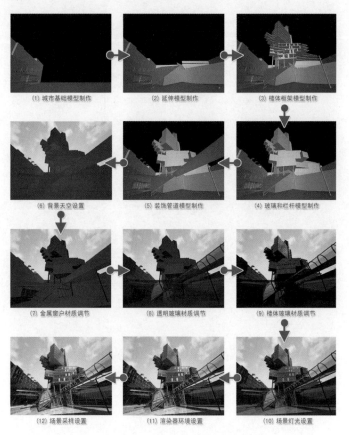

图7-468 科幻城市的制作流程

图7-469　科幻城市的渲染效果

提示　制作模型时应该先将基础模型定位，然后依次建立延伸模型、楼体框架模型、玻璃模型、栏杆模型、装饰管道模型，完成模型后再设置天空和场景的材质，最后再通过灯光和渲染器使场景更加完整。